# 통계학 입문

## -Excel과 R 활용-

강명욱 · 김양진 · 김영원 · 노호석
송민선 · 여인권 · 최영근 · 황선영 공저

Introduction to Statistics

자유아카데미

# 머리말

오늘날 세상은 복잡한 데다가 매일매일 방대한 양의 자료가 쏟아지고 있고, 일하는 분야에 관계없이 어느 사안에 대해 현상을 파악하고 의견을 갖기 위해서 자료를 이용하는 것이 일상화되고 있다. 이러한 자료로부터 유용한 정보를 도출하는 데는 통계학의 지식을 이용해야 한다. 이에 따라 인문, 사회, 자연과학과 공학, 의약학 등 대부분의 분야에서 통계학의 기본을 이해하는 것이 필수적으로 요구되며, 본서는 이러한 필요에 맞게 통계학을 처음 접하는 사람을 위한 통계학 입문 과목의 교재로서 준비하였다. 모든 전공 분야에서 사용할 수 있을 것이며, 한 학기 과목에 맞도록 편집하였다.

2장과 3장에서 자료를 수집하고 정리하는 방법을 공부하는 것으로 시작해, 4장에서 통계학의 기초를 이루는 확률과 확률분포를 간단히 정리하고, 5장에서 통계적 추정과 검정의 기초 개념을 기본적인 통계적 기법의 예와 함께 이해하도록 하였다. 그런 뒤에 한 장씩을 할애하여 가장 널리 이용되고 있는 통계적 방법인 실험계획과 분산분석, 상관 및 회귀분석, 범주형 자료의 분석방법에 대해서 공부하여, 웬만한 통계적 분석기법에 대해서 기본 지식은 갖도록 하였다.

모든 주제에 대해 기본 개념을 파악하는 데에 중점을 두었으며, 실생활에서 쉽게 접할 수 있는 예와 예제를 사용하여 설명하려고 노력하였다. 되도록 수학적 표현과 설명은 피해서 고등학교 과정 인문계에서 배운 수학 지식 정도를 갖추고 있으면 쉽게 따라올 수 있도록 하였다. 각 장에 있는 연습문제는 반드시 풀어서 그 장에 대한 이해 정도를 판단해 볼 것을 권한다.

본서가 각자의 분야에서 이용되고 있는 통계적 기법을 이해하고, 나아가서 보다 전문적인 통계학 지식을 습득하는 길잡이가 될 수 있기를 기대한다.

2013년 1월

저자 일동

# 차례

## 04 확률 및 확률분포



## 05 추정과 검정

# 01

# 개 요

본 장에서는 통계학의 주요 문제와 통계학의 두 분야인 기술통계와 추론통계를 설명한다. 또한 본 교재에서 다루어질 내용을 소개한다.

## 1.1 통계학이란

과거와 비교하여 오늘날 인간의 삶은 과학 발전으로 인해 너무나도 편리한 문명의 혜택을 누리고 있다. 예를 들어, IT 산업과 BT 산업을 통해 이전에는 불가능했던 일들이 실현 가능하게 되었다. 특히 인터넷과 스마트폰의 도입은 정보의 홍수를 가져왔으며, 사용자에게 적합한 정보를 선별하고 해석하는 능력은 현대를 살아가는 데 매우 중요한 일이 되었다. 정보의 요약과 분석을 위해 통계의 적용은 불가피하게 되었다. 특히, 통계학이 인문, 사회, 공학, 의약학, 자연과학 거의 전 학문분야에 모두 필요한 이유는 통계방법의 객관성에 있다. 연구자의 가설을 수학의 틀에서 증명함으로써 그 타당성 또는 부적합성을 객관화할 수 있다. 연구자의 주관적인 추측이나 의사결정보다는 실증적인 근거를 제시하기 위해 사용되는 방법론이 바로 통계학이라 할 수 있다. 즉, 적절한 자료의 추출과 정보의 효율적인 정리와 분석은 통계학의 주요 관심사항이다. 이러한 일련의 과정이 다음 단계를 통해 시행된다.

단계1: 연구자는 연구의 목적을 설정한다.
단계2: 적절한 자료를 수집한다.
단계3: 주어진 자료 형태에 따라 자료를 요약한다.
단계4: 적합한 통계적 모형을 적용한다.
단계5: 모형의 타당성 연구를 통해 단계4에서 제시된 모형을 검정한다. 이때 타당성이 위배된 경우 단계4로 돌아가서 새로운 모형을 제시한다.
단계6: 단계4와 단계5를 반복함으로써 최적 모형을 설정한다.
단계7: 단계6에서 설정된 최종 모형을 이용하여 단계1에서 세운 가설을 검정한다.

단계1은 일반적으로 연구자가 설정하게 된다. 단계2에서 수집될 자료는 연구목적에 따라 관측연구 observational study 또는 실험연구 experimental study를 적용한다. 두 연구방법의 가장 큰 차이는 자료의 변이에 대한 통제의 가능여부라 할 수 있다. 사회 현상은 연구자가 예상할 수 없는 요인들의 영향이 존재하는 반면에, 실험연구는 모든 요건들에 대한 통제가 가능하며 또한 조절할 수 있다. 일반적으로 사회, 인문 계열의 연구에서는 대상 집단의 특성을 단순히 관측하는 관측연구가 적용된다. 따라서 연구 대상의 상태를 잘 반영하는 적절한 표본추출방법이 적용되어야 한다. 한편 자연과학, 공학, 의·약학에서는 실험연구가 적용된다. 즉, 알고자 하는 요인을 연구 대상에게 직접 처리하고 그 효과를 측정함으로써 원인과 결과관계를 규명하고자 한다. 통계조사방법론에 관련된 내용은 2장에서 논의되며, 실험방법과 분석에 대해서는 2장과 6장에서 다루어질 것이다.

일단 자료가 수집되면, 자료의 형태에 따라 적용되는 자료의 요약기법이 변하게 된다. 대푯값, 산포도, 분포의 형태 등을 통해 자료에 대한 전반적인 정보를 가질 필요가 있다. 이와 연관된 분야를 기술 통계라 한다. 3장에서는 여러 가지 자료의 유형과 관련된 요약기법 등이 소개된다.

관측 개체로부터 얻어진 자료에 대한 모형을 설정하기 위해서는 그 자료가 가지는 특성을 파악할 필요가 있다. 이를 위해 확률을 공부하게 된다. 자료는 확률에 따라 변화하는 값들의 모임이라고 정의한다면 어떤 값들로 구성되었는지, 그 값들의 분포는 어떠한지를 파악하는 것은 매우 중요하다. 예를 들어, 주사위를 던졌을 때 나오는 눈의 수는 $\{1,2,3,4,5,6\}$ 이며 그들의 발생 확률은 $(\frac{1}{6}, \frac{1}{6}, \frac{1}{6}, \frac{1}{6}, \frac{1}{6}, \frac{1}{6})$이 된다. 여기는 값의 형태에 따라 이산형 분포와 연속형 분포로 나누게 된다. 이에 대한 자세한 내용을 4장에서 공부한다.

일단 자료의 형태와 특성이 시각적 또는 수학적으로 설정된 후 연구 목적에 따라 적합한 모형이 설정된다. 추론 통계학은 주어진 정보를 통해 어떤 현상에 대해 추론을 하기 위해 적용되는 통계적 방법론을 의미한다. 5장에서는 통계적 추론 방법을 공부하고 그 응용으로 단일 모집단의 모수추정과 검정, 두 집단의 비교와 관련된 가설을 검정한다. 통계적 모형의 확장으로 6장에서는 분산분석, 7장에서는 회귀분석 그리고 8장에서는 범주형 자료분석의 추정과 검정을 공부한다.

# 02

# 자료수집방법

통계학(statistics)은 주어진 자료(data)를 토대로 우리가 관심을 갖는 다양한 현상을 과학적으로 설명하고 추측하는 방법을 다루는 학문이다. 따라서 통계학에서 배우는 다양한 통계분석방법을 이용해 의미 있는 결과를 얻기 위해서는 이론적으로 타당한 방법으로 수집된 자료를 활용하는 것이 필수적이다. 흔히 통계학에서 다루는 자료는 조사(survey) 또는 실험(experiment)을 통해서 얻게 되는데, 여기서는 통계이론에 따른 적절한 자료분석을 위해 조사 또는 실험을 통해 자료를 수집하는 경우 일반적으로 관심을 두어야 할 내용들에 대해 설명하고자 한다.

## 2.1 자료수집이란?

통계 자료는 우리가 관심을 갖는 다양한 문제와 관련된 정보들을 모아 놓은 것을 의미하며, 일반적으로 관심 대상물(사람이나 사물)에 대한 조사나 관측을 통해 수집된다. 예를 들어 어떤 직종의 직원들을 대상으로 성별, 나이, 최종학력, 연봉, 근무연수, 자격증보유여부 등을 개인 면접을 통해 조사하여 정리하면 통계분석을 위한 자료가 될 수 있다. 여기서 성별, 나이, 최종학력 등 관심 대상 항목들을 변수 variable라고 부르게 되고, 이런 변수는 나이나 연봉처럼 양적인 속성을 갖는 변수일 수도 있고 성별이나 최종학력처럼 질적인 속성을 갖는 변수일 수도 있다. 결국 통계학에서 다루게 되는 가장 기초적인 형식의 원시자료 raw data는 통계 추론 대상이 되는 사람이나 사물 또는 집단을 대상으로 조사나 실험 등을 통해 얻은 각 변수들에 대한 측정 결과를 숫자나 문자로 정리해 놓은 것으로 이해하면 된다.

기초통계학을 포함한 대부분의 통계이론에서는 자료가 이미 적정한 과정을 통해 과학적으로 수집되었다는 가정 아래서 해당 자료를 분석해 문제를 해결하기 위한 통계적인 모형이나 추론 방법을 다루고 있다. 본 교재에서도 통계분석에 사용되는 자료들은 이론적으로 정립된 적절한 방법으로 수집되었다는 것을 전제로 한다. 하지만 주어진 자료가 우리가 원하는 방식으로 적절하게 수집된 것이 아니라면 아무리 복잡하고 현란한 통계적인 방법을 동원해 자료를 분석하더라도 결국 우리가 원하는 제대로 된 과학적인 결과를 얻을 수 없다는 점에 유의할 필요가 있다. 따라서 실제적인 통계분석은 항상 과학적으로 자료를 수집하는 과정에서부터 시작된다는 점을 잊지 말아야 한다. 또한 통계적인 분석에 적합한 자료를 수집하는 과정이 그리 간단하지만은 않다는 점에도 항상 주의를 기울여야 한다.

통계학에서 관심을 갖는 다양한 현상들은 대체적으로 사회과학 또는 자연과학과 연관된 것으로 구분해 볼 수 있을 것이다. 물론 구분이 명확한 것은 아니지만 통계 자료를 얻기 위해서 사회과학 분야에서는 주로 조사 survey를 통해 자료를 얻게 되고, 자연과학 분야에서는 대부분 실험 experiment을 통해 자료를 얻는다.

예를 들어 실업률, 가계 소득 및 지출, 근로자 임금, 각종 정치 여론조사 결과 등에 대한 통계분석은 사회과학적인 분야의 자료를 기반으로 한 것으로 대부분 조사를 통해 자료를 얻게 된다. 반면에 신약의 효능이나 동등성 검사, 직물의 내구성 검사, 반도체 제조공정에 따른 불량률 검사 등은 자연과학적인 분야의 자료를 기반으로 한 것으로 이런 자료들은 주로 실험을 통해 수집된다. 일반적으로 자연과학이나 사회과학에서 사용하는 용어에 있어서 차이가 있듯이, 조사를 통해 자료를 수집하는 경우와 실험을 통해 자료를 수집하는 경우 기본적인 용어나 개념 및 방법 등에 있어서 상당한 차이가 있다.

조사와 실험을 통해 자료수집을 하는 경우 가장 큰 차이는 자료를 수집하는 사람이 실험 또는 조사 대상 개체를 마음대로 조절control할 수 있는지 여부에서 찾을 수 있다. 실험을 하는 경우 대부분 실험 조건을 원하는 상태로 조절하면서 실험자료를 얻는다. 예를 들어 어떤 화학 합성물의 순도를 파악하기 위한 실험을 하는 경우 생산 공정상의 온도나 압력 등을 실험자가 원하는 대로 설정하면서 실험을 할 수 있다. 물론 완벽한 조절이 어려운 상황에서 실험자료를 얻는 경우도 있을 수 있다. 예를 들어 두 가지 다이어트 식품의 효능을 비교하기 위해 사람들을 대상으로 실험을 하는 경우 실험자가 원하지 않는 변동을 최소화하기 위해 실험 대상자들의 운동량이나 음식 섭취량 등을 완벽하지는 않지만 가능한 동일하게 조절하게 된다. 이와 같은 실험을 통해 자료를 수집하는 방법에 대한 통계 이론은 **실험계획법**experimental design이란 분야에서 주로 다룬다. 반면에 근로자의 학력이나 성별, 나이에 따른 임금 격차를 비교하거나 소비자를 대상으로 광고 효과를 분석하는 경우 조사대상이 되는 근로자나 소비자를 마음대로 조절할 수 없는 상황에서 사람들을 대상으로 한 조사를 통해 자료를 수집하게 된다. 이런 경우 보다 효과적으로 원하는 통계 분석을 할 수 있는 유용한 자료를 수집하는 방법에 대한 통계 이론은 **표본론**sampling theory이란 분야에서 다루고 있다. 다시 말해 조사란 조사자가 조사 대상에 아무런 조작을 가하지 않고 자료를 수집하는 수동적인 자료수집방법을 의미한다. 반면에 실험은 실험자가 실험 대상을 완전히 통제하면서 자료를 수집하는 자료수집방법을 의미한다.

위에서 설명한 것과 같이 통계학에서 다루게 되는 자료들은 대부분 조사 또는 실험을 통해 얻게 된다. 따라서 여기서는 조사를 통해 자료를 수집하는 경우와 실험을 통해 자료를 수집하는 경우를 구분해, 자료수집과정을 과학적으로 수행하기 위해 알아두어야 할 용어나 기본적인 개념들에 대해 설명하고자 한다.

## 2.2 조사에 의한 자료수집방법

우리는 매일 같이 신문, 잡지, TV 등을 통해 다양한 형태의 통계들을 접하며 살아가고 있다. 예를 들어 흔히 접하게 되는 실업률, 소비자 물가지수, 후보자 지지율, 정부정책에 대한 찬성률, TV 시청률, 특정제품의 시장 점유율 등은 모두 표본조사를 통해 얻어진 통계들이다. 어떤 사회현상을 파악하기 위한 통계 자료는 대부분 **전수조사** census 또는 **표본조사** sample survey를 통해 얻는다.

관심대상 전체를 조사해야 하는 전수조사의 경우 일반적으로 막대한 비용과 시간이 요구되기 때문에, 거의 모든 사회조사 자료는 관심대상이 되는 전체집단(즉 모집단)의 일부를 뽑아 조사하는 표본조사를 통해 만들어진다. 이런 표본조사에서는 모집단의 일부분에 해당하는 표본에서 얻어진 정보를 일반화하여 미지의 모집단에 대한 특성을 추측해야 하기 때문에 모집단을 잘 대표할 수 있는 표본을 추출할 수 있는가 여부가 표본조사의 성패를 가름하게 된다. 대부분의 조사 자료는 표본조사를 통해 수집되는데, 분석목적에 적합한 자료를 표본조사를 통해 얻기 위해서는 가능한 비용을 줄이면서 유용한 정보를 얻을 수 있는 **표본추출방법**을 선택해 활용하는 것이 매우 중요한다.

조사를 통해 얻어지는 자료는 어떤 현상이나 조사대상 개체의 행위를 조사자가 관찰하여 자료를 수집하는 관찰조사와 조사대상자가 스스로 자신의 행위, 상태, 생각 등을 말로 표현할 수 있도록 질문을 제시하고 응답을 기록하는 설문조사로 나눌 수 있다. 대부분의 사회조사에서는 설문조사를 통해 자료를 수집하게 되며 이 경우 조사대상 항목이나 질문이 나열된 **설문지**(**조사표**라고 부르기도 함)를 사용하게 된다. 조사대상자를 접촉하고 조사를 진행하는 방식에 따라 **설문조사**는 **면접조사**, **전화조사**, **우편조사**, **인터넷조사**, **집단조사** 등으로 구분될 수 있으며, 조사방식에 따라 장단점이 있기 때문에 효율적으로 자료를 수집하기 위해서는 어떤 조사방식으로 자료를 수집할 것인지를 결정하는 것도 중요하다. 또한 설문조사를 하는 경우에는 어떤 질문을 어떤 순서로 나열하여 설문조사를 하느냐에 따라 실제 응답 결과가 차이가 있을 수 있기 때문에 적절한 설문지 문항을 만들고 이를 정리한 설문지를 제작하는 과정은 실제 조사의 품질을 좌우할 수 있는 매우 중요한 절차이다. 따라서 여기서는 조사를 통한 자료수집에 있어서 핵심적인 과정인 설문지를 작성하는 방법과 표본을 추출하는 방법을 소개하기로 한다. 이에 대한 보다 구체적인 내용은 김영원 등(2012), 김수택 등(2010) 또는 조사통계연구회 등(1996)을 참고하기 바란다.

### 2.2.1 설문지 작성

조사를 통한 자료수집 과정에서 중요한 점은 가능한 다양한 형태의 오차를 줄이는 것이다. 몸무게를 측정할 때 체중계가 측정도구인 것처럼 설문조사에서는 설문지가 바로 체중계와 같은 측정도구 역할을 하기 때문에 설문지가 잘못된 경우 양질의 자료를 수집하는 것이 불가능하다. 따라서 양질의 조사 자료를 확보하기 위해서는 가능한 조사 대상이 되는 관심사항(변수)을 정확히 측정할 수 있는 질문들로 구성된 설문지를 사용하는 것이 필수적이다.

#### ■ 설문지 작성에 있어서 기본적인 고려 사항

설문지를 통해 연구목적에서 필요한 자료를 수집하기 위해서는 기본적으로 다음과 같은 사항을 고려해 설문지를 작성해야 한다.

첫째, 설문지는 조사목적에 부합하는 방식으로 작성되어야 한다. 이런 목적을 달성하기 위해서는 이 조사를 통해 응답자로부터 어떤 정보를 얻어 어떤 분석을 할 것인지 등을 사전에 충분히 검토하는 것이 필요하다.

둘째, 설문지는 응답자로부터 진실한 응답을 얻을 수 있도록 작성되어야 한다. 이를 위해서는 응답자로부터 객관적이고 정확한 사실을 얻기 위해 어떤 용어나 표현을 사용할 것인지 질문을 어떤 순서로 나열할 것이지 등을 충분히 고려해 설문지를 작성하는 것이 필요하다.

#### ■ 설문지의 질문 문항 작성

설문조사에서는 각 문항 하나하나가 조사원과 응답자 사이의 의사소통의 도구가 되기 때문에 응답자들이 질문의 의도를 정확히 파악하고 정확한 응답을 할 수 있도록 이해하기 쉽고 간결하게 **질문 문항**을 작성하는 것이 필요하다. 이를 위해서는 다음과 같은 사항들을 고려할 필요가 있다.

첫째, 질문 문항은 조사방식에 따라 적절한 형태로 만들어져야 한다. 예를 들어 응답자를 직접 만나서 면접조사를 하는 경우 사용하는 질문과 전화조사로 응답을 얻는 경우 사용할 수 있는 질문 양식은 상당한 차이가 있다. 예를 들어 전화조사의 경우 선택항목의 수가 너무 많아지게 되면 응답자는 선택항목을 모두 기억할 수 없기 때문에 정확한 항목을 선택하는 데 문제가 발생할 수 있다.

둘째, 정확한 어휘나 용어를 사용해야 한다. 예를 들어 가족 중 부양가족의 수를 묻는 경우 몇 살까지 자녀가 이에 해당하는지, 경제활동을 하는 가구원도 부양가족에 포함시켜야 하는지 등 부양가족의 정의를 응답자가 명확하게 이해할 수 있도록 질문 문항이 만들어져야 한다.

셋째, 응답을 특정한 방향으로 유도하는 질문은 배제되어야 한다. 예를 들어 "법원이 범법자를 지나치게 관대하게 처벌하고 있다."라고 묻는 경우 '지나치게'라는 단어를 사용함으로써 응답자가 긍정적인 응답을 할 가능성이 높아질 수 있다. 따라서 질문은 항상 긍정과 부정의 표현이 서로 균형을 이루도록 중립적으로 작성되어야 한다. "당신은 사형제도에 대해 찬성합니까?" 보다는 "당신은 사형제도에 대해 찬성합니까? 아니면 반대합니까?"와 같은 균형 잡힌 문항을 사용하는 것이 바람직하다.

넷째, 조사대상자의 수준에 맞는 단어나 용어를 사용해야 한다. 예를 들어 "중독성 물질"이라든지 "가처분소득" 등과 같이 전문적인 용어를 사용하는 경우 응답자가 이해하기 어려울 수 있기 때문에 가급적 전문적인 용어는 사용하지 않는 것이 바람직하다.

### ■ 질문 문항의 나열 및 설문지 구성

한편 질문 문항들의 나열 순서도 응답에 영향을 줄 수 있기 때문에 설문지를 구성할 때 다음과 같은 점들도 고려해야 한다.

첫째, 설문지 도입부에는 전반적인 조사목적을 파악할 수 있는 평범하고 쉽게 응답할 수 있는 문항을 배치하는 것이 바람직하다. 실제 응답자는 도입부 질문에 응답하면서 해당 설문조사의 주제를 파악하고 이와 관련된 본인의 생각을 구체화하게 된다.

둘째, 동일한 주제의 질문들은 하나의 그룹으로 묶어서 배열하고 각 그룹 내에서도 평범한 질문부터 심층적인 순서로 또한 실제 상황을 묻는 질문으로부터 추상적인 태도를 묻는 방식으로 질문을 배열함으로써 응답자가 전반적인 설문지의 흐름에 따라 편안하게 관련 주제에 대해 집중하여 응답할 수 있도록 배려해야 한다.

셋째, 민감한 질문은 가급적 설문지 후반부에 배치하는 것이 바람직하다. 수입이나 도덕성 등과 관련된 질문은 응답자가 흔히 거부감을 느끼는 질문들이다. 이런 민감한 질문들은 가급적 설문지 후반부에 배치함으로써 면접원과 응답자가 어느 정도 친숙해진 후에 이런 민감한 질문을 함으로써 거부감을 줄일 수 있으며, 혹시 이런 질문으로 인해 조사가 중단되더라도 그 전까지 얻은 응답 자료를 활용할 수 있다는 장점이 있다.

### 2.2.2 표본추출방법

표본조사의 목적은 표본에 포함된 정보를 이용해 관심 모집단에 대한 추론을 하는 데 있다. 따라서 모집단을 잘 설명할 수 있는 표본을 확보할 수 있는 방법, 다시 말해 효과적으로 대표성 있는 표본을 추출하는 방법을 구현하는 것이 성공적으로 표본조사를 수행하는 데 있어 가장 중요한 요소라고 볼 수 있다.

사회조사에서 사용하는 표본추출방법은 크게 **확률추출법** probability sampling과 **비확률추출법** non-probability sampling으로 구분될 수 있다. 확률추출법은 모집단을 구성하는 모든 개체들이 표본으로 추출될 확률을 계산할 수 있는 표본추출법을 말한다. 따라서 확률추출법을 적용하면 특정한 표본이 선정될 확률을 계산할 수 있고, 이를 토대로 표본에서 얻어진 추정결과를 사용할 때 발생하는 오차를 확률 개념을 이용하여 과학적으로 설명할 수 있다. 비확률추출법의 경우 추출된 표본이 선정될 확률을 알 수 없기 때문에 표본에서 얻어진 추정결과의 정확성을 이론적으로 설명할 수 없다는 문제점을 갖고 있다. 따라서 관심 집단의 특성을 대충 파악하기 위한 탐색적인 수준의 사회조사에서는 비확률추출법을 사용하기도 하지만 정확성을 요구하는 과학적인 사회조사를 위해서는 확률추출법을 통해 표본을 확보하는 것이 바람직하다. 비확률표본추출법에는 편의추출, 유의추출, 할당추출 등이 있다. 김영원 등(2012)과 김수택 등(2010)에 제시된 내용을 중심으로 표본추출과 관련된 개념 및 용어를 간략하게 정리하면 다음과 같다.

#### ❶ 확률추출법

확률추출법에는 단순확률추출, 계통추출, 층화추출, 집락추출, 다단계추출, 크기비례확률추출 등이 있으며, 필요에 따라 이런 추출법들을 복합적으로 사용하게 된다.

### ■ 단순확률추출

단순확률추출 simple random sampling은 단순임의추출 또는 단순무작위추출이라고도 부르며, 가장 단순한 형태의 확률추출법으로 다른 모든 확률추출법의 기초가 된다.

단순확률추출에서 랜덤 random의 의미는 골고루 잘 섞어 뽑는다는 의미로 이해하면 된다. 집에서 어머니가 커다란 솥에 국을 끓여 맛을 볼 때 국자로 솥 안의 국을 아주 잘 저은 후에 국자로 약간의 국을 떠서 맛을 보는 모습을 연상하면 될 것이고, 이런 과정을 "랜덤하게 맛을 본다."라고 표현할 수 있을 것이다.

모든 확률표본추출에서는 이런 랜덤화 randomization 과정이 반드시 포함되어 있으며 이를 근거로 표본이 추출될 확률을 계산할 수 있게 된다. 비확률표본추출의 경우에는 이런 랜덤화 과정을 거치지 않기 때문에 특정 표본이 추출될 확률을 계산할 수 없다.

**예 2.1**

어떤 회사의 사원들의 근무조건 만족도를 알아보기 위해 전체 사원 1,000명 중 100명을 뽑는 경우, 전체 직원에게 일련번호를 1에서부터 1,000까지 부여하고 이 번호들 중 100개를 랜덤하게 추출하고 추출된 번호에 해당하는 사원들을 표본으로 추출하는 것이 단순확률추출이다.

랜덤하게 뽑는다는 것과 확률은 어떤 관계를 갖는지 생각해 보자. 100명의 학생 중 1명의 학생을 랜덤하게 뽑는다고 하면 이는 100개의 번호표를 만들어 주머니에 넣고 잘 섞은 후 하나의 번호표를 뽑아 이 번호에 해당하는 학생을 표본으로 추출하는 것과 같다. 이런 과정을 통해 한 명의 학생을 뽑으면 100명의 학생이 표본으로 뽑힐 가능성은 모두 같게 되고 따라서 특정 학생이 추출될 확률은 1/100이 된다. 100명의 학생으로부터 10명의 학생을 단순확률추출하기 위해서는 이런 과정을 10번 반복하면 된다. 이 과정에서 추출된 번호표를 주머니에 다시 집어넣고 다음 과정을 진행하면 복원 replacement 단순확률추출이라고 하고, 다시 집어넣지 않고 다음 번호표를 뽑으면 비복원without replacement 단순확률추출이라고 한다. 표본조사에서는 동일한 조사단위를 두 번 이상 반복 조사한다는 것은 의미가 없기 때문에 실제 자료수집을 위한 표본조사에서는 비복원추출이 주로 관심대상이 된다.

표본조사에서 단순확률표본을 추출하기 위해 실제로 번호표를 만들어 주머니에 넣고 번호표를 뽑는 과정을 수행하는 데는 현실적으로 많은 어려움이 있다. 따라서 이런 과정을 간편하게 하기 위해 난수표table of random numbers 또는 컴퓨터에서 난수 발생 프로그램을 이용하게 된다. 난수표는 정수들의 집합으로 이루어진 표로서 결과적으로 10개의 정수(0,1,⋯,9)가 거의 동일한 비율로 포함되어 있고, 아무런 경향도 없이 나열되어 있는 표이다. 따라서 난수표에서 랜덤하게 한 숫자가 선택되었다면, 그 숫자는 0부터 9까지의 정수들 중에서 균등 확률로 선택된 것으로 볼 수 있다. 난수표로부터 숫자들을 선택하는 것은 숫자를 적어 넣은 종이들이 완벽하게 잘 섞어져 있는 모자 속에서 숫자들을 뽑는 것과 유사하다.

#### ■ 계통표본추출

단순확률표본은 매우 세심한 표본추출과정을 거쳐 얻게 된다. 관심대상 조사단위들을 명부 형태로 정리한 후, 단위들에 일일이 고유 번호를 부여하고 난수표 등과 같은 난수발생 장치를 통해 난수를 발생시킨 다음 해당 난수와 대응이 되는 조사단위를 명부에서 찾아 표본으로 추출해야 한다. 이와 같이 단순확률추출이 갖는 적용상의 어려움을 해결하기 위한 목적으로 표본추출과정을 보다 단순하고 편리하게 변형한 추출법이 계통추출systematic sampling이다. 계통추출은 실제 조사현장에서 단순확률추출을 대신하는 추출법으로 매우 폭넓게 활용되고 있다. 계통추출의 기본적인 개념을 간단한 예를 통해 살펴보자.

**예 2.2**

어떤 잡지사에서 구독자의 의견을 조사하기 위해 구독자 50,000명 중 1,000명을 표본으로 추출한다고 하자. 만약 단순확률추출을 한다면 이 잡지를 구독하는 50,000명의 구독자 이름과 주소 등이 기재된 명부에 고유번호를 부여하고 난수표를 이용하여 난수를 1,000개 뽑아 이에 해당하는 구독자를 추출하여 조사해야 한다. 이런 작업은 매우 번거롭고 쉽지 않다. 이 경우 50,000명 중 1,000명을 표본으로 추출한다는 것은 결국 50명 중 1명을 뽑는 것을 의미한다. 따라서 현재 잡지사에서 갖고 있는 구독자 명부에서 처음 50명 중 1명을 랜덤하게 선택하고 그 다음부터는 매 50번째에 해당하는 구독자를 표본으로 선택하는 간단한 방법을 생각할 수 있다. 처음 출발점을 랜덤하게 선택하였다면 그 결과 얻어지는 표본이 바로 50명 중 1명을 뽑는 계통표본이 된다. 이 경우 50,000명 중 1,000명을 추출하는 방법이므로 표본 추출률은 1,000/50,000 = 1/50이고 추출률의 역수에 해당하는 50이 바로 계통추출에서의 추출간격sampling interval이 된다.

추출틀에 조사단위들이 랜덤하게 나열되어 있는 경우 계통추출에 의해 추출된 표본은 단순확률표본과 거의 같다. 예를 들어 대학생들을 대상으로 지난 한 달 간 지출한 외식비를 조사한다고 하자. 만약 성명에 따라 가나다순으로 나열된 학생명부를 사용해 계통추출을 하면 학생들의 이름과 외식비 지출액은 상관이 없기 때문에 이런 경우 계통추출된 표본은 단순확률표본과 이론적으로 거의 같다. 이 경우 실제 계통표본에서 얻어진 자료를 통계적으로 분석하는 과정에서도 단순확률표본에 적용되는 방법을 그대로 사용하면 된다. 아울러 계통추출은 다음의 몇 가지 이유로 단순확률추출을 대체할 수 있는 유용한 표본추출방법이라고 볼 수 있다.

첫째, 계통추출은 실제 조사 현장에서 적용하기에 편리한 방법이다. 뿐만 아니라 좋은 모집단 명부가 마련되어 있지 않은 경우 단순확률추출에 비해 조사자의 주관에 의해 생기는 선택오차selection errors를 줄일 수 있다는 장점도 갖고 있다. 예를 들어 공용 주차장을 이용하는 차량들을 대상으로 이용 만족도를 조사하는 경우 해당 주차장을 이용하는 차량 명부를 사전에 확보하지 못하더라도 실제 현장에서 매 5번째 주차장을 나오는 차량을 대상으로 계속 조사를 하면 조사원의 주관적 선택에 의한 선택오차를 상당 부분 배제할 수 있는 계통표본을 얻을 수 있다.

둘째, 모집단의 크기를 사전에 파악할 수 없는 경우에도 원하는 추출률에 따른 표본을 얻을 수 있다. 예를 들어 선거 출구조사를 위해 특정 투표소에서 투표를 마치고 나오는 사람들을 대상으로 선거예측 출구조사를 실시한다고 하면, 이 경우 해당 투표소에서 실제로 투표 당일 투표할 유권자의 수를 사전에 알 수 없다. 하지만 처음에 투표를 마치고 나오는 10명 중 1명을 랜덤하게 뽑아 조사하고 그 이후로는 매 10번째에 해당하는 투표자를 조사하면 추출률이 10%인 계통표본을 얻을 수 있다.

셋째, 관심변수와 관련이 있는 특성에 따라 순서대로 나열된 명부를 사용하면 계통추출을 통해 단순확률추출에 비해 보다 모집단을 잘 대표할 수 있는 표본을 확보할 수 있다. 예를 들어 기업체를 대상으로 올해 신입사원 채용규모를 파악하기 위해 표본조사를 실시한다고 하자. 이런 경우 기업체를 현재 직원 수를 기준으로 순서대로 나열하고 계통추출을 하면 현재 직원이 많은 기업부터 적은 기업까지 골고루 표본으로 추출되고, 만약 신입사원 채용규모와 현재 직원 수가 높은 상관관계를 갖고 있다면 결과적으로 모집단을 잘 대표할 수 있는 표본을 얻을 수 있다. 실제 통계청 등에서 정부 공식통계를 생산하기 위한 표본설계에서는 표본의 대표성 제고를 위해 이런 형태의 계통추출법이 폭넓게 활용되고 있다.

계통추출은 매우 다양한 분야에서 실제적으로 널리 활용되는 추출방법이다. 품질관리를 위한 제조공정 검사에서도 계통추출이 많이 활용되고 있다. 조립라인에서 매 50번째 생산되는 부품만을 선택하여 검사하는 품질검사방법을 예로 들 수 있다. 또한 회계사들은 회계과정이 적절한지를 점검하기 위해 회계계정 중 일부를 표본으로 선택해야 하거나, 재고금액을 확인하기 위해 재고 품목 중 일부를 표본으로 선택해야 한다. 이런 경우에도 계통추출을 흔히 사용한다. 시장조사를 위한 표본조사에서도 계통추출을 자주 활용하고 있다. 가령 점검 대상 점포에서 매 20번째 고객들을 대상으로 음식의 맛, 색, 느낌 등을 물어볼 수 있다. 이런 경우에 모든 표본들이 바로 계통추출법에 의한 것들이다.

### ■ 층화확률추출

층화확률추출 stratified random sampling은 모집단을 서로 겹치지 않는 여러 개의 층들로 나누고, 각 층에서 단순확률추출에 의해 표본을 추출하는 방법이다. 층화추출을 하기 위해서는 우선 모집단을 서로 겹치지 않는 몇 개의 그룹으로 나누어야 한다. 일반적으로 이런 그룹을 구성할 때 고려하는 사항은 우리가 관심을 갖고 통계를 산출하기를 원하는 그룹을 기준으로 나누거나 또는 각 그룹 내에 있는 조사단위들이 동질적인 것들로 구성되도록 나누는데 이렇게 구성된 그룹 하나하나를 층이라고 부른다.

예 2.3

서울에 있는 슈퍼마켓들을 대상으로 연 평균 매출액을 파악하기 위해 100개의 슈퍼마켓을 단순확률추출하여 표본조사를 실시한다고 하자. 이 경우 서울에 있는 슈퍼마켓들은 규모에 있어서 큰 차이가 있기 때문에 100개로 이루어진 표본에 우연히 대형 슈퍼마켓이 5개 포함되는 경우와 10개 포함되는 경우를 비교해 보면 표본에서 산출된 평균 매출액에 있어서 큰 차이가 있게 된다. 다시 말해 이런 추출법을 사용하는 경우 실제 표본이 어떻게 선정되는가에 따라 추정값의 변동(즉, **표본추출오차** sampling error)이 매우 커지게 되어 이런 표본추출법은 바람직하지 않을 수 있다.

이런 경우 만약 서울에 있는 각 슈퍼마켓의 매장의 크기를 사전에 알고 있다고 하면 앞에서 발생한 문제를 극복하기 위해 전체 슈퍼마켓을 매장의 크기에 따라 대형, 중형, 소형으로 분류하고, 각 범주별로 사전에 배분된 수만큼의 슈퍼마켓들을 단순확률추출하여 표본을 구성하는 방법을 생각할 수 있다. 이렇게 하면 단순확률추출의 경우와 비교해 보면 대형 슈퍼마켓이 표본에 몇 개 뽑히느냐에 따른 변동을 제거할 수 있고, 따라서 결과적으로 표본추출오차를 대폭 감소시킬 수 있다. 여기서 대형, 중형, 소형으로 구분된 3개의 슈퍼마켓들의 그룹이 층에 해당하고 이렇게 추출된 표본을 **층화확률표본**이라 한다.

층화확률추출을 효과적으로 하기 위해서는 유의해야 할 사항이 있다. 먼저 앞의 사례에서 전체 슈퍼마켓을 매장의 크기에 따라 분류하였다. 이런 과정을 수행하기 위해서는 전체 슈퍼마켓의 매장크기에 대한 정보를 사전에 확보할 수 있어야 한다. 아울러 층을 나누는 기준으로 매장의 크기를 사용한 것은 매장의 크기와 매출액은 상당히 높은 상관관계를 갖고 있을 것이라는 점을 고려한 것이다. 다시 말해 대형으로 분류된 슈퍼마켓들의 매출액은 상당히 비슷할(동질적) 것이라는 것을 전제로 한 것이다. 이와 같이 층화추출에서 층화를 하는 기준으로 사용된 변수(매장의 크기)를 층화변수라고 한다.

층화확률추출은 실제 표본조사에서 매우 자주 사용된다. 그 이유는 무엇인가? 첫째, 앞에서 설명한 것과 같이 동일한 비용을 갖고 단순확률추출에 비해 표본조사의 정확성을 높일 수 있다. 이를 위해서는 적절한 층화변수를 선택하여 이를 활용해, 전체 모집단을 관심변수를 기준으로 동질적인 것들끼리 하나의 층으로 묶어 주는, 다시 말해 각 층 내에서는 변동이 적어지게 하는 층화작업이 필요하다.

둘째, 필요에 따라 모집단을 구성하고 있는 그룹별(층별) 추정값을 얻을 수 있다. 앞의 예에서 만약 서울 전체 슈퍼마켓의 평균 매출액뿐만 아니라 매장의 크기가 각각 100평 이상, 20~100평, 20평 이하인 슈퍼마켓들에 대한 그룹별 평균 매출액에 관심을 갖는 경우 각 층과 관심 그룹이 일치되도록 층화작업을 하고, 각 그룹별로 적절한 표본크기를 사전에 배분함으로써 어느 정도 신뢰할 수 있는 각 그룹별(층별) 추정값들을 얻을 수 있다. 이런 경우 층화변수 및 각 층의 분류기준은 조사목적에 의해 자연스럽게 결정된다. 우리나라 통계청에서 실시되는 대부분의 조사의 경우 전국을 특별시, 광역시 및 도별로 층화하여 표본을 추출한다. 이런 층화를 통해 전국에 대한 추정값뿐만 아니라 일정 수준 이상의 정확성을 만족시킬 수 있는 각 시도별 추정값도 얻을 수 있다.

다이어트 중에 있는 병원 환자들을 추출해서 체중 감소량을 알아보고자 할 때는 환자들을 성별로 층화하는 것이 더욱 효율적이다, 왜냐하면 일반적으로 남자가 여자보다 체중이 많이 나가기 때문이다. 대학에서 학생들을 대상으로 여론조사를 할 경우 학생들을 학년이나 계열 또는 단과 대학별로 층화해서 조사하는 것이 효율적이다. 사업체조사의 경우 사업체들을 업종 및 규모에 따라 층화하는 것이 바람직할 것이다. 아울러 각 업종별로 배분되는 표본크기를 조정함으로써 원하는 수준의 정확성을 만족하는 업종별 추정값도 얻을 수 있다.

#### ■ 집락표본추출법

단순확률추출, 층화확률추출 등을 적용하기 위해서는 모든 조사대상 개체들에 대한 구체적인 명부를 사전에 작성하여 여기서 직접 조사대상을 표본으로 추출해야 한다. 하지만 전국의 가구와 같은 대규모 모집단에 대한 표본조사에 있어서는 현실적으로 전국 가구를 모두 포함하는 가구 명부를 작성하는 데 엄청난 비용이 들거나 또는 현실적으로 확보가 불가능할 수 있다. 아울러 이런 명부를 사용하여 직접 가구들을 단순확률추출하면 조사대상 가구들은 전국에

산재되기 때문에 이렇게 추출된 가구들을 실제로 조사하기 위해서는 막대한 비용과 노력이 들 것이다. 이런 문제를 극복하기 위해 우선 전국의 가구를 지역적으로 인접한 것끼리 묶은 집락 cluster 을 구성하고, 조사대상 개체를 직접 추출하는 대신에 이들의 집합체인 집락을 추출하여 선택된 집락 내의 조사단위들을 조사하는 방법을 사용하게 되는데 이런 추출법을 집락추출이라고 한다. 다시 말해 집락추출 cluster sampling은 서로 인접한 조사단위들을 묶어 구성한 집락을 추출하고, 이들 집락 내의 조사단위들을 조사하는 추출법이다.

**예 2.4**

서울에 거주하는 고등학생들의 월평균 사교육비를 추정하고자 할 때, 어떻게 표본을 선택해야 되겠는가? 만약 단순확률추출을 사용한다면 서울에 거주하는 모든 고등학생들이 포함된 학생 명부가 필요하게 되고, 이런 명부를 작성하는 데 엄청나게 많은 비용이 들게 되며, 현실적으로 작성이 불가능할 수 있다. 이런 경우 조사단위에 해당하는 학생들을 직접 추출하는 것보다는 일단 고등학교를 추출하고 선택된 학교의 학생들 전체를 조사하거나 또는 일부 학생만을 다시 추출하여 조사하는 집락추출법을 적용하는 것이 효율적이다. 이 경우 각 고등학교가 집락에 해당하게 되고, 이런 추출법을 수행하는 경우 서울시 전체 고등학생 명부 대신 고등학교 명부가 필요하기 때문에 표본추출을 위한 명부 확보가 훨씬 용이하다. 만약 표본으로 선택된 고등학교에서 전체 학생 대신에 일부만을 추출하는 집락추출을 적용하는 경우에도 표본으로 뽑힌 고등학교들에 대해서만 학생 명부가 추가적으로 필요하게 되어 표본추출을 위한 명부 확보가 훨씬 쉬워진다.

집락추출을 하는 또 다른 이유를 살펴보기 위해 서울시 전체 고등학생들을 대상으로 단순확률추출로 표본을 뽑았다고 가정하자. 이 경우 표본으로 선택된 서울 전역에 흩어진 학생들을 조사하기 위해서는 조사원의 이동 비용 등을 고려할 때 엄청나게 많은 조사 비용이 들어가게 된다. 반면에 집락추출의 경우에는 집락 내의 조사단위들은 지역적으로 인접해 있기 때문에 이동비용 등이 대폭 줄어들게 된다.

요약하면 집락추출법은 모집단 전체 단위들에 대한 좋은 명부가 없거나, 명부를 확보하는 데 많은 비용이 드는 반면에 집락에 대한 명부는 쉽게 얻을 수 있는 경우, 또는 조사대상 개체들이 멀리 떨어져 있어서 이동 비용 등으로 인해 단위당 조사비용이 급격하게 증가하는 경우, 최소의 비용으로 가능한 많은 정보를 확보하기 위한 효과적인 표본추출방법이다.

우리나라 통계청에서 수행하는 대부분의 가구 조사의 경우 대부분 인구주택총조사 조사구나 통·반을 기초로 한 집락추출법을 사용하고 있다. 학생들을 대상으로 한 조사에서도 학교나 학급 등이 표본추출을 위한 편리한 집락으로 사용될 수 있다. 또한 어떤 질병에 대한 치료비나 평균 입원기간을 연구하는 경우 병원이 환자들을 대상으로 한 조사에서 유용한 집락이 될 수 있다.

집락추출에 있어서 반드시 유의해야 할 사항이 있다. 일반적으로 집락은 가깝게 위치한 조사단위들을 묶어 구성되기 때문에 동일한 집락 내의 조사단위들은 여러 가지 측면에서 상당히 유사한 특성을 갖게 된다. 예를 들어 지리적으로 인접한 가구들을 집락으로 묶는 경우 동일한 집락에 속하는 가구들은 소득, 교육수준, 정치적 성향 등에 있어서 상당히 동질적일 가능성이 높다. 다시 말해 집락 내에서 얻어지는 관측값들은 일반적으로 양의 상관관계를 갖기 때문에 동일한 집락 내에서 많은 가구들을 조사하는 것은 효율성이 떨어진다는 것이다. 예를 들어 1,000가구를 조사하는 경우 20개 통·반을 추출해 각 통·반에서 50가구씩 조사하는 것 보다는 100개 통·반에서 10가구씩 조사하는 것이 효율적이라는 것이다. 이런 경우 각 조사 방식으로 자료를 수집하는 데 드는 비용과 해당 조사를 통해 얻어지는 정보량이 어느 정도인지를 종합적으로 고려해 표본추출방법을 결정해야 한다는 점을 참고하기 바란다.

### ❷ 비확률추출법

비확률추출법 non-probability sampling이란 각 추출단위가 표본에 추출될 확률을 객관적으로 계산할 수 없는 표본추출법을 말한다. 확률추출법을 사용하게 되면 확률적인 추출과정을 반드시 거치게 되기 때문에 표본에서 얻어지는 추정결과가 갖는 성질을 통계이론으로 설명할 수 있다는 장점이 있다. 반면에 비확률추출법을 적용하는 경우에는 통계이론에 따른 결과 해석이 불가능하고, 결과적으로 비확률추출법에서 얻어진 결과에 대한 정확성은 오직 주관적인 평가를 통해서만 가능하다. 따라서 경험적으로 어떤 경우 비확률추출법에 의해 과거에 매우 만족스런 표본조사 결과를 얻었다 하더라도 이런 방법을 통해 앞으로도 계속 좋은 결과를 얻을 수 있다는 보장이 전혀 없다.

비록 비확률추출법이 이런 문제점을 갖고 있지만 확률추출법에 비해 훨씬 간편하고 비용이 적게 든다는 이유로 실제 사회조사에서는 다양한 형태의 비확률추출법이 사용되고 있는 것이 현실이다. 특히 현실적으로 확률추출이 불가능한 경우, 표본오차가 크게 문제가 되지 않는 경우, 또는 본 조사에 앞서 개략적인 현황을 파악하기 위해 시험조사 pilot survey를 실시하는 경우에는 비확률추출법이 흔히 사용된다. 비확률추출법에 어떤 것들이 있는지 살펴보기로 한다.

#### ■ 편의추출

조사자가 손쉽게 접촉할 수 있는 대상들을 표본으로 추출하는 방법으로 편의추출 convenience sampling, 무계획추출 haphazard sampling이라고 흔히 부른다. 예를 들어, 어떤 백화점을 이용하는 고객들을 대상으로 표본조사를 실시한다고 할 때, 확률추출법을 적용하기 위해서는 이곳을 이용하는 모든 고객들에 대한 명부를 확보하여 이 명부를 기준으로 고객들을 추출하고, 선택된 고객들을 찾아 조사를 해야 한다. 현실적으로 이런 조사를 실시하는 것이 매우 어렵기 때문에 어느 날 이 백화점에 나가 우연히 그곳을 지나가는 사람들 중 조사에 쉽게 참여하는 일부 고객을 조사원이 주관적으로 선택하여 조사했다고 하면 이런 추출법을 편의추출이라고 한다. 이런 추출에 의해 선택된 표본은 모집단을 대표할 수 없으므로 이런 조사에서 얻어진 결과를 일반화하여 해석하는 것은 매우 위험하다. 예를 들어, 조사하기 편리한 특정 학교의 학생들을 대상으로 한 조사, 길거리 또는 백화점 앞에서 지나가는 사람들을 대상으로 한 조사, 잡지에 설문지를 끼워서 배포하고 참여를 원하는 사람에게만 우편으로 응답을 받는 조사, 인터넷의 포털 사이트에 조사 문항을 게시하고 응답을 원하는 사람들이 자유롭게 참여하는 조사 등이 모두 편의추출에 해당한다.

#### ■ 유의추출

조사를 수행하는 전문가가 모집단을 잘 대표할 수 있다고 생각되는 대상들을 주관적인 판단에 따라 표본으로 추출하는 방법으로 유의추출 purposive sampling 또는 판단추출 judgement sampling이라고 부른다. 만약 교육청 담당자가 어떤 대도시의 학생들의 의식을 조사하기 위해 이 지역을 잘 대표할 수 있다고 판단되는 몇 개의 학교를 선택하여 이들 학교의 재학생들을 대상으로 조사를 한다면 이 때 사용된 표본을 유의표본이라고 한다. 만약 이 경우 다른 교육 전문가가 동일한 조사를 실시한다고 하면 이 사람은 이 지역을 대표하는 학교로 다른 학교들을 선택하게 될 가능성이 매우 높다. 다시 말해 유의추출로 얻어진 표본은 객관적으로 대표성을 확보할 수 없으며 따라서 얻어진 결과는 객관성이 결여된다. 특히 이런 경우 설명할 수 없는 편향bias이 상당히 크게 발생할 우려가 있다.

### ■ 할당추출

관심대상 변수와 관련이 밀접하다고 판단되는 특성에 대한 모집단의 구성 비율이 표본에 그대로 유지되도록 하는 표본추출방법이 할당추출quota sampling이다. 예를 들어 어느 대학교 학생들의 한 달 평균 외식비를 추정하고자 하는 경우, 학생들의 외식비 지출액은 전공이나 학년에 따라 차이가 많다고 판단되면 이 대학교 전체 학생들의 전공 및 학년별 구성 비율이 그대로 표본에 유지될 수 있도록 표본을 추출하는 방법을 말한다. 할당추출법에서 그룹을 구성하고 이들 그룹에 대한 모집단 구성 비율이 표본에 그대로 유지되도록 하는 이유는 최소한 그룹 구성을 위해 반영한 특성(예를 들어 전공 및 학년)에 있어서는 조사원에 의한 선택편향selection bias을 제거하는 것을 목적으로 한다. 할당추출은 확률추출법 중 층화확률추출과 상당히 유사하다. 앞의 예에서 전체 학생을 전공 및 학년별로 층화하고 각 층에서 모집단의 구성 비율과 일치하도록 층별 표본크기를 정하여 각 층에서 학생들을 단순확률추출하면 층화확률표본을 얻게 된다. 여기서 층화확률추출과 할당추출의 차이점은 무엇인가? 층화확률추출의 경우 최종적으로 학생들을 표본으로 추출할 때 해당 층(학년 및 전공)에서 랜덤하게 추출하는 반면에 할당추출에서는 이 단계에서 조사원의 주관적인 판단에 의해 최종 조사대상 학생을 선정한다는 차이가 있다. 다시 말해 층화추출과는 달리 할당추출에서는 확률추출법의 근간을 이루고 있는 랜덤화randomization 과정이 생략되어 있다.

확률추출법에 비해 할당추출법은 비용이 적게 들고 손쉽고 빠르게 조사결과를 얻을 수 있기 때문에 간단한 여론조사나 마케팅조사에서 많이 사용된다. 이론적으로 문제가 있지만 할당추출이 많이 사용되는 이유는 다음과 같다. 첫째,

모집단 명부가 필요하지 않다는 것이다. 예를 들어 할당추출에서 어느 지역에서 30대의 남성 50명을 조사해야 한다면 조사원은 조사대상자가 누구든지 상관없이 30대 남성 50명을 무조건 조사하면 되므로 확률추출법과는 달리 해당 지역의 30대 남성에 대한 명부가 전혀 필요하지 않다. 둘째, 무응답이 발생해도 재조사하는 과정을 전혀 고려할 필요가 없다는 점이다. 예를 들어 할당추출에서는 전화조사를 할 때, 전화를 건 가구에 통화가 안 되거나 응답을 거부하는 경우에 그대로 다음 가구로 전화를 걸어 조사하면 된다. 이런 두 가지 측면 때문에 할당추출을 사용하면 조사를 신속하고 손쉽게 수행할 수 있다. 하지만 다른 한편으로는 이런 측면 때문에 할당표본에서 얻어지는 조사결과는 선택편향에 의해 상당한 문제점을 갖게 된다는 사실도 알 수 있다.

확률추출과 할당추출을 비교하는 좋은 사례는 미국 대통령선거 여론조사의 변천사에서 찾을 수 있다. 1948년 이전까지 미국의 정치 여론조사에서는 할당추출이 널리 사용되었다. 표본에서의 성별, 연령별, 소득별, 교육수준별 비율이 모집단과 일치할 경우 여론조사결과가 더 정확할 것이라는 생각 때문이었다. 그러나 이런 생각은 1948년 선거여론조사 결과로 인해 심각하게 재검토되었다. 왜냐하면 당시 여론조사결과 약세로 평가되던 트루먼Trumen 후보가 여론조사에서 우세를 보였던 듀이Dewey 후보를 누르고 당선되었기 때문이었다. 당시의 주요 여론조사기관에서는 성별, 연령별, 교육수준별, 인종별 구성 비율을 할당표본에 반영하였다.

비록 할당추출이 1948년 여론조사 실패의 유일한 원인이었던 것은 아니라고 해도 중요한 원인인 것만은 분명했다. 왜 그럴까? 이 조사에서 좋지 않은 결과를 초래하게 된 주요인은 최종응답자를 선택할 때 객관적인 절차(난수표 등을 이용한 절차)에 따라 선택하는 것이 아니라 조사원의 주관적인 판단에 따라 선택하도록 했기 때문이었다. 1948년의 할당표본에서는 왜 공화당후보인 듀이의 지지율이 과대 추정되었을까? 당시 일반적으로 공화당지지자들이 민주당지지자들에 비해 교육수준이나 소득수준이 높은 편이었으며, 특히 여러 사람들이 모인 장소에서 접촉이 용이하고, 조사에 쉽게 응하는 경향을 갖고 있었다. 따라서 의도적인 것은 아니지만 자연스럽게 조사원들은 할당추출에서 설정한 조건을 만족하는 조사대상자를 스스로 선택할 때 공화당 지지자들을 더 많이 택했을 것으로 추측된다.

할당추출이 실패한 이유를 좀 더 구체적으로 생각해 보자. 실제 대통령선거에서 유권자의 성향에 영향을 미치는 특성들은 할당추출을 할 때 반영한 것보다 훨씬 더 많다. 보건, 세금, 또는 심지어 스포츠 등에 대한 태도들도 생각할 수 있지 않은가? 출신지, 결혼여부, 소득수준 등도 마찬가지이다. 할당추출을 어떻게 한다고 해도 이와 같은 수많은 요인들을 전부 고려하는 것은 불가능하다. 반면에 확률추출법에서 기본적으로 요구하는 랜덤화라는 과정은 통제되거나 직접 측정될 수 없는 수많은 요소들이 균형을 이루도록 표본을 추출하게 해주는 방법이다.

예를 들어 전체 학생 중 60%가 남학생으로 구성된 대학교에서 학생들을 랜덤하게 추출하게 되면 대략 60%에 가까운 남학생이 뽑힐 것이다. 뿐만 아니라 동시에 전공 및 학년별 비율, 동아리에 소속된 학생의 비율이나, 출신지별 학생 비율 등 통제하려고 의도하지 아니한 다른 여러 요인들의 비율까지도 어느 정도 균형을 이룬다. 만일 이 경우 남학생 60%를 표본에 강제로 할당하는 것에만 집착을 하게 되면 다른 요인들의 균형을 깨뜨리는 결과를 초래하게 된다. 결론적으로 랜덤화의 원리를 사용하면 할당추출에서 생각할 수 있는 것보다 훨씬 많은 요인들까지도 균형을 이루게 할 수 있다. 비확률추출법과는 달리 확률추출법에서는 항상 랜덤화 과정을 포함하고 있다는 사실에 다시 한 번 주의를 기울이기 바란다.

## 2.3 실험에 의한 자료수집방법

새로운 다이어트 식품을 개발하여 그 효과를 검증하거나, 직물 생산 공정의 온도나 압력을 조정하여 생산품의 내구성을 향상시킬 수 있는지 등에 대해 관심을 갖는 경우 이를 과학적으로 입증하기 위해서는 원하는 조건하에서 실험을 통해 자료를 수집한 후 이 자료를 통계적으로 분석해 효과를 검증하게 된다. 이런 경우 어떤 방식으로 실험을 수행하고 자료를 수집하는 것이 타당한지는 통계 분야에서 매우 중요하게 고려해야 할 사항이다. 실험 experiment이란 연구자가 어떤 사실을 알고 싶을 때 그 목적에 따라 의도적으로 조건을 설정하고 설정된 조건이 결과물에 미치는 영향을 파악하기 위한 자료수집방법이라고 할 수 있다. 따라서 실험은 변수 간의 인과관계를 밝혀낼 수 있는 과학적 방법이다.

따라서 통계분석을 하는 목적이 관심대상 집단에서 나타나는 어떤 현상이나 상태를 단순히 파악하는 것이 아니라, 어떤 처리를 하는 경우 어떤 반응이 생기는지, 다시 말해 변수들 간의 인과관계를 규명하고자 하는 경우 자료의 수집 방법으로 실험을 선호하게 된다. 따라서 의학, 생물학, 화학, 공학 등 자연과학 분야의 거의 대부분의 연구에서는 유의미한 인과관계를 파악하기 위해 엄격한 형식의 실험을 통해 자료를 수집하게 된다. 사회과학 분야에서도 어떤 변수들 간의 인과관계를 정확히 규명하고자 하는 경우 가능하면 실험을 하는 것이 바람직할 수 있다. 특히 심리학이나 교육학 분야에서는 완벽하지는 않지만 가능한 범위 내에서 특정 조건을 설정하고 이에 따른 영향을 측정하는 실험을 통해 자료를 수집하기도 한다. 여기서는 실험을 통해 통계분석을 위한 자료를 수집하는 경우, 알아두어야 할 통계적 실험 및 실험계획의 기본 용어 및 개념에 대하여 살펴보기로 한다.

실험에서 특정 실험조건하에 놓이게 되는 개체를 실험단위 experimental unit라고 한다. 또, 실험에서는 한 변수가 다른 변수에 어떤 영향을 주는지에 관심이 있기 때문에 실험에는 반드시 원인이 되는 변수와 결과에 해당하는 변수가 있다. 결과에 해당하는 변수는 실험 후에 실험단위에서 측정되는 반응결과를 나타내는 변수이기에 반응변수 response variable 또는 종속변수라고 부른다. 어떤 반응을 일으키는 원인이 되는 변수, 다시 말해 반응 결과를 설명할 수 있는 변수는 설명변수 explanatory variable, 독립변수 independent variable 또는 요인 factor이라고 한다. 한편, 실험단위에 가하는 특정 실험조건을 처리 treatment라고 하는데, 설명변수가 여러 개인 경우에는 설명변수들이 취하는 수준 level들의 조합이 처리로 정의된다. 한편 실험에서 직접 취급되지 않지만 반응변수에 영향을 주는 요인들을 외생변수 extraneous variable 또는 외부변수라고 부른다.

예를 들어, 어떤 제과점에서 보다 부드러운 촉감을 주는 식빵을 만들기 위해 오븐에서 빵을 굽는 온도와 시간을 다양한 방식으로 조합을 만들어가면서 식빵을 만들어 촉감을 관찰하는 실험을 한다고 가정해 보자. 여기서 식빵의 재료가 되는 제빵용 밀가루 덩어리가 실험단위에 해당하며, 온도와 시간이 설명변수이고 생산된 식빵의 촉감이 반응변수가 된다. 이 경우 온도를 100도, 120도로 설정하고, 빵을 굽는 시간을 20분, 30분, 40분으로 변화시키면서 식빵을 만드는 실험을 했다면 이 실험에서는 온도를 2개 수준, 시간을 3개 수준으로 설정해 실험을 한 것이고, 온도와 시간의 설정에 따른 모든 가능한 조합에 해당하는 6가지 처리가 실험에 반영된 것이다.

일반적으로 실험을 통해서 자료를 수집하는 경우 통계적으로 의미 있는 분석 결과를 얻기 위해서는 연구 대상이 되는 설명변수를 제외한 다른 조건들은 가능한 동일하게 유지되도록 실험을 수행하는 것이 바람직하다. 이런 관점에서 실험을 통해 자료를 수집하는 경우에는 다음과 같은 사항들을 고려하게 된다.

첫째, 실험단위는 **랜덤** random하게 각 처리에 배정하는 것이 바람직하다. 예를 들어 새로운 다이어트 식품의 효능을 확인하기 위해 실험용 생쥐 20마리를 두 개의 그룹으로 나누어 10마리에게는 일반 사료를 주고 나머지 10마리에는 다이어트 사료를 주어 체중 변화를 관찰하는 실험을 하는 경우, 20마리의 생쥐를 어떻게 두 그룹으로 나눌 것인지에 대해 생각해 보자. 만약 다이어트 사료를 먹는 처리 그룹에는 평소 활동량이 많은 생쥐들이 주로 배정되고 보통 사료 그룹에는 활동량이 적은 생쥐들이 주로 배정되었다고 하면, 일정 기간이 지난 후 두 그룹에서 생긴 체중 변화상의 차이는 다이어트 사료에 의한 효과인지 생쥐들의 활동량이 다르기 때문에 생긴 차이인지 구분이 어려워지게 된다. 이런 경우 다이어트 사료와 생쥐들의 활동량 변수들이 서로 중첩 confounding되어 있다고 말한다. 실험자료를 분석하는 경우 변수들 간에 중첩이 발생하게 되면 인과관계를 잘못 규명하는 오류를 범할 가능성이 높다는 점을 항상 염두에 두어야 한다. 따라서 이런 경우 실험단위인 생쥐를 두 개 그룹으로 나눌 때는 활동량이 많은 것들이 한쪽 그룹으로 집중적으로 배치되지 않도록 20마리의 생쥐를 랜덤하게 추출해 2개 그룹으로 나누는 것이 바람직하며, 두 그룹 중 어떤 그룹에 다이어트 사료를 줄 것인지 여부도 다시 랜덤하게 결정하는 것이 좋다. 이런 과정을 실험에서 흔히 **랜덤화** randomization라고 부른다.

둘째, 실험과정에서 설정된 설명변수 이외의 외생변수에 의한 영향을 통제하기 위해 가능하면 짝짓기 또는 랜덤화블럭 실험을 고려한다. 다이어트 사료 실험 사례에서 만약 실험대상 생쥐들이 A, B 두 개 사육장으로부터 각각 10마리씩 온 것이라고 가정하면 사육장에 따라 생쥐의 발육상태가 다를 수 있다는 점을 고려해 두 사육장에서 온 10마리를 각각 랜덤하게 5마리씩 다이어트 사료와 보통 사료에 배치하는 방식이 실험 환경을 가능한 동일하게 만드는 좋은 방법일 수 있다. 이런 방식의 실험단위 배치 방법을 **랜덤화블럭** randomized block **실험**이라고 부른다. 또한 가급적 동일한 실험환경을 만들기 위해 20마리의 생쥐를 활동량이나 체중 등을 고려해 속성이 유사한 생쥐를 2마리씩 묶어 10개의 짝을 만든 후 각 짝에서 한 마리는 보통 사료 나머지는 다이어트 사료에 배정함으로써 외생변수에 의한 영향을 줄이는 방법도 생각할 수 있다. 이와 같이 유사한 실험단위들을 짝지어 실험하는 방법을 짝비교 paired comparison라고 부른다. 만약 사람들의 지능지수 IQ가 타고난 것인지 성장 환경에 따라 영향을 받는 것인지 알고 싶은 경우, 서로 다른 환경에서 자란 쌍둥이 형제를 관찰하는 것이 가장 좋은 방법이 될 수 있다. 이런 사례를 통해 실험자료를 얻는 것이 바로 가장 대표적인 짝짓기비교 실험에 해당한다.

셋째, 사람을 대상으로 한 실험에서는 특정 처리를 받는다는 것을 인식하는 것만으로도 심리적으로 반응을 일으킬 수 있기 때문에 위약 placebo 실험이나 눈가림 실험 blind experiment을 실시하는 것이 바람직하다. 관절염 환자에서 어떤 진통제를 투여하는 것이 질병 치료에 도움이 되는지 실험을 하는 경우 진통제의 치료 효과를 검증하기 위해 실험대상 관절염 환자들을 두 그룹으로 나누고 A그룹에는 진통제를 투여하고 B그룹에는 진통제를 투여하지 않고 자연 치료가 되도록 방치하는 실험을 했다고 하자. 이 경우 실제로 진통제가 아무런 치료 효과가 없더라도 환자들은 자신이 약을 복용하였고 의사의 치료를 받았다는 사실 때문에 심리적으로 긍정적으로 반응하여 B그룹에 비해 A그룹의 환자들에게 긍정적인 치료 효과가 발생할 수 있다. 실제 환자들을 대상으로 한 실험에서는 이런 효과가 매우 흔히 발생한다고 알려져 있으며 이런 효과를 위약 placebo 효과라고 부른다. 따라서 이런 경우 진통제의 치료효과를 제대로 파악할 수 있는 공정한 실험자료를 얻기 위해서는 B그룹 환자에게도 의사가 환자를 만나서 밀가루로 만든 위약(가짜 약)을 투여하는 절차를 거치는 것이 바람직하다. 한편 A그룹에는 진통제를 B그룹에는 위약을 투여하는 경우에도 만약 환자들이 자신이 위약을 처방 받고 있다는 것을 알게 되면 치료 효과에 영향을 줄 수 있기 때문에 흔히 이런 실험에서는 환자들이 자신이 어떤 그룹에 속해 있는지 모르도록 실험을 하게 된다. 이와 같이 환자들이 자신이 어떤 처리를 받고 있는지를 알지 못하도록 하는 것을 **눈가림 실험** blind experiment이라고 부른다. 더 철저한 실험 관리를 위해서는 의사 자신도 자신이 처방하는 약이 진통제인지 위약인지 모르게 할 수도 있는데 이런 것을 **이중눈가림 실험**이라고 한다.

마지막으로 모든 실험은 각 실험조건에서 한 번 시행하는 것보다는 가능하면 충분히 많은 실험단위를 대상으로 반복적 Replication 실험을 하는 것이 바람직하다. 반복적으로 실시하는 경우 결국 처리효과는 반복된 관측값들의 평균으로 설명될 수 있기 때문에 한 번의 실험에서 발생할 수 있는 우연에 의한 변동을 줄일 수 있어서 보다 명확하게 실험 조건에 따른 처리 효과를 통계적으로 확인할 수 있기 때문이다.

실험과 관련된 자료추출과 분석 방법은 7장 실험계획과 분산분석에서 자세히 논의될 것이다.

## 참고문헌


- 김수택 외 10인(2010), 조사방법의 이해, 교우사.
- 김영원 외 3인(2012), 표본조사의 이해와 활용(제7판), CENGAGE Learning.
- 조사통계연구회(1996), 통계조사 실무자를 위한 통계조사방법, 자유아카데미.

# 연습문제

**2.1** 조사를 통해 자료를 얻는 것과 실험을 통해 자료를 얻는 것은 근본적으로 어떤 차이점이 있는지 정리해 보고, 조사를 통해 자료를 수집해서 통계를 작성한 사례와 실험을 통해 자료를 수집해서 통계를 작성한 사례를 각각 하나씩 찾아 자료수집 과정에 있어서 어떤 차이가 있는지 논의하라.

**2.2** 우리나라 통계청에서는 사회, 경제적인 변화를 진단하고 합리적인 정책을 수립하는 것을 목적으로 다양한 국가통계를 생산하고 있다. 통계청의 국가통계포털 사이트(http://kosis.kr/)를 방문하여 통계청에서는 표본조사를 통해 어떤 국가통계를 생산하고 있는지 살펴보고, 그 중 하나의 통계를 선택해 해당 통계를 생산하기 위해 구체적으로 어떤 방식으로 표본을 추출하여 조사를 하고 있는지 정리해 보라.

**2.3** 신문이나 방송에서 전화여론조사를 통해 얻은 자료를 기초로 작성된 기사를 하나 선정해 관련 기사 내용을 요약하고, 해당 자료를 얻기 위해 어떤 전화조사가 수행되었는지 구체적인 자료수집 과정을 가능한 상세히 조사해 정리해 보아라. 아울러 이런 방식으로 자료를 수집하는 경우 어떤 문제점이 있을 수 있는지 논의하라.

**2.4** 표본조사를 위한 설문지를 작성할 때, 일반적으로 고려해야 할 사항은 어떤 것인지 정리하고, 주변에서 전공분야와 상관없이 석사학위 논문 작성을 위해 사용된 설문지를 구해서 해당 설문지 작성에 있어서 어떤 문제점이 있는지 논의하라.

**2.5** 주변에서 할당추출(quota sampling)로 표본조사를 실시한 사례를 찾아보고, 해당 사례의 경우 표본의 대표성에 있어서 어떤 문제점이 있을 수 있는지 자신의 의견을 정리해 논의하라.

**2.6** 표본조사를 위한 표본추출방법 중 층화추출과 관련해 다음과 대해 답하라.

(1) 층화추출법을 사용하는 이유를 밝히고, 층화추출에서 효율적으로 층을 구성하는 방법에 대해 설명하라.

(2) 어느 대학의 전체 학생 중 1,000명을 층화추출하여 등록금 조달 방법 및 소비지출 현황을 파악하기 위한 표본조사를 하고자 한다. 구체적으로 전체 재학생들을 어떻게 층화하여 표본을 추출할 것인지 설명하라.

**2.7** 세 가지 시청각 영어회화 교육방법(A, B, C)의 효과를 비교하기 위한 객관적인 자료를 수집하기 위해 실험설계를 하고자 한다. 서울시내에서 실험 가능한 27개 학급을 3개 학군에서 각각 9개씩 선정하였다. 이 경우 세 가지 교육방법을 27개 학급에 어떻게 배정하는 것이 바람직한지 설명하라.

**2.8** 실험을 통해 자료를 수집하는 경우 사용되는 다음 용어들에 대해 설명하고 구체적인 사례를 들어 보아라.

① 랜덤화배정
② 짝짓기비교실험
③ 블록화실험
④ 눈가림실험
⑤ 위약효과

# 03

# 자료의 정리

앞 장에서는 모집단의 특성을 잘 반영할 수 있는 표본을 어떻게 얻을 것인가에 대해 배웠다. 이 장에서는 자료를 형태에 따라 분류하고 표나 그래프를 이용하여 수집된 자료의 특성을 나타내는 방법과 수치형 자료들의 중심위치나 퍼져 있는 정도 등을 나타내는 통계량들에 대해 알아보고자 한다. 따라서 3장은 기술통계(descriptive statistics)에 대한 여러 가지 방법론을 공부하게 된다.

## 3.1 자료의 형태

통계적 분석을 제대로 시행하기 위해서는 우리가 가지고 있는 자료 data가 어떤 특성과 형태를 가지고 있으며 분석하고자 하는 목적에 부합되게 자료가 구성되어 있는지를 먼저 확인해야 한다. 이 절에서는 자료의 형태를 일반적인 기준으로 나누어 분류하고 이에 따른 분석방법을 제시하고자 한다.

아래의 표는 어떤 회사에 입사한 신입사원을 대상으로 실시한 신체검사 자료 일부를 정리한 것이다.

**|표 3.1| 신입사원 신체검사 자료**

| | 변수(변량) | | | | | | | |
|---|---|---|---|---|---|---|---|---|
| | 번호 | 성별 | 연령 | 신장 | 체중 | 비만도 | 혈액형 | 입원건수 |
| 관측값 | 001 | 남 | 28 | 174 | 64 | 정상 | O | 0 |
| | 002 | 남 | 29 | 172 | 73 | 과체중 | A | 0 |
| | 003 | 여 | 26 | 164 | 53 | 정상 | A | 1 |
| | 004 | 남 | 28 | 181 | 74 | 정상 | B | 0 |
| | 005 | 여 | 25 | 159 | 47 | 정상 | AB | 0 |
| | 006 | 여 | 26 | 167 | 55 | 정상 | O | 0 |
| | 007 | 남 | 27 | 174 | 78 | 비만 | O | 2 |
| | ⋮ | ⋮ | ⋮ | ⋮ | ⋮ | ⋮ | ⋮ | ⋮ |

위의 신체검사 자료 상단에 있는 성별, 연령 등과 같은 신체검사 항목을 통계학에서는 **변수** variable 또는 **변량** variate이라고 하는데 위와 같이 여러 개의 변수로 이루어진 자료집합을 **다변량 자료** multivariate data라고 한다. 일반적으로 자료는 형태에 따라 크게 **범주형 자료** categorial data와 **수치형 자료** numerical data로 분류된다. 범주형 자료는 신체검사 자료에서 성별, 혈액형, 비만도와 같이 자료가 **질적인** qualitative **형태**를 가지며 수치형 자료는 연령, 신장, 체중, 입원건수와 같이 **양적** quantitative **형태**로 표시된다. 범주형 자료도 주민등록번호에서 남자를 홀수 (1, 3, 5), 여자를 짝수 (2, 4, 6)로 표시하는 것과 같이 그 범주를 숫자로 표시할 수 있다. 이렇게 숫자로 표시했을 때 그 숫자의 크기가 순서 또는 순위를 나타낸다고 볼 수 있는지에 따라 **명목형 자료** nomial data와 **순서형 자료** ordinal data로 나

눌 수 있다.

명목형 자료는 숫자로 바꾸어도 그 값이 크고 작음을 나타내는 것이 아니라 단순히 범주를 표시하는 것으로 성별, 혈액형과 같은 자료가 명목형 자료의 대표적인 예이다. 이에 반해 비만도는 범주(저체중, 정당, 과체중, 비만, 고도비만)를 각각 (1, 2, 3, 4, 5)로 표시했을 때 숫자가 커짐에 따라 비만도가 높아짐을 의미한다. 이와 같이 범주형 자료이지만 범주가 상대적으로 비교 가능한 경우 순서형 자료라고 한다. 대부분의 순서형 자료는 원 자료가 수치형 자료인데 이를 구간에 따라 그룹화 또는 범주화하여 유도된 자료로 때로는 수치형 자료를 분석하는 방법을 적용하기도 한다.

비만도를 측정하기 위해 많이 사용되는 BMI지수는 체중(Kg)을 신장(m)의 제곱으로 나눈 값으로 20대의 경우 다음과 같은 기준으로 비만도를 평가한다고 하자.

| BMI | 비만도 판정 |
|---|---|
| 18미만 | 저체중 |
| 18이상 ~ 23미만 | 정상(표준) |
| 23이상 ~ 25미만 | 과체중 |
| 25이상 ~ 30미만 | 비만 |
| 30이상 | 고도비만 |

[표 3.1]에 있는 7명의 신입사원의 BMI는 각각 (21.1, 24.7, 19.7, 22.6, 18.6, 19.7, 25.8)인 것으로 측정되었으며 이를 범주형인 비만도로 표시하면 (정상, 과체중, 정상, 정상, 정상, 정상, 비만)이 된다. 이외 학점(A, B, C, D, F)이나 선호도(매우 싫다, 싫다, 보통이다, 좋다, 매우 좋다)와 같은 범주형 자료도 수치형 자료를 그룹화한 것으로 볼 수 있다.

수치형 자료는 입원 건수와 같이 값이 셀 수 있는 형태와 신장이나 체중과 같이 연속적인 형태로 나누어지는데 전자의 경우는 **이산형 자료** discrete data라고 하고 후자의 경우 **연속형 자료** continuous data라고 한다. 일반적으로 연속형 자료는 이산화를 통해 자연수 형태로 표시되는 경우가 많다. 예를 들어 신장의 경우 cm를 기준으로 소수점을 반올림하여 자연수로 표시되어 셀 수 있는 자료인 것처럼 보이나 그 속성이 연속적인 것이기 때문에 연속형 자료가 된다.

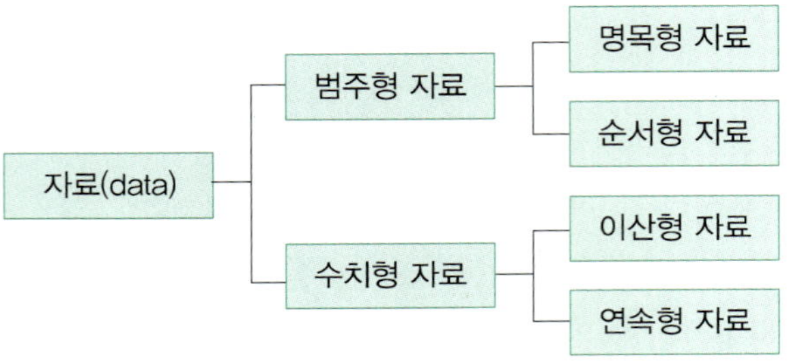


**|그림 3.1|** 자료의 형태에 따른 분류

[그림 3.1]은 위에서 설명한 자료의 형태에 따른 분류한 것이다. 앞에서 언급한 변수는 해당하는 자료의 형태에 따라 크게 범주형 변수와 수치형 변수로 나누고 세부적으로 명목형 변수, 순서형 변수, 이산형 변수, 연속형 변수로 나뉜다.

## 3.2 표를 이용한 자료정리

### 3.2.1 도수분포표

통계분석에서 있어 단일변수의 자료를 정리하는 데 기본이 되는 표로 **도수분포표** frequency table가 있다. **도수** frequency는 해당하는 범주에 속한 관측값의 개수를 의미하며 도수분포표는 각각의 범주에 몇 개의 관측값이 있는지를 표로 정리한 것이다. 여기에 각 범주에 속해 있는 관측값 개수를 비교할 수 있도록 **상대도수** relative frequency 또는 비율을 추가하고 있다. 상대도수는 다음과 같은 식으로 계산되며 100을 곱해 %로 표시하기도 한다.

$$\text{상대도수} = \frac{\text{해당 범주 관측값의 개수}}{\text{전체 관측값의 개수}}$$

[표 3.2]의 자료는 파이가게에서 지난 1주일 동안 판매된 파이를 종류별로 정리한 도수분포표이다.

|표 3.2| 파이 판매량과 비율

| 파이종류 | 판매량 | 상대도수: 판매비율(%) |
|---|---|---|
| 고구마 | 27 | 11.6 |
| 딸기 | 51 | 21.9 |
| 바나나 | 18 | 7.7 |
| 블루베리 | 47 | 20.2 |
| 애플 | 58 | 24.9 |
| 초코 | 32 | 13.7 |
| 합계 | 233 | 100.0 |

이 표에서 볼 수 있듯이 애플파이가 전체 판매량 233개 중 24.9%인 58개로 지난 1주일 동안 가장 많이 판매되었으며 딸기, 블루베리 순으로 판매가 많았으며 바나나파이가 18개로 7.7%로 가장 적게 판매된 것으로 나타났다. 현재 이 표에서는 범주를 기준으로 정렬하여 표시하였는데 판매량 또는 판매비율이 큰 순으로 정렬하여 표시하기도 한다.

범주형 자료의 경우 그 범주가 지정되어 있기 때문에 해당 범주에 몇 개의 관측값이 있는지만 알면 도수분포표를 작성할 수 있다. 신체검사 결과에서 입원건수와 같이 나올 수 있는 값이 몇 개로 한정적일 경우에도 해당 숫자와 일치하는 자료의 개수로 도수분포표를 작성할 수 있다. 하지만 일반적인 수치형 자료는 다양한 값으로 구성되어 있기 때문에 해당 숫자와 일치하는 자료가 많지 않을 수 있으며 표가 아주 길어져 자료를 정리하고자 하는 목적에 맞지 않을 수 있다. 그래서 수치형 자료에 대한 도수분포표를 만들 때에는 순서형 자료를 만들 때처럼 관측된 값들을 그룹화하여 해당 그룹에 속한 관측값의 개수로 도수분포표를 만든다. 일반적으로 수치형 자료를 그룹화하기 위해 자료의 최솟값과 최댓값 사이를 몇 개의 동일한 간격으로 나눈다. 이 경우 구간의 경계점에 대한 해석이 어려워질 수도 있으며 동일한 간격으로 했을 때 대부분의 자료가 특정 구간에 집중될 수도 있어 그룹화는 자료의 구조에 맞춰 선택적으로 이루어지는 것이 좋다. 예를 들어 연간 소득에 대한 분석을 하고자 할 때 대부분의 자료가 1억 원 이하이므로 동일한 간격으로 나누는 것보다 1천만 미만, [1천만, 2천만), [2천만, 3천만), [3천만, 5천만), [5천만, 7천만), [7천만, 1억), [1억, 1억5천만), 1억5천 이상과 같이 자료의 수가 많은 구간을 세분화하여 나누는 것이 적절할 수 있다.

예 3.1

[표 3.3]의 자료는 대학정보공시에 보고된 4년제 대학 중 42개의 2011년 통계학 관련학과의 취업률이다. 2011년 취업률은 2010년 8월, 2011년 2월 졸업자 중 진학자, 외국인, 취업 불가능자를 제외한 취업대상 중에서 2011년 6월 1일에 건강보험DB연계취업자와 해외취업자로 등록된 사람의 비율을 의미한다.

|표 3.3| 2011년 통계학 관련학과 취업률

| | | | | | | | | | | | | | |
|---|---|---|---|---|---|---|---|---|---|---|---|---|---|
| 55.6 | 83.3 | 43.4 | 58.1 | 31.6 | 55.6 | 60.7 | 64.6 | 73.3 | 55.6 | 64.3 | 52.8 | 22.7 | 46.3 |
| 71.4 | 53.8 | 64.5 | 67.9 | 71.4 | 80.0 | 59.5 | 40.5 | 77.1 | 58.6 | 65.4 | 52.4 | 66.7 | 91.3 |
| 41.3 | 72.1 | 61.9 | 78.4 | 63.6 | 41.0 | 65.2 | 81.3 | 54.8 | 19.6 | 50.0 | 53.1 | 41.2 | 56.5 |

이 자료를 도수분포표로 정리하기 위해서는 우선 적정한 구간으로 자료를 그룹화해야 한다. 현재 자료의 최소취업률은 19.6%, 최대취업률은 91.3%인 것으로 나타났으며 시작점을 10%으로 하고 100%까지 구간의 길이가 10%가 되도록 하여 그룹화하였다. 80%이상~90%미만, 90%이상~100%에 해당되는 관측값이 각각 1개 밖에 없어 이 구간은 하나의 구간으로 묶었다.

취업률 도수분포표

| 취업률 | 도수 | 상대도수 |
|---|---|---|
| 10%이상~40%미만 | 3 | 0.071 |
| 40%이상~50%미만 | 6 | 0.143 |
| 50%이상~60%미만 | 13 | 0.310 |
| 60%이상~70%미만 | 10 | 0.238 |
| 70%이상~80%미만 | 6 | 0.143 |
| 80%이상~100% | 4 | 0.095 |
| 합계 | 42 | 1.000 |

위 도수분포표에 의하면 취업률이 50%이상~60%미만 사이에 있는 학과가 31.0%인 13개로 가장 많고 60%이상~70%미만인 학과가 다음으로 많은 것으로 나타났으며 또한 80%이상의 취업률을 보인 학과가 4개나 되는 반면 40%미만인 학과는 3개 있는 것으로 조사되었다.

수치형 자료에 대한 도수분포표는 3.3절에 나오는 히스토그램을 작성하는 데 기본 정보를 제공한다.

### 3.2.2 분할표

앞에서 배운 도수분포표는 단일변수에 대해 전체 자료 중 해당 범주에 몇 개의 관측값이 있는지를 정리한 것이다. 때로는 두 개 이상의 변수를 동시에 고려했을 때 관측값의 빈도를 정리할 필요가 있다. 예를 들어, 신체검사 자료에서 혈액형과 비만도 간에 관계가 있는지를 알아보고자 할 때 자료를 다음과 같은 2차원 표로 정리할 수 있다.

| 혈액형 | 비만도 | | | | |
|---|---|---|---|---|---|
| | 저체중 | 정상 | 과체중 | 비만 | 고도비만 |
| A | Ⓐ | | | | |
| B | | | | | |
| AB | | | | | |
| O | | | | | |

두 변수에 대해 각 범주에 교차되는 부분을 **칸**cell이라고 하는데 표에서 칸Ⓐ에는 자료 중 혈액형이 A이고 비만도가 저체중인 사람의 빈도가 표시된다. 위와 같이 2개 이상의 변수에 대해 교차시켜 빈도를 표시한 표를 **분할표**contingency table라고 하며 행의 수와 열의 수를 이용하여 $r \times c$ 분할표라고 한다. 따라서 위 표는 4×5 분할표이다. 도수분포표와 마찬가지로 분할표에도 비율을 표시할 수 있는데 비율을 표시할 때에는 분석 목적 또는 자료가 어떻게 수집되었는지에 따라 다르게 표시될 수 있다는 것을 주의해야 한다.

**예 3.2**

세 가지 휴대전화모델에 대해 남녀별로 선호도 차이가 있는지를 알아보기 위해 남자 76명과 여자 70명을 대상으로 세 가지 모델 중 가장 마음에 드는 모델을 선택하게 하였다. 그 결과 남자 76명 중 모델 A는 35, B는 23, C는 18명이 선택하였고 여자 70명 중 A는 17명, B는 33, C는 20명이 선택하였다. 이 결과는 다음과 같은 분할표로 정리할 수 있다.

성별에 따른 휴대전화모델 선호도 결과

| 성별 | 휴대전화모델 | | | 합계 |
|---|---|---|---|---|
| | A | B | C | |
| 남자 | 35 | 23 | 18 | 76 |
| 여자 | 17 | 33 | 20 | 70 |
| 합계 | 52 | 56 | 38 | 146 |

현재 분석목적은 선호도에서 남녀 간 어떤 차이가 있는지를 알아보기 위한 것이기 때문에 위의 분할표에 비율을 추가한다면 아래의 분할표와 같이 남자 중 각각의 모델을 선호한 비율과 여자 중 각각의 모델을 선호한 비율을 따로 표시해야 한다.

**|표 3.4|** 성별에 따른 휴대전화모델 선호도 결과(비율)

| 성별 | 휴대전화모델 | | | 합계 |
|---|---|---|---|---|
| | A | B | C | |
| 남자 | 35<br>(46.0%) | 23<br>(30.3%) | 18<br>(23.7%) | 76<br>(100%) |
| 여자 | 17<br>(24.3%) | 33<br>(47.1%) | 20<br>(28.6%) | 70<br>(100%) |
| 합계 | 52<br>(35.6%) | 56<br>(38.4%) | 38<br>(26.0%) | 146<br>(100%) |

[표 3.4]를 보면 남자는 A모델을 가장 많아 선호하는 반면 C모델을 선호하지 않고 있으며 여자는 B모델을 선호하는 반면 A모델을 선호하지 않는 것을 알 수 있다.

**예 3.3**

Norton과 Dunn은 2484명을 대상으로 코골이 정도와 심장질환과의 연관성을 조사였다. 조사대상 중 심장질환을 앓고 있는 사람은 4.4%인 110명이고 아닌 사람은 95.6%인 2374명인 것으로 나타났다. 만약 심장질환은 앓고 있는 사람 110명과 아닌 사람 2374명을 미리 설정한 후 코골이 정도를 조사했다면 [예 3.2]와 같은 형태로 비율을 쓸 수 있지만 위 결과는 조사대상 2484명을 조사한 후 나온 결과이므로 [표 3.5]와 같이 각 칸의 비율은 2484명을 기준으로 계산하는 것이 적절하다. 이 자료를 통해 코골이 정도와 심장질환 여부의 관계를 알아볼 수 있다.

|표 3.5| 코골이 정도와 심장질환 관계 조사(비율)

| 심장질환 | 코골이 정도 | | | | 합계 |
|---|---|---|---|---|---|
| | 골지 않음 | 가끔 골음 | 거의 매일 | 매일 | |
| 예 | 24<br>(1.0%) | 35<br>(1.4%) | 21<br>(0.8%) | 30<br>(1.2%) | 110<br>(4.4%) |
| 아니오 | 1355<br>(54.6%) | 603<br>(24.3%) | 192<br>(7.7%) | 224<br>(9.0%) | 2374<br>(95.6%) |
| 합계 | 1379<br>(55.6%) | 638<br>(25.7%) | 213<br>(8.5%) | 254<br>(10.2%) | 2484<br>(100.0%) |

[예 3.2] 자료의 통계적 분석은 8장의 범주형 자료분석: 동질성 검정에서 다루어질 것이며, [예 3.3]은 8장 범주형 자료분석:독립성 검정에서 분석될 것이다.

## 3.3 그래프를 이용한 자료정리

### 3.3.1 파이차트

범주형 자료의 도수 또는 상대도수를 상대적으로 비교하기 위해 사용되는 그래프로 **파이차트** pie chart가 있다. 파이차트는 원에 원점을 기준으로 각 범주에 해당되는 비율만큼 각도 또는 면적을 분할하여 표시한 그래프로 해당 범주의 각도는 다음과 같이 계산된다.

$$각도 = 비율 \times 360^o$$

파이차트에서 원을 사용하는 이유는 각 범주의 각도와 면적의 비가 항상 동일하기 때문이다. [표 3.6]은 [표 3.2]의 파이 판매량 비율에 대해 파이차트의 각도를 계산한 것이다.

|표 3.6| 파이차트 각도

| 파이종류 | 각도(° ) | 파이종류 | 각도(° ) | 파이종류 | 각도(° ) |
|---|---|---|---|---|---|
| 고구마 | 41.7 | 바나나 | 27.8 | 애플 | 89.6 |
| 딸기 | 78.8 | 블루베리 | 72.6 | 초코 | 49.5 |

이를 이용하여 [그림 3.2]와 같은 파이차트를 그릴 수 있다. [그림 3.2]에서 애플파이와 딸기파이의 각도가 상대적으로 큰 것을 볼 수 있으며 바나나파이의 각도가 다른 것에 비해 작은 것을 확인할 수 있다.

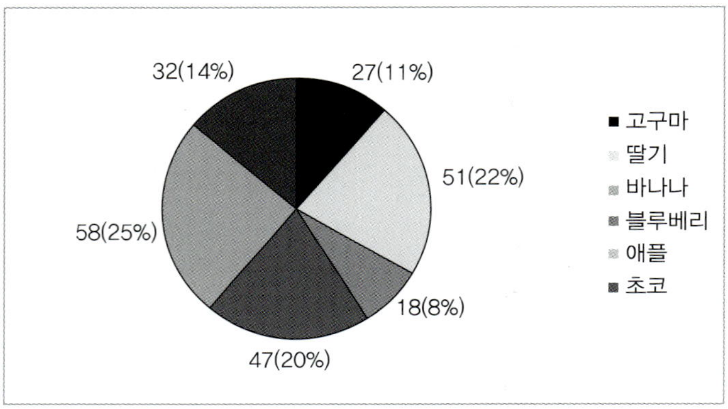


|그림 3.2| 파이판매량 파이차트

## 3.3.2 막대그래프

그림을 통해 자료의 특성을 표시하고자 할 때 전달하고자 하는 내용에 맞는 그림선택이 중요하다. 1985년에 발표된 Cleveland의 연구결과에 의하면, 사람들은 눈으로 비교하는 데 있어 동일한 척도에서의 위치, 길이, 각도와 기울기, 면적, 부피, 색상과 밀도 순으로 인지 능력을 가졌다고 한다. 이것은 범주의 비율이 각도 또는 면적으로 표시되는 파이차트에서는 비슷한 비율을 가지는 범주들 간의 비교가 쉽지 않다는 것을 의미한다. 예를 들어 파이판매 예에서 딸기파이와 블루베리파이의 판매량과 비율이 표시되지 않았다고 하면 파이차트를 보고 어느 쪽이 더 많이 판매되었는지 파악하기 어렵다.

각 범주의 빈도를 비교하고자 한다면 가능한 동일한 척도에서의 위치나 길이로 표시하여 보는 사람으로 하여금 잘 인지할 수 있게 해야 한다. **막대그래프**bar chart는 이러한 목적에 적합한 그래프이다. 막대그래프는 각 범주의 도수나 상대도수를 막대의 길이로 표시한 그림이다. [그림 3.3]은 [그림 3.2]의 파이차트를 막대그래프로 표시한 것으로 딸기파이와 블루베리파이의 판매량 차이를 확연히 확인할 수 있다. [그림 3.3]에서의 막대그래프 수직축이 판매량으로 표시되어 있으나 비율에 관심을 가진다면 수직축의 값을 상대도수로 대신 표시할 수 있다.

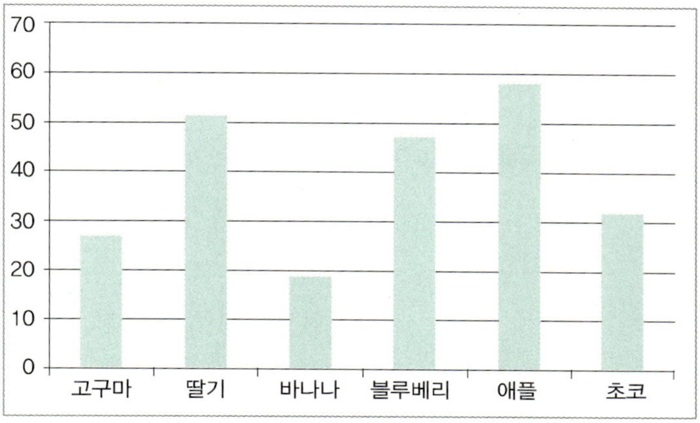


**[그림 3.3]** 파이판매량의 막대그래프

[예 3.2]와 같이 두 그룹 간에 비교를 목적으로 하는 경우 같은 각 그룹의 범주 비율을 막대그래프로 표시하여 비교할 수 있다. [그림 3.4]는 남녀 간 휴대전화모델 선호도 비율을 막대그래프로 표시한 한 것으로 A 모델을 선호하는 남자 비율이 높은 반면 B 모델을 선호하는 여자 비율이 높은 것으로 볼 수 있으며 남녀 간에 선호도에 차이가 있는 것을 눈으로 확인할 수 있다. 만약 각 모델에서의 남녀 막대 길이가 비슷하게 나왔다면 남녀 간에 차이가 크지 않다고 할 수 있다.

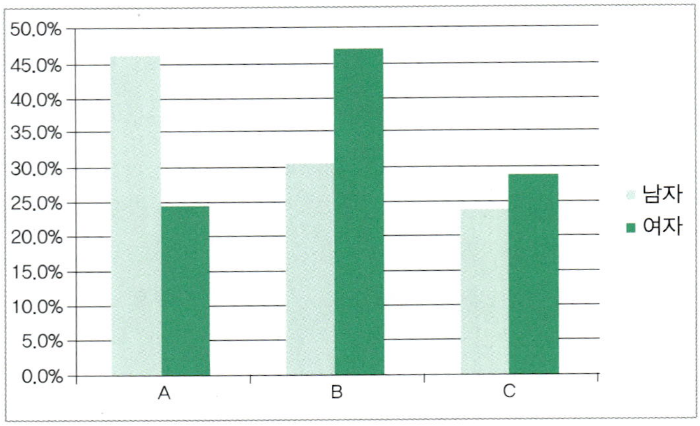


|그림 3.4| 휴대전화모델 선호도의 남녀비교

### 3.3.3 히스토그램(histogram)

일반적으로 히스토그램과 막대그래프를 혼용하여 쓰는 경우가 있으나 통계학에서는 히스토그램과 막대그래프를 엄격히 구분하고 있다. 히스토그램은 수치형 자료 특히 연속형 자료가 어떤 형태로 분포되어 있는지를 알아보고자 할 때 사용된다. 히스토그램에서는 해당 구간의 상대도수가 직사각형의 면적으로 표시되며 전체 면적이 1이 되어야 한다. 이를 위해 먼저 도수분포표를 먼저 만들어야 하고 직사각형의 높이는 다음과 같이 계산된다.

$$\text{높이} = \frac{\text{상대도수}}{\text{구간의 길이}}$$

**예 3.1** 계속

취업률 예에서 상대도수를 구간의 길이로 나누면 히스토그램의 높이를 다음과 같이 구할 수 있다.

| 구간 | 높이 | 구간 | 높이 |
|---|---|---|---|
| 10%이상 ~ 40%미만 | 0.0024 | 60%이상 ~ 70%미만 | 0.0238 |
| 40%이상 ~ 50%미만 | 0.0143 | 70%이상 ~ 80%미만 | 0.0143 |
| 50%이상 ~ 60%미만 | 0.0310 | 80%이상 ~ 100% | 0.0047 |

이를 바탕으로 다음과 같은 히스토그램을 그릴 수 있다.

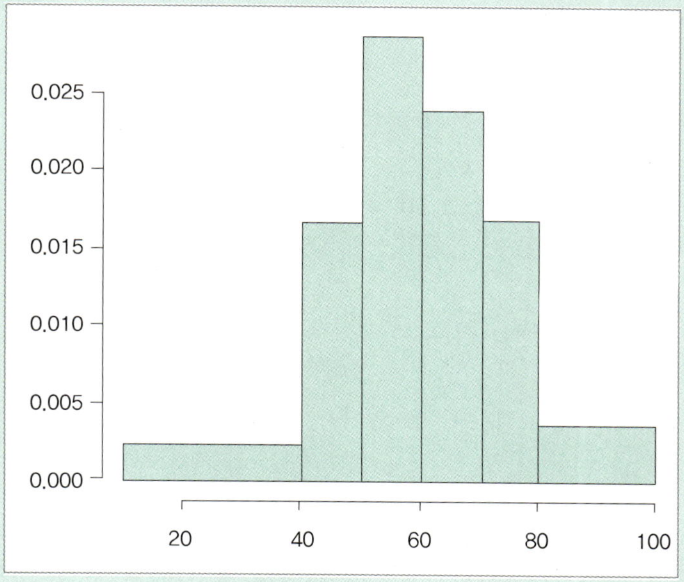


**|그림 3.5|** 통계학 관련전공 취업률 히스토그램

이 히스토그램에서 50%에서 60%까지 취업률을 보인 학과가 가장 많고 60%에서 70%까지 취업률을 보인 학과가 그 다음으로 많은 것을 볼 수 있다. 대부분이 40%에서 80%에 있는 것을 확인할 수 있다.
히스토그램은 구간을 어떻게 정하는가에 따라 모양이 조금씩 달라질 수 있다. 만약 첫 번째 취업률 구간 10%이상~40%미만을 15%이상~40%미만으로 바꾸면 도수분포표는 변화가 없으나 히스토그램에서 해당 구간의 길이가 30에서 25로 줄어들어 높이는 0.0024에서 0.0029로 높아진다.

### 3.3.4 줄기-잎 그림(stem-and-leaf plot)

히스토그램을 통해 자료의 분포를 파악할 수 있으나 구간을 어떻게 정하는가에 따라 형태가 조금씩 바뀔 수 있으며 개개 관측값이 얼마인지는 알 수 없다. **줄기-잎 그림**은 관측값의 정보를 그대로 간직하면서 자료가 어떻게 분포되어 있는지를 알려주는 그림이다. 줄기-잎 그림을 그리기 위해서는 자료를 순서대로 정렬한 후 줄기에는 기본단위의 10배의 값을 표시하고 잎에는 관측값의 기본단위에 해당되는 값을 표시한다.

[표 3.3]의 통계학 관련학과 취업률 자료를 반올림하여 정수 형태로 변환한 자료를 이용하겠다. 아래는 변환한 자료를 오름차순으로 정렬한 것이다.

20 23 32 40 41 41 41 43 46 50 52 53 53 54 55 56 56 56 56 58 59
60 61 62 64 64 64 65 65 65 67 68 71 71 72 73 77 78 80 81 83 91

취업률의 단위는 1이고 20에서 91까지 분포되어 있으므로 줄기에는 2부터 9까지 표시한다. 아래 그림과 같이 각 줄기 왼쪽에 해당하는 단위 값을 오름차순으로 표시하는데 이것을 잎이라고 한다.

```
2 | 03
3 | 2
4 | 111136
5 | 023345666789
6 | 01244555578
7 | 112378
8 | 013
9 | 1
```

이 줄기-잎 그림에서는 자료의 분포뿐만 아니라 히스토그램에서 알 수 없었던 자료의 구체적인 값까지 확인할 수 있다.

자료가 많은 경우에는 10 단위를 2개로 나눠 잎에 위쪽은 0~4, 아래쪽은 5~9로 표시하거나 5개로 나눠 (0,1), (2,3), (4,5), (6,7), (8,9)로 표시할 수도 있다.

### 3.3.5 산점도(scatter plot)

[표 3.1]의 신체검사 자료와 같은 다변량 자료에서 관심 문제 중 하나는 변수들 간의 관계가 존재하는지를 알아보는 것이다. 다변량 자료에서 임의의 두 변수를 $X$와 $Y$라 하고 $n$개의 관측값이 있다고 하자. 각각의 관측값에 대해 두 변수의 값이 주어지므로 자료는 순서쌍 $(x_1, y_1), (x_2, y_2), \cdots, (x_n, y_n)$으로 표

시할 수 있다. **산점도**는 순서쌍 자료를 2차원 평면상에 $x$축과 $y$축에 표시하여 두 변수들 간의 관계를 시각적으로 알아보는 그림이다.

[표 3.7]의 자료는 2009년 1월부터 2010년 12월까지 우리나라에서 신고된 월별 식중독 건수와 해당 월의 평균기온을 정리한 것이다.

**|표 3.7| (2009–2010)월별 평균기온과 식중독 건수**

| | 1월 | 2월 | 3월 | 4월 | 5월 | 6월 | 7월 | 8월 |
|---|---|---|---|---|---|---|---|---|
| 발생건수 | 14 | 22 | 20 | 26 | 36 | 29 | 20 | 18 |
| 평균기온 | −0.9 | 4.17 | 6.86 | 12.4 | 18.02 | 21.54 | 23.46 | 24.34 |
| | 9월 | 10월 | 11월 | 12월 | 1월 | 2월 | 3월 | 4월 |
| 발생건수 | 20 | 7 | 7 | 9 | 9 | 17 | 15 | 20 |
| 평균기온 | 20.81 | 15.36 | 7.86 | 1.17 | −1.57 | 2.43 | 5.41 | 9.71 |
| | 5월 | 6월 | 7월 | 8월 | 9월 | 10월 | 11월 | 12월 |
| 발생건수 | 13 | 28 | 33 | 40 | 35 | 18 | 14 | 23 |
| 평균기온 | 16.84 | 22.01 | 25.15 | 26.69 | 21.73 | 14.48 | 7.05 | 1.04 |

평균기온이 식중독 건수에 영향을 주는지, 준다면 어떻게 주는지에 대한 정보를 얻기 위해 평균기온을 $x$축의 값으로 식중독 건수를 $y$축의 값으로 표시하면 [그림 3.6]과 같은 산점도를 그릴 수 있다. 이 산점도를 통해 기온이 높은

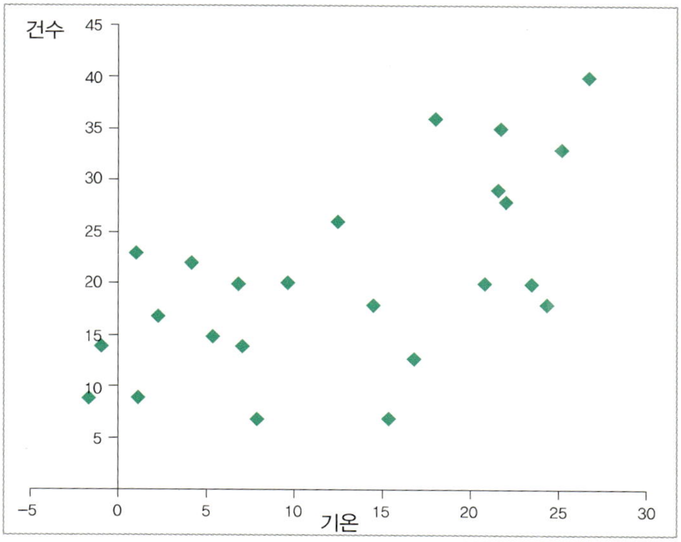


**|그림 3.6| 월별 평균기온과 식중독 건수**

경우 상대적으로 식중독 건수가 많은 것을 볼 수 있다. 하지만 기온이 낮은 경우에도 식중독 건수가 적지 않은 것으로 나타났는데 이는 기온이 낮아지면 노로바이러스에 의한 식중독 발생이 많아지는 현상 때문인 것으로 추측된다.

자료가 일정한 시간간격으로 관측된 경우 $x$축에 관측시점, $y$축에 관측된 값을 표시한 산점도를 **시계열그림** time series plot이라고 한다. 시계열그림은 시간에 따라 순서적으로 자료가 얻어지기 때문에 일반적으로 관측값을 선으로 연결하여 그 변화를 쉽게 확인할 수 있도록 하고 있다.

**예 3.4**

[표 3.8]의 자료는 통계청에서 발표한 1972년부터 2011년까지 연도별 출생아수를 정리한 『인구동태건수 및 동태율 추이』 통계 자료이다.

**|표 3.8| 연도별 출생아수(단위: 천명)**

| 연도 | 1972 | 1973 | 1974 | 1975 | 1976 | 1977 | 1978 | 1979 | 1980 | 1981 |
|---|---|---|---|---|---|---|---|---|---|---|
| 출생아수 | 953 | 966 | 923 | 874 | 796 | 825 | 751 | 863 | 863 | 867 |
| 연도 | 1982 | 1983 | 1984 | 1985 | 1986 | 1987 | 1988 | 1989 | 1990 | 1991 |
| 출생아수 | 848 | 769 | 675 | 655 | 636 | 624 | 633 | 639 | 650 | 709 |
| 연도 | 1992 | 1993 | 1994 | 1995 | 1996 | 1997 | 1998 | 1999 | 2000 | 2001 |
| 출생아수 | 731 | 716 | 721 | 715 | 691 | 668 | 635 | 614 | 635 | 555 |
| 연도 | 2002 | 2003 | 2004 | 2005 | 2006 | 2007 | 2008 | 2009 | 2010 | 2011 |
| 출생아수 | 492 | 491 | 473 | 435 | 448 | 493 | 466 | 445 | 470 | 471 |

연도별로 출생아수를 표시한 [그림 3.7] 시계열 그림을 보면 연도별로 약간의 차이는 있지만 출생아수가 감소하고 있는 추세를 가지고 있다. 특히 2002년부터 출생아수는 50만 명 이하를 유지한다. 이로 인해 앞으로 대학 지원자 감소, 군인력 감소, 연금재원 감소 등의 심각한 사회적 문제가 발생할 것으로 예상된다.

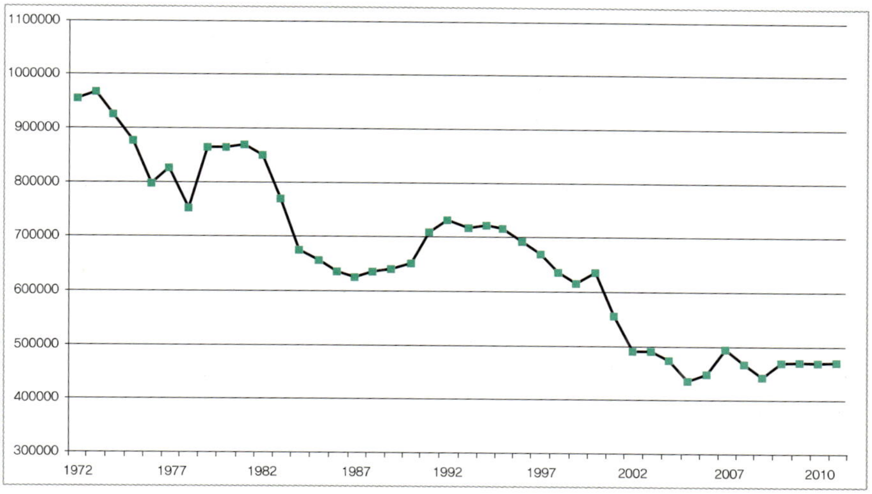


**|그림 3.7|** 연도별 출생아수 추이

## 3.4 수치를 이용한 자료정리

앞 절에서는 그래프를 통해 자료가 어떤 형태로 분포되어 있는지를 시각적으로 확인하는 방법을 배웠다. 그래프를 통한 시각적 정보는 주관적인 해석이 들어갈 수 있어 최종 결정을 하는 데 적합하지 않다. 자료들의 특성을 수치로 나타낼 수 있으면 일반적으로 시각적 정보보다 객관적인 정보를 얻을 수 있다. 일반적인 경우 자료를  대표할 수 있는 방법으로 중심위치와 이 중심위치가 얼마나 적절한지를 알아보기 위해 자료의 퍼진 정도(산포도)를 구하게 된다. 이 절에서는 **중심위치** centrality와 **산포도** dispersion를 알아본다.

### ■ 중심위치

실험이나 관측을 통해 $n$ 개의 자료를 얻었고 그 값을 각각 $x_1, x_2, \cdots, x_n$ 이라고 표시한다고 하자. 앞으로 $n$ 을 **표본 크기** sample size라고 하고 $x_i$ 를 $i$ 번째로 얻은 표본의 관측값이라고 한다.

### 3.4.1 표본평균(sample mean)

표본 크기가 $n$ 인 표본들의 중심위치로 가장 많이 사용되는 대표값이 표본평균이다. 표본평균은 표본의 합을 표본의 수로 나눈 값으로 수식으로는 다음과 같이 표시된다.

$$\bar{x} = \frac{x_1 + x_2 + \cdots + x_n}{n} = \frac{1}{n}\sum_{i}^{n} x_i$$

여기서 $\bar{x}$ 는 x bar라고 읽는데 통계학에서 bar 표시는 해당변수의 표본평균을 의미한다. 표본평균이 중심위치로 적절한 이유는 [그림 3.8]에 표시한 것처럼 무게중심이기 때문이다. $\bar{x}$ 가 무게중심이라는 것은 $\bar{x}$ 를 중심으로 좌우의 무게가 같다는 것이고 $\sum_{i=1}^{n}(x_i - \bar{x}) = 0$을 의미한다. 여기서 $x_i - \bar{x}$ 를 $i$ 번째 관측값의 **편차** deviation 라고 한다.

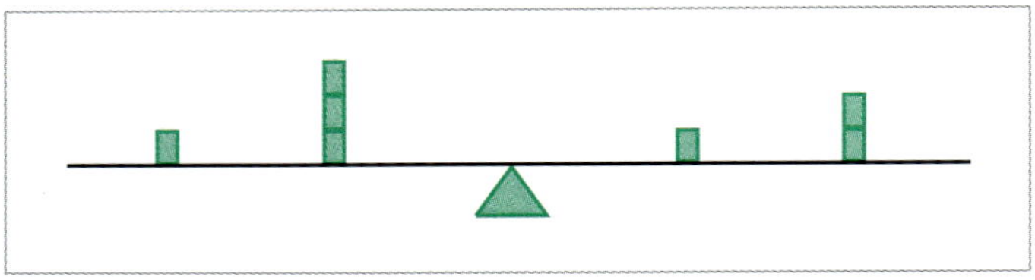

|그림 3.8| 무게중심

**예 3.5**

[예 3.3]의 통계학 관련학과의 취업률 자료를 이용하여 42개 학과의 취업률 평균을 계산해 보자. 42개 학과의 취업률 합은 $\sum_{i=1}^{42} x_i = 2468.4$ 이므로 42개 학과의 취업률 평균은 $\bar{x} = \frac{2468.4}{42} = 58.77$ 이다.

범주형 자료에 대해 표본평균을 적용해 보자. 어떤 범주에 해당하면 $x_i$의 값을 1, 아니면 0으로 표시한다고 할 때 이 범주에 포함된 표본의 수는

$y = x_1 + \cdots + x_n$ 으로 쓸 수 있고 표본평균은 $\bar{x} = y/n$ 으로 전체 표본 크기 $n$ 개 중 이 범주에 포함되어 있는 표본비율로 이해할 수 있음을 기억하자. 이것은 [예 3.4]에서 제시된 각각의 취업률도 해당학과 취업대상자 졸업생 중에서 취업자의 비율로 취업한 경우는 1, 아닌 경우는 0으로 표시하여 계산된 평균이 된다.

**예 3.6**

연습문제 [표 3.10]에는 2011년 6월 1일 기준 통계학과 관련 학과의 취업률 자료가 제공되고 있다. 이 자료에 의하면 2010년 8월과 2011년 2월에 통계학 관련 학과를 졸업자는 1568명(남자 715명, 여자 853명)이었으며 이 중 1371명(남자 628명, 여자 760명)이 취업대상자로 조사되었다. 건강보험DB직장가입자와 해외취업자는 791명(남자 367명, 여자 423명)으로 통계학과 관련학과 졸업생의 취업률은 다음과 같다.

| 취업률 | 취업자 | 취업대상자 | 취업률 |
|---|---|---|---|
| 전체 | 791 | 1371 | 57.70% |
| 남자 | 367 | 628 | 58.44% |
| 여자 | 423 | 760 | 55.66% |

중심위치를 나타내는 대푯값으로 표본평균이 문제가 발생하는 경우가 있는데 일부 자료가 나머지 자료들로부터 멀리 떨어져 있는 경우이다.

**예 3.7**

8명의 졸업생의 초임월급 실수령액(단위 만원) 자료를 다음과 같이 얻었다고 하자.

200, 225, 210, 205, 205, 220, 350, 205

8명의 수령액 합은 1820만원이고 평균은 $\bar{x} = \dfrac{1820}{8} = 227.5$ 가 된다. 문제는 8명 중 7명의 수령액이 평균보다 낮아 평균이 중심위치로 적절한가에 대한 의문을 가질 수 있다는 것이다. 이와 같은 결과는 자료 중 350만원이라는 값이 다른 값들과 너무 동떨어져 있어 평균을 크게 만들었기 때문이다. 이런 극단 관측값을 통계학에서는 이상점 outlier 이라고 한다. 평균은 이런 이상점 유무에 따라 변화가 클 수 있기 때문에 평균을 이용하기 전에 자료에 이상점이 있는지를 먼저 확인해야 한다.

### 3.4.2 표본중앙값(sample median)

평균은 이상점이 있는 경우 중심위치로 적절하지 않을 수도 있다. 이상점이 존재하더라도 중심위치로 사용할 수 있는 대푯값이 표본중앙값이다. 표본중앙값은 자료를 크기순서대로 나열했을 때 가운데 있는 값이다. 표본중앙값을 수식으로 표시하기 위해서는 먼저 표본을 다음과 같이 오름차순으로 정렬해야 하는데 이를 **순서통계량** order statistics이라고 한다.

$$x_{(1)} \le x_{(2)} \le \cdots \le x_{(n)}$$

만약 $n=5$ 인 경우 3번째로 작은 값 $x_{(3)}$ 이 자료의 중심에 있으므로 $x_{(3)}$ 이 표본중앙값이 되고 $n=6$ 인 경우 3번째와 4번째로 작은 값 사이에 자료의 중간위치가 있는데 편의상 3번째와 4번째 자료의 가운데 지점, 즉 $(x_{(3)}+x_{(4)})/2$ 을 표본중앙값이라고 정의한다. 이를 일반화하면 표본중앙값은 다음과 같이 정의한다.

$$\tilde{x} = \begin{cases} x_{\left(\frac{n+1}{2}\right)}, & n = \text{홀수} \\ \dfrac{1}{2}\left(x_{\left(\frac{n}{2}\right)} + x_{\left(\frac{n}{2}+1\right)}\right), & n = \text{짝수} \end{cases}$$

**예 3.8**

취업률의 표본중앙값을 구하기 위해서는 먼저 자료를 다음과 같이 순서대로 정렬해야 한다.

| | | | | | | | | | | | | | |
|---|---|---|---|---|---|---|---|---|---|---|---|---|---|
| 19.6 | 22.7 | 31.6 | 40.5 | 41.0 | 41.2 | 41.3 | 43.4 | 46.3 | 50.0 | 52.4 | 52.8 | 53.1 | 53.8 |
| 54.8 | 55.6 | 55.6 | 55.6 | 56.5 | 58.1 | 58.6 | 59.5 | 60.7 | 61.9 | 63.6 | 64.3 | 64.5 | 64.6 |
| 65.2 | 65.4 | 66.7 | 67.9 | 71.4 | 71.4 | 72.1 | 73.3 | 77.1 | 78.4 | 80.0 | 81.3 | 83.3 | 91.3 |

$n=42$ 이므로 취업률의 표본중앙값은 21번째와 22번째 순서통계값 58.6과 59.5의 평균인 $\tilde{x}=\dfrac{58.6+59.5}{2}=59.05$가 된다.

**예 3.9**

초임월급 실수령액 자료의 표본중앙값을 계산하기 위해 자료를 정렬하면 200, 205, 205, 205, 210, 220, 225, 350이 되고 자료가 8개 있으므로 표본중앙값은 4번째와 5번째 순서통계값 205와 210의 평균인 207.5가 된다. 따라서 표본평균 227.5 보다 자료의 중심을 더 잘 표현한다고 할 수 있다.

표본중앙값은 이 값보다 작은 값들이 아무리 작아져도 이 값보다 큰 값이 아무리 커져도 변하지 않는 특징을 가진다. 예를 들어 취업률 자료에서 19.6이 0으로 가거나 91.3이 100으로 가도 표본중앙값의 변화는 없다. 이것은 자료에 이상점이 있더라도 변하지 않으며 안정적인 중심위치를 제공한다는 것을 의미하는데 이러한 특징을 통계학에서는 이상점에 **로버스트** robust하다고 한다. 하지만 표본중앙값을 계산하는 데 있어 자료의 값들은 순서를 정하는 데 사용되고, 하나 또는 두 개의 값만 직접적으로 사용하기 때문에 자료가 가지고 있는 정보를 다 활용하지 못한다는 단점이 있다.

■ **퍼진 정도**

많은 경우 중심위치만으로 자료의 특성을 나타내기에는 한계가 있다. 통계학에서 중심위치만큼 중요한 통계값이 퍼진 정도 dispersion이다. 퍼진 정도는 자료들이 얼마나 퍼져 있는가를 나타낼 뿐만 아니라 앞에서 구한 중심위치가 얼마나 신뢰할 수 있는지에 대한 중요한 정보를 제공한다. 자료가 조밀하게 모여 있는 경우 중심위치에 대한 정확도는 높아지지만 넓게 퍼져 있는 경우 중심위치의 변동성이 커지기 때문에 신뢰도가 떨어질 수 있다.

### 3.4.3 범위(range)

자료의 퍼져 있는 정도를 가장 쉽게 나타낼 수 있는 통계값이 범위이다. 범위는 자료의 최댓값($x_{(n)}$) 과 최솟값($x_{(1)}$)의 차이로 정의되며 자료가 넓게 퍼져 있으며 큰 값을 가지고 자료가 모여 있으면 작은 값을 가진다.

$$범위 = x_{(n)} - x_{(1)}$$

하지만 이 두 값 사이에 있는 표본들의 정보를 거의 사용하지 않으며 자료 중 이상점이 있으면 전체 형태와 관계없이 범위가 클 수 있어 범위를 통해 퍼진 정도를 평가하기에는 무리가 있을 수 있다.

**예 3.10**

**취업률 자료에서 최고 취업률은 91.3%이고 최저 취업률은 19.6%로 취업률 자료의 범위는 91.3% - 19.6% = 71.7%포인트가 된다.**

### 3.4.4 사분위수범위(interquartile range, IQR)

사분위수는 자료를 4등분시키는 세 값들을 의미한다. 자료를 오름차순으로 정렬했을 때 25%지점을 제1사분위수($Q_1$), 50%지점을 제2사분위수($Q_2$), 75%지점을 제3사분위수($Q_3$)라고 한다. 50%지점인 제2사분위수는 중심위치로 사용된 표본중앙값과 같다. 앞에서 언급한 방법을 통해 표본중앙값을 계산할 수 있으나 $Q_1$ 과 $Q_3$ 은 사용하는 프로그램과 교재마다 조금씩 다르다. 이 책에서는 Excel를 기반으로 하기 때문에 Excel에서 제공하는 quartile 함수 계산법을 근거로 소개하고자 한다.

사분위수의 위치를 계산하기 위해 다음의 공식을 이용하여 몇 번째 순서통계값을 이용할 것인지 정한다.

$$k = (n-1)p + 1, \quad p = 0.25, 0.5, 0.75$$

$k$가 정수이면 $x_{(k)}$가 해당 사분위수가 되고 정수가 아니면 비례에 의한 내삽법을 적용하여 사분위수를 결정한다.

**예 3.11**

취업률 자료에서 $n = 42$ 이므로 $Q_1$ 에 해당되는 위치는 $41 \times 0.25 + 1 = 11.25 = 11 + \frac{1}{4}$ 가 된다. 이것은 11번째와 12번째 순서통계값 사이에 있으며 11번째 통계량에 좀 더 가깝게 있다는 것을 의미하며 비례식에 의해

$$Q_1 = \frac{3}{4} \times x_{(11)} + \frac{1}{4} \times x_{(12)} = 0.75 \times 52.4 + 0.25 \times 52.8 = 52.5$$

가 된다. 같은 방법으로 $Q_3$ 는 31.75번째 위치로 $\frac{1}{4} \times 66.7 + \frac{3}{4} \times 67.9 = 67.6$가 된다.

사분위수범위는 제3사분위수와 제1사분위수의 차이를 의미하며 자료가 얼마나 퍼져 있는지를 나타내는 측도로 사용되기도 한다.

$$\text{IQR} = Q_3 - Q_1$$

사분위수범위의 경우 25%지점과 75%지점의 값을 이용해 이상점에 로버스트하지만 대부분의 표본값은 순서를 정할 때 사용되고 직접적으로 이용되지 않기 때문에 정보의 손실이 여전히 많다는 단점이 있다.

사분위수와 사분위수범위를 직접 사용하는 경우는 드물며 **상자그림** box plot을 그릴 때 사용된다. 상자그림은 통계학자 Tukey에 의해 제안된 그림으로 그룹 간의 비교나 이상점 검출 등에 사용되는 유용한 그림이다. 취업률 자료를 이용하여 상자그림의 작성 방법과 해석 방법을 설명하고자 한다.

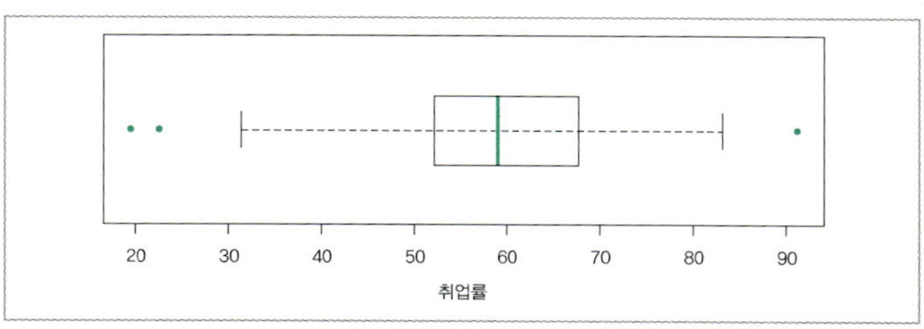


|그림 3.9| 통계학 관련학과 취업률의 상자그림

(i) 자료에서 $Q_1, Q_2, Q_3$ 을 계산하여 직사각형의 상자를 표시한다. 취업률 자료의 경우 $Q_1 = 52.5$, $Q_2 = 59.05$, $Q_3 = 67.6$ 가 되는데 $Q_1$ 과 $Q_2$ 의 거리가 $Q_2$ 와 $Q_3$ 의 거리보다 짧은데 이것은 $Q_1$ 과 $Q_2$ 사이에 있는 표본이 좀 더 조밀하게 모여 있다는 것을 의미한다.

(ii) $IQR = Q_3 - Q_1$ 을 계산하여 $L = Q_1 - 1.5 \times IQR$ 와 $U = Q_3 + 1.5 \times IQR$ 를 구한다.

(iii) $L$ 보다 큰 관측값들 중에서 가장 작은 값을 찾는다. 이 값과 $Q_1$ 을 점선으로 연결한다. 취업률 자료의 경우 $IQR = 67.6 - 52.5 = 15.1$, $L = 52.5 - 1.5 \times 15.1 = 29.85$ 이며 29.85보다 큰 관측값들 중에서 가장 작은 관측값은 31.6이 된다. 만약 $L$ 보다 작은 값이 존재한다면 그 값들은 이상점으로 간주하며 ○로 표시하는데 취업률 자료의 경우 19.6%와 22.7%는 통계학 관련학과 취업률에서 이상점으로 처리할 수 있다. 마찬가지로 $U$ 보다 작은 값들 중에서 가장 큰 값을 찾아 $Q_3$ 와 점선으로 연결한다. 현재 자료에서는 $U = 67.6 + 1.5 \times 15.1 = 90.25$ 가 되며 $U$ 보다 작은 값들 중에서 가장 큰 값은 83.3이고 90.25보다 큰 관측값인 91.3%의 자료는 이상점으로 간주되며 ○로 표시된다.

### 3.4.5 표본분산과 표본표준편차

범위나 사분위수범위의 경우 특정 위치의 두 값만을 이용하기 때문에 표본이 가지고 있는 정보의 손실이 발생한다. 이를 해결하기 위한 방법으로 다음과 같은 자료의 중심인 표본평균에서 자료들이 떨어져 있는 정도를 나타내는 측도를 생각해 보자.

$$\sum_{i=1}^{n} (x_i - \bar{x})^2$$

**표본분산**sample variance은 이 측도를 $n-1$ 로 나눈 값이다.

$$s^2 = \frac{1}{n-1} \sum_{i=1}^{n} (x_i - \bar{x})^2$$

여기서 표본크기 $n$이 아닌 $n-1$로 나눈 이유는 표본분산은 $n$개의 편차를 사용하는 것 같지만 표본평균을 설명할 때 언급한 것과 같이 $\sum_{i=1}^{n}(x_i-\overline{x})=0$이라는 제약조건 때문에 $n-1$ 개의 편차는 자유롭게 값을 가질 수 있지만 마지막 편차는 합이 0이 되게 만드는 역할밖에 하지 못한다. 즉 실제로 우리가 사용하는 것은 $n-1$ 개의 편차 정보를 이용하기 때문에 $n$이 아닌 $n-1$로 나눈다. 이렇게 자유롭게 사용될 수 있는 정보의 수를 **자유도** degree of freedom라고 부른다. 표본분산을 계산할 때 위의 공식 대신 다음의 간단식이 사용된다.

$$s^2=\frac{1}{n-1}\sum_{i=1}^{n}(x_i-\overline{x})^2=\frac{1}{n-1}\left\{\sum_{i=1}^{n}x_i^2-n\overline{x^2}\right\}$$

$$=\frac{1}{n-1}\left\{\sum_{i=1}^{n}x_i^2-\frac{1}{n}\left(\sum_{i=1}^{n}x_i\right)^2\right\}$$

표본분산은 편차의 제곱합을 이용하기 때문에 단위가 관측값 단위의 제곱이 되어 표본분산의 값으로 얼마나 퍼져 있는지 파악하기 어렵다. 따라서 관측값과 동일한 단위로 퍼진 정도의 측도로 표본분산을 제곱근한 **표본표준편차** sample standard deviation가 다음과 같이 사용된다.

$$s=\sqrt{s^2}$$

**예 3.12**

취업률 자료를 이용하여 표본분산과 표본표준편차를 구해보자. 표본분산을 계산하기 위해 표본의 합과 제곱합을 구한다.

$$\sum_{i=1}^{42}x_i=2468.4,\quad \sum_{i=1}^{42}x_i^2=154975.4$$

이 값들을 이용하여 편차의 제곱합을 구하면

$$\sum_{i=1}^{42}(x_i-\overline{x})^2=\sum_{i=1}^{42}x_i^2-\frac{(\sum_{i=1}^{42}x_i)^2}{42}=154975.4-\frac{2468.4^2}{42}=9904.006$$

되고 표본분산과 표본표준편차는 다음과 같이 계산된다.

$$s^2 = \frac{9904.006}{41} = 241.56, \qquad s = \sqrt{241.56} = 15.54.$$

수능시험의 과목별 난이도가 다른 경우 원점수로 평가하는 것은 문제가 발생할 수 있다. 이런 경우 점수를 표준화하여 상대비교가 가능하도록 하는데 표준화 standardization는 아래와 같이 원점수에 평균을 빼고 표준편차를 나누면 된다.

$$z_i = \frac{x_i - \overline{x}}{s}$$

여기서 $\sum_{i=1}^{n} z_i = \frac{1}{s}\sum_{i=1}^{n}(x_i - \overline{x}) = 0$이 되기 때문에 $\overline{z} = 0$ 이 되고 표본분산은

$$\frac{1}{n-1}\sum_{i=1}^{n}(z_i - \overline{z})^2 = \frac{1}{n-1}\sum_{i=1}^{n} z_i^2 = \frac{1}{(n-1)s^2}\sum_{i=1}^{n}(x_i - \overline{x})^2 = 1$$

이 되므로 표본표준편차 또한 1이 된다. 즉 표준화는 평균을 0 표준편차를 1이 되게 만든다. 이를 통해 중심위치 location와 척도 scale를 동일하게 하여 상대적 비교를 할 수 있게 만들며 표준화된 값은 측정 단위에 영향을 받지 않게 만든다.

# 연습문제

**3.1** [표 3.9]는 우리나라 통계청에서 발표한 1980년부터 2011년까지 인구동태와 관련된 자료를 연도별로 정리한 것이다.

**[표 3.9]** 1980–2011 인구동태

| 연도 | 출생아수 (천명) | 사망자수 (천명) | 합계출산율 (명) | 출생성비 (명) | 기대수명 | 기대수명 (남자) | 기대수명 (여자) |
|---|---|---|---|---|---|---|---|
| 1980 | 863 | 277 | 2.82 | 105.3 | 65.69 | 61.78 | 70.04 |
| 1981 | 867 | 237 | 2.57 | 107.1 | 66.19 | 62.28 | 70.54 |
| 1982 | 848 | 246 | 2.39 | 106.8 | 66.67 | 62.75 | 71.02 |
| 1983 | 769 | 255 | 2.06 | 107.3 | 67.14 | 63.21 | 71.47 |
| 1984 | 675 | 236 | 1.74 | 108.3 | 67.81 | 63.84 | 72.17 |
| 1985 | 655 | 240 | 1.66 | 109.4 | 68.44 | 64.45 | 72.82 |
| 1986 | 636 | 239 | 1.58 | 111.7 | 69.11 | 65.13 | 73.44 |
| 1987 | 624 | 244 | 1.53 | 108.8 | 69.76 | 65.78 | 74.04 |
| 1988 | 633 | 236 | 1.55 | 113.2 | 70.30 | 66.31 | 74.57 |
| 1989 | 639 | 237 | 1.56 | 111.8 | 70.82 | 66.84 | 75.08 |
| 1990 | 650 | 242 | 1.57 | 116.5 | 71.28 | 67.29 | 75.51 |
| 1991 | 709 | 242 | 1.71 | 112.4 | 71.72 | 67.74 | 75.92 |
| 1992 | 731 | 236 | 1.76 | 113.6 | 72.21 | 68.22 | 76.38 |
| 1993 | 716 | 234 | 1.654 | 115.3 | 72.81 | 68.76 | 76.8 |
| 1994 | 721 | 242 | 1.656 | 115.2 | 73.17 | 69.17 | 77.11 |
| 1995 | 715 | 243 | 1.634 | 113.2 | 73.53 | 69.57 | 77.41 |
| 1996 | 691 | 241 | 1.574 | 111.5 | 73.96 | 70.08 | 77.77 |
| 1997 | 668 | 242 | 1.52 | 108.3 | 74.39 | 70.56 | 78.12 |
| 1998 | 635 | 243 | 1.448 | 110.2 | 74.82 | 71.09 | 78.45 |
| 1999 | 614 | 245 | 1.41 | 109.6 | 75.55 | 71.71 | 79.22 |
| 2000 | 635 | 246 | 1.467 | 110.2 | 76.02 | 72.25 | 79.60 |
| 2001 | 555 | 242 | 1.297 | 109.1 | 76.53 | 72.82 | 80.04 |
| 2002 | 492 | 245 | 1.166 | 110.0 | 77.02 | 73.40 | 80.45 |
| 2003 | 491 | 245 | 1.18 | 108.7 | 77.44 | 73.86 | 80.81 |
| 2004 | 473 | 244 | 1.154 | 108.2 | 78.04 | 74.51 | 81.35 |
| 2005 | 435 | 244 | 1.076 | 107.8 | 78.63 | 75.14 | 81.89 |
| 2006 | 448 | 242 | 1.123 | 107.5 | 79.18 | 75.74 | 82.36 |
| 2007 | 493 | 245 | 1.25 | 106.2 | 79.56 | 76.13 | 82.73 |
| 2008 | 466 | 246 | 1.192 | 106.4 | 80.08 | 76.54 | 83.29 |
| 2009 | 445 | 247 | 1.149 | 106.4 | 80.55 | 76.99 | 83.77 |
| 2010 | 470 | 255 | 1.226 | 106.9 | 80.79 | 77.20 | 84.07 |
| 2011 | 471 | 257 | 1.24 | 105.7 | – | – | – |

(1) 각 변수에 대해 시계열 그림을 작성하고 연도별로 어떤 추세가 있는

지 기술하라.

(2) 각 변수에 대해 2000년 이전 (1980~1999)과 2000년대의 평균과 표준편차를 계산하고 비교하여라.

**3.2** [표 3.10]은 2011년 6월 1일 통계학 관련 42개학과의 취업률 자료이다. 물음에 답하라.

(1) 취업률은 취업대상제외자를 제외한 졸업생 중 건강보험DB연계취업자와 해외취업자의 비율이라고 할 때, 각 학과별 취업률과 남녀 취업률을 각각 계산하라.

(2) (1)에서 계산된 남녀 취업률 자료를 이용하여 상자그림을 그리고 남녀 간 차이가 있는지를 알아보라.

(3) 같은 시기 4년제 대학 졸업생의 전체의 남녀취업률은 각각 58.68%와 50.01%였다. 이 값을 기준 취업률이라고 할 때 아래의 분할 표를 작성하여라. 단, 남학생 졸업생이 없는 학교를 제외한다.

| 취업률 | 기준 취업률 | | 합계 |
|---|---|---|---|
| | 이상 | 미만 | |
| 남자 | | | |
| 여자 | | | |
| 합계 | | | |

(4) 통계학 관련학과의 전체 남녀취업률을 계산하라.

**3.3** 다음 자료는 어린이보호구역(30km/h 이내)에서 속도위반으로 단속된 차량의 속도를 줄기-잎 그림으로 정리한 것이다.

```
4 | 68
5 | 0012235578
6 | 0113
7 |
8 | 0
```

(1) 단속된 차량의 속도의 평균과 표준편차를 계산하라.

(2) 상자그림을 그리고 최고속도로 단속된 차량이 이상점인지를 확인하라.

(3) 구간을 [45, 50), [50, 55), [55, 60), [60, 65), [65, 85)로 한 히스토그램을 그려라.

**|표 3.10| 2011년 6월 1일 기준 통계학 관련 학과 취업률 자료**

| 학과번호 | 졸업자 | | | 취업자 | | | | | 제외자 | | |
|---|---|---|---|---|---|---|---|---|---|---|---|
| | | | | 건보 | | 해외 | | | 진학 | | |
| | 남 | 여 | 전체 | 남 | 여 | 남 | 여 | 전체 | 남 | 여 | 전체 |
| 1 | 13 | 9 | 22 | 5 | 5 | 0 | 0 | 10 | 1 | 3 | 4 |
| 2 | 17 | 8 | 25 | 15 | 5 | 0 | 0 | 20 | 0 | 1 | 1 |
| 3 | 24 | 37 | 61 | 9 | 14 | 0 | 0 | 23 | 3 | 4 | 8 |
| 4 | 15 | 21 | 36 | 7 | 11 | 0 | 0 | 18 | 3 | 2 | 5 |
| 5 | 18 | 20 | 38 | 8 | 3 | 0 | 1 | 12 | 0 | 0 | 0 |
| 6 | 11 | 9 | 20 | 4 | 6 | 0 | 0 | 10 | 2 | 0 | 2 |
| 7 | 13 | 19 | 32 | 4 | 13 | 0 | 0 | 17 | 2 | 1 | 4 |
| 8 | 39 | 16 | 55 | 25 | 6 | 0 | 0 | 31 | 6 | 1 | 7 |
| 9 | 35 | 22 | 57 | 18 | 15 | 0 | 0 | 33 | 9 | 2 | 12 |
| 10 | 4 | 16 | 20 | 2 | 8 | 0 | 0 | 10 | 0 | 0 | 2 |
| 11 | 17 | 13 | 30 | 12 | 6 | 0 | 0 | 18 | 1 | 0 | 2 |
| 12 | 22 | 17 | 39 | 12 | 7 | 0 | 0 | 19 | 1 | 2 | 3 |
| 13 | 15 | 7 | 22 | 5 | 0 | 0 | 0 | 5 | 0 | 0 | 0 |
| 14 | 0 | 48 | 48 | 0 | 19 | 0 | 0 | 19 | 0 | 5 | 7 |
| 15 | 13 | 6 | 19 | 8 | 2 | 0 | 0 | 10 | 3 | 2 | 5 |
| 16 | 17 | 23 | 40 | 8 | 13 | 0 | 0 | 21 | 1 | 0 | 1 |
| 17 | 12 | 23 | 35 | 7 | 13 | 0 | 0 | 20 | 1 | 3 | 4 |
| 18 | 25 | 13 | 38 | 13 | 6 | 0 | 0 | 19 | 8 | 2 | 10 |
| 19 | 15 | 9 | 24 | 12 | 3 | 0 | 0 | 15 | 1 | 2 | 3 |
| 20 | 18 | 7 | 25 | 14 | 6 | 0 | 0 | 20 | 0 | 0 | 0 |
| 21 | 0 | 42 | 42 | 0 | 22 | 0 | 0 | 22 | 0 | 5 | 5 |
| 22 | 17 | 23 | 40 | 5 | 10 | 0 | 0 | 15 | 3 | 0 | 3 |
| 23 | 0 | 53 | 53 | 0 | 37 | 0 | 0 | 37 | 0 | 5 | 5 |
| 24 | 20 | 12 | 32 | 11 | 6 | 0 | 0 | 17 | 1 | 2 | 3 |
| 25 | 19 | 11 | 30 | 9 | 7 | 1 | 0 | 17 | 1 | 2 | 4 |
| 26 | 19 | 25 | 44 | 8 | 14 | 0 | 0 | 22 | 2 | 0 | 2 |
| 27 | 10 | 8 | 18 | 6 | 4 | 1 | 0 | 12 | 1 | 1 | 2 |
| 28 | 37 | 19 | 56 | 27 | 15 | 0 | 0 | 42 | 7 | 2 | 10 |
| 29 | 33 | 36 | 69 | 16 | 10 | 0 | 0 | 26 | 3 | 3 | 6 |
| 30 | 0 | 61 | 61 | 0 | 31 | 0 | 0 | 31 | 0 | 18 | 18 |
| 31 | 14 | 16 | 30 | 6 | 7 | 0 | 0 | 13 | 5 | 2 | 9 |
| 32 | 20 | 21 | 41 | 14 | 15 | 0 | 0 | 29 | 1 | 2 | 4 |
| 33 | 20 | 14 | 34 | 12 | 9 | 0 | 0 | 21 | 0 | 1 | 1 |
| 34 | 16 | 26 | 42 | 4 | 12 | 0 | 0 | 16 | 0 | 0 | 3 |
| 35 | 11 | 14 | 25 | 7 | 8 | 0 | 0 | 15 | 0 | 2 | 2 |
| 36 | 12 | 7 | 19 | 9 | 4 | 0 | 0 | 13 | 2 | 1 | 3 |
| 37 | 25 | 27 | 52 | 14 | 12 | 0 | 0 | 26 | 2 | 4 | 6 |
| 38 | 23 | 32 | 55 | 4 | 5 | 0 | 0 | 9 | 3 | 6 | 9 |
| 39 | 20 | 19 | 39 | 7 | 7 | 0 | 0 | 14 | 7 | 4 | 11 |
| 40 | 22 | 12 | 34 | 8 | 9 | 0 | 0 | 17 | 1 | 0 | 2 |
| 41 | 20 | 18 | 38 | 4 | 10 | 0 | 0 | 14 | 3 | 1 | 4 |
| 42 | 14 | 14 | 28 | 6 | 7 | 0 | 0 | 13 | 3 | 2 | 5 |

04

# 확률 및 확률분포

이 장에서는 먼저 확률 및 확률분포에 대해 알아보도록 한다. 확률의 정의와 성질을 이해하고, 확률의 계산법을 익히며 조건부 확률에 대한 의미를 파악하도록 한다. 확률변수를 도입하여 확률분포를 정의하며 중요한 확률분포를 소개한다. 확률변수의 기댓값을 정의하고 계산과정을 연습한다. 여러 개의 확률변수를 동시에 고려하는 결합분포를 알아보고 확률변수 간의 상관구조를 파악하도록 한다.

## 4.1 확률이란 무엇인가?

### 4.1.1 표본공간

일반적으로 관심 있는 현상에 대해 그 결과가 여러 가지로 나타날 수 있다. 예를 들어, 한 개의 주사위를 던지는 실험에서는 1,2,3,4,5,6 의 6가지 결과가 가능하며, 두 개의 제품을 만들고 그 결과를 양호품과 불량품으로 분류하는 실험에서는 양호품을 0, 불량품을 1로 나타내면 $(0,0),(0,1),(1,0),(1,1)$의 4가지 결과가 나올 수 있다. 반복할 수 있는 실험이나 반복되는 현상에서 가능한 결과를 모두 모아둔 것(집합)을 표본공간 sample space이라 한다. 표본공간은 $S$로 나타내며, 몇 가지의 예를 들면 다음과 같다.

- 하나의 제품을 만들고 그 결과를 양호품과 불량품으로 분류하는 실험에서의 표본공간 : 양호품을 0, 불량품을 1로 나타내면 표본공간은

$$S=\{0,1\}$$

- 특정 기기의 수명을 측정하는 실험에서의 표본공간은

$$S=\{t: t \geq 0\}$$

- 두 개의 제품을 만들고 그 결과를 양호품과 불량품으로 분류하는 실험에서의 표본공간 : 양호품을 0, 불량품을 1로 나타내면 표본공간은

$$S=\{(0,0),(0,1),(1,0),(1,1)\}$$

여기에서 두 제품을 구분하지 않는 경우에는 표본공간을 $S=\{w_1, w_2, w_3\}$으로 세 개의 원소로 구성할 수도 있다(단, $w_1$은 양호품 2개(1,1), $w_2$는 양호품 1개와 불량품 1개(1,0) 또는 (0,1), $w_3$는 불량품 2개(1,1)를 뜻한다).
수학적으로 표본공간은 집합의 일종이다. 가능한 모든 결과의 개수가 유한개인 표본공간을 유한표본공간(예, $S=\{0,1\}$)이라 하고, 모든 결과의 개수가 무한인 표본공간을 무한표본공간(예, $S=\{t: t \geq 0\}$)이라 부른다. 본 교재에서는 주로 유한표본공간을 다루기로 한다.

표본공간이 모든 가능성을 전부 나열하고 있는 바, 이제 관심의 대상이 되는

결과만을 따로 떼어내서 생각할 수 있다. 이들은 일반적으로 표본공간의 부분집합으로서 **사건** event이라 부르며, 흔히 대문자 $A, B, C, \cdots$ 등으로 나타낸다. 간단한 예로서 표본공간 내의 각각의 원소를 **근원사건** elementary event이라 한다. 근원사건들을 모아놓은 것을 사건, 복합사건이라 한다. 그 예를 들어보자(복합사건을 간략히 사건이라 부른다).

- 한 개의 주사위를 던지는 실험에서의 홀수의 눈이 나오는 사건:

$$A = \{1, 3, 5\}$$

- 두 개의 제품을 만들고 그 결과를 양호품과 불량품으로 분류하는 실험에서 3개의 불량품이 나오는 사건:

$$A = \varnothing$$

(여기서 $\varnothing$ 은 공집합이며 $\varnothing$ 에 대응하는 사건을 공사건이라 부른다)

- 기기 2대의 수명을 측정하는 실험에서 2대 모두 10시간 이전에 고장 나는 사건:

$$A = \{(t_1, t_2) : 0 \le t_1 \le 10, \ \ 0 \le t_2 \le 10\}$$

사건 $A$의 원소들 중에서 어느 하나가 결과로 나타나는 것을 "사건 $A$가 일어난다"고 말한다. 즉, 앞의 주사위 예에서, $A$가 일어난다는 것은 1, 3, 5의 눈 중에서 하나가 실험의 결과로 나타나는 것을 뜻하며, 공사건 $\varnothing$ 은 결코 일어날 수 없는 결과를 뜻하는 것이다. 표본공간과 사건을 확률적 실험결과의 집합으로 나타내므로, 주어진 사건들로부터 새로운 사건들을 형성하는 것은 집합의 연산과 동일하다.

### 4.1.2 사건의 연산

두 사건 $A, B$에 대하여 $A$ 또는 $B$ 중에서 적어도 하나가 일어나는 사건을 $A$와 $B$의 **합사건**이라 하고, 이를 기호로는 $A \cup B$($A$ union $B$)로 나타낸다. 두 사건 $A$와 $B$가 모두 일어나는 사건을 $A$와 $B$의 **곱사건**이라 하고, 이를 기호로는 $A \cap B$($A$ intersection $B$)로 나타낸다. 또한 $A$가 일어나지 않는 사건을 $A$의 **여사건**이라 하며, 이를 기호로는 $A^c$(complement of $A$)로 나타낸다.

두 사건 $A$와 $B$에 대하여 $A$와 $B^c$의 곱사건인 $A \cap B^c$를 기호로는 $A - B$로 나타내고,

$$A - B = A \cap B^c$$

이를 $A$와 $B$의 **차사건**이라 부른다. 이를 그림으로 나타내면 [그림 4.1]과 같다.

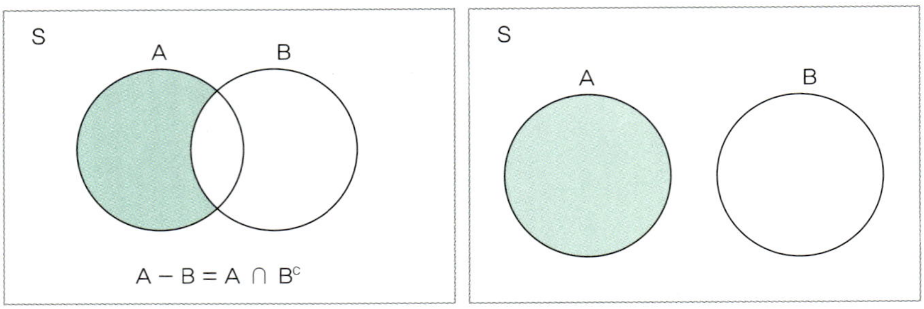


**|그림 4.1|** 차사건과 배반사건

두 사건 $A, B$에 대하여

$$A \cap B = \varnothing$$

이면 두 사건 $A$와 $B$가 서로 **배반** exclusive이라 한다. 이는 두 사건 중에 어느 한 쪽이 일어나면 다른 쪽은 일어날 수 없다는 것을 뜻한다. 다음의 연산법칙은 매우 유용하다.

- **사건의 연산법칙**
  - 교환법칙 : $A \cup B = B \cup A,\ A \cap B = B \cap A$
  - 결합법칙 : $A \cup (B \cup C) = (A \cup B) \cup C,\ A \cap (B \cap C) = (A \cap B) \cap C$
  - 분배법칙 : $A \cup (B \cap C) = (A \cup B) \cap (A \cup C),\ A \cap (B \cup C) = (A \cap B) \cup (A \cap C)$
  - 드모르강의 법칙 : $(A \cup B)^c = A^c \cap B^c,\ (A \cap B)^c = A^c \cup B^c$

### 4.1.3 확률의 정의

통상적으로 **확률** probability이란 가능성 possibilty, 기회 chance와 동일한 뜻으로 사용되

며 비율percentage 개념으로 0과 1 사이의 값으로 표현한다. 사건 $A$의 확률은 $P(A)$로 표시한다. 당연히 0은 어느 사건이 절대 일어날 수 없는 확률을, 1은 반드시 일어나는 확률을 나타낸다. 확률모형이 간단한 경우(예, 주사위) 에는 상식에 기초한 확률개념이 별 탈 없이 이용될 수 있으나 모형이 복잡해지면 다음에 소개되는 이론적으로 완벽한 공리적axiomatic 확률을 사용해야 한다. 먼저 확률의 개념을 유한표본공간을 대상으로 알아보도록 한다. 흔히 이용되는 확률은 주관적 확률, 상대도수 확률, 등확률모형, 공리적 확률의 네 가지가 있으며 이들 모두 공리적 확률의 틀 안에서만 의미가 있다. 이제 확률 $P(\cdot)$를 정하는 방법을 살펴보자.

### ■ 주관적 확률(subjective probability)

주관적 확률이란 주어진 사건의 발생 가능성(즉, 확률)을 분석자의 경험과 지혜에 의해 정하는 과정을 의미한다. 예를 들어 보자. 우리나라 축구팀이 일본팀, 중국팀과 경기를 한다고 하자. 비기는 경우는 없다고 할 때, 표본공간은 (일본, 중국) 순서쌍에 대해

$$S=\{(승,승),(승,패),(패,승),(패,패)\}$$

의 네 가지 근원사건으로 구성되었고, 전문가의 주관적 확률은 각각의 근원사건에 대해 0.6, 0.2, 0.1, 0.1 로 준다면 전체 합이 1로서 훌륭한 주관적 확률이 될 수 있을 것이다. 1승만을 올리는 확률은 두 근원사건의 주관적 확률 합으로 0.2+0.1=0.3 이며, 1승 이상의 확률은 0.9임을 알 수 있다. 만약, 늘 민감한 사항이기는 하지만, 일본에게 이기는 확률이 0.9라고 주장한다면 이는 잘못된 주관적 확률이다(공리적 확률 [III]에 의하면 실제로는 0.8임에 주목하기 바란다.) 따라서 주관적 확률을 경험과 축적된 지식으로 결정하는 경우 곧 소개되는 공리적 확률의 세 가지 법칙이 성립하는지 잘 살펴보아야 한다.

### ■ 상대도수 확률(probability as a relative frequency) :

사건 $A$의 확률을 상대도수로서 정하는 방법을 생각할 수 있다. 예를 들어 어느 30대 남성이 흡연자일 사건을 $A$라 하고, 이 확률을 정하기 위해 100명의 30대 남성을 조사하여 이 중 15명이 흡연자라면 $P(A)=0.15$로서 상대도수로 정할 수 있다. 실제로 많은 경우 우리는 상대도수로서의 확률을 생각하고

있다. 여기서 $P(A)$는 임의의 30대 남성의 흡연 확률을 표시하므로 실제 값은 알 수 없다. 사건 $A$가 일어날 확률이 $P(A)$이고, 이 실험을 동일한 상황 하에서 $n$번 반복하여 $A$가 일어나는 상대도수를 $f_n(A)$이라 하면, $n$이 커지면서 상대도수 $f_n(A)$은 확률 $P(A)$에 한없이 가까워지며, 이를 **대수의 법칙** law of large numbers이라 부른다. 예를 들어, (공정한) 주사위를 던질 때 1이 나오는 사건의 확률을 생각할 때, 우리가 $P(A)=1/6$ 이라 생각할 수 있는 근거는 상대도수로서의 확률 때문이다. 실제로 던지는 횟수 $n$이 증가할수록 $A$가 일어나는 상대도수는 1/6로 접근한다.

■ **등확률 모형으로부터의 확률 :**

이는 등확률 모형이라는 수학적 모델로부터 확률을 정하는 방법이다. 표본공간 $S$의 원소가 $n$개일 때 등확률 모형에서는 $n$개의 근원사건(원소)이 일어날 확률이 모두 $1/n$ 임을 가정한다. 만일 사건 $A$가 $k$개의 근원사건으로 구성되어 있다면 등확률 모형으로부터 확률 $P(A)$는

$$P(A) = \frac{A\text{의 원소 개수}}{S\text{의 원소 개수}} = \frac{k}{n}$$

으로 정의한다. 예를 들어, 하나의 동전을 던지는 실험에서 앞면이 나올 사건 $A$의 확률이 $P(A)=\frac{1}{2}$이라든가, 한 개의 주사위를 던지는 실험에서 홀수의 눈이 나올 사건 $B=\{1,3,5\}$의 확률이 $P(B)=\frac{3}{6}=\frac{1}{2}$이라는 것을 등확률 모형의 확률로 이해할 수 있다(물론, 상대도수의 확률로도 설명할 수 있다).

**예 4.1**

10개의 제품 중에 3개의 불량품이 있다고 한다. 이 중에서 2개의 제품을 임의로 택할 때 2개가 모두 불량품일 확률을 구하여라.(이 교재에서 "임의로", "랜덤하게"라는 표현은 등확률 모형임을 뜻한다.)

**풀이** 10개 중에서 2개를 택하는 경우의 수, 즉 표본공간의 원소의 수는 $\binom{10}{2}$이고, 불량품 3개 중에서 2개를 택하는 경우의 수는 $\binom{3}{2}$이므로, 구하

는 등 확률모형으로서의 확률은 다음과 같다.

$$\frac{\binom{3}{2}}{\binom{10}{2}} = \frac{3}{45} = \frac{1}{15}$$

**예 4.2**

갑과 을은 오전 6시와 7시 사이에 한 공원에 와서 정확히 20분간 아침 운동을 한다고 한다. 두 사람이 이 시간대에 각자 우연히(랜덤하게) 공원에 온다고 할 때, 두 사람이 공원에서 만날 확률을 구하라.

**풀이** 두 사람의 도착 시각을 각각 6시 $x$분, $y$분이라 하면, 표본공간은

$$S = \{(x,y): 0 \le x \le 60, 0 \le y \le 60\}$$

이고 두 사람이 만날 사건은

$$A = \{(x,y) \in S: |y-x| \le 20\}$$

이다. 따라서 등확률 모형을 이용하여, 구하는 확률은 다음과 같다.

$$P(A) = \frac{60^2 - 2 \times 40 \times 40/2}{60^2} = \frac{5}{9}$$

확률의 개념이 정립되어 가는 과정에서 사람들은 모든 자연 현상이나 사회 현상을 위에서 언급한 세 가지 방법(주관적, 상대도수, 등확률 모형)에 의한 확률만으로는 설명될 수 없으며 문제가 복잡할 경우 때때로 모순점에 다다르는 경험을 하게 되었다. 그리하여 현대적인 확률로서의 완벽한 이론체계를 갖춘 공리적 확률 axiomatic probability이 러시아의 수학자 콜모고로프 A. N. Kolmogorov에 의해 정립되었다.

• **공리적 확률** : 표본공간 $S$의 부분집합인 사건 $A$에 대하여 다음의 세 공리를 만족시키는 $P(A)$를 $A$의 (공리적) 확률이라 한다.

**• 공리적 확률**

(I) $0 \leq P(A) \leq 1$

(II) $P(S) = 1$

(III) 서로 배반인 사건 $A, B$ 에 대하여는 항상 다음이 성립한다.

$$P(A \bigcup B) = P(A) + P(B).$$

이와 같은 확률의 정의는 상대도수의 성질을 논리 전개의 바탕으로 한 것으로서, (I) 확률은 언제나 0과 1 사이의 수이며, (II) 전체 확률은 1이고, (III) 서로 배반인 경우들의 합사건의 확률은 각각의 확률합이라는 기본 성질을 논리적으로 표현한 것이다. 조건 (III)은 유한개의 서로 배반인 사건에 대한 성질로 확장될 수 있다. 이를 **유한 가법성** finite additivity이라 부르며, 이는 확률의 계산을 위한 여러 가지 공식을 유도하는 데 유용하게 쓰인다.

**• 확률의 유한 가법성**

서로 배반인 사건 $A_1, A_2, \cdots, A_n$ 에 대하여

$$P(A_1 \cup A_2 \cup \cdots \cup A_n) = P(A_1) + P(A_2) + \cdots + P(A_n).$$

이제부터는 확률은 공리적 확률의 세 가지 조건을 만족한다고 가정한다. 만일 조건들 중 어느 하나라도 만족되지 않으면 확률로서의 이론적 타당성을 부여받지 못한다.

## 4.2 확률

두 사건 $A$와 $B$ 사이에 $A \subset B$ 일 때 사건 $A$가 일어나면 $B$는 반드시 일어나므로 $P(A) \leq P(B)$가 성립한다고 알고 있다. 이를 **확률의 단조성** monotonicity이라 한다. 이를 증명하기 위해 $B = A \cup (B - A)$ 처럼 분해하고, $A$와 $B - A$는 서로 배반이다. 따라서 확률의 유한가법성(성질 III)으로부터

$$P(B) = P(A) + P(B - A)$$

임을 알 수 있다. 또한, $P(B-A) \geq 0$이므로 $P(A) \leq P(B)$이 성립한다.

각 사건의 확률을 알고 있을 때 사건들의 결합으로 구성되는 새로운 사건의 확률을 계산할 수 있다. 공리적 확률의 정의에 따르면 주어진 사건의 확률을 구할 때에는 이를 서로 겹치지 않는, 즉 서로 배반의 사건들로 나누어 유한가법성에 의해 그 확률을 구할 수 있다. 예를 들어, $A$와 $B$의 확률을 각각

$$P(A) = P(A-B) + P(A \cap B) \tag{4.1}$$

$$P(B) = P(B-A) + P(A \cap B)$$

으로 표현할 수 있으며 두 사건의 합사건 $A \cup B$의 확률은 아래 그림과 같이 서로 배반인 사건들의 확률로 나누어 표현될 수 있다.

$$P(A \cup B) = P(A-B) + P(B-A) + P(A \cap B)$$

또한 (4.1)의 $P(A-B)$와 $P(B-A)$를 이용하여

$$P(A \cup B) = P(A) + P(B) - P(A \cap B)$$

임을 알 수 있다. 이를 합사건의 확률공식이라 부르며, 특별히 $A$와 $B$가 배반사건이면

$$P(A \cup B) = P(A) + P(B), \quad A\text{와 } B\text{가 배반}$$

이 성립한다.

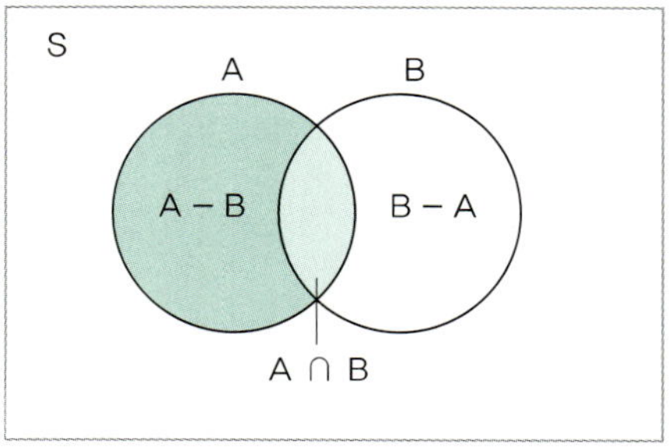


**|그림 4.2|** $A \cup B = (A-B) \cup (B-A) \cup (A \cap B)$]

**예 4.3**

한 개의 주사위를 던질 때, 홀수의 눈이 나오거나 3의 배수의 눈이 나올 확률을 구하라.

**풀이** 홀수의 눈이 나올 사건을 $A$, 3의 배수의 눈이 나올 사건을 $B$라고 하면

$$P(A)=\frac{3}{6}=\frac{1}{2},\quad P(B)=\frac{2}{6}=\frac{1}{3}$$

이고, $A\cap B=\{3\}$이므로

$$P(A\cap B)=\frac{1}{6}$$

이다. 따라서 구하는 확률은 다음과 같다.

$$P(A\cup B)=P(A)+P(B)-P(A\cap B)=\frac{1}{2}+\frac{1}{3}-\frac{1}{6}=\frac{2}{3}$$

여사건 $A^C$와 공사건 $\varnothing$의 확률에 대해서는 다음이 성립한다. 증명은 생략하나 공리적 확률 성질 (I), (II), (III)만을 이용하여 유도해 보기 바란다.

**• 여사건과 공사건의 확률**

주어진 사건 $A$에 대해서 다음이 성립한다.

여사건의 확률 : $P(A^C)=1-P(A)$

공사건의 확률 : $P(\varnothing)=0$

**예 4.4**

두 개의 주사위를 던질 때, 두 주사위 중에서 최소한 한 개가 1의 눈이 나올 확률을 구하라.

**풀이** 최소한 한 개가 1이 나올 사건을 $A$라고 하면 $A$의 여사건 $A^C$는 두

개 모두 1의 눈이 나오지 않을 사건이고 이러한 경우의 수는 $5\times 5=25$ 이다. 따라서

$$P(A^C)=\frac{25}{36}$$

이고 사건 $A$의 확률은 다음과 같다.

$$P(A)=1-P(A^C)=\frac{11}{36}$$

## 4.3 조건부 확률

사건 $A$의 확률 $P(A)$를 계산할 때 다른 정보가 주어진 경우에 이 정보에 비추어 확률 $P(A)$를 조정해야 하는 경우가 많이 있다. 예를 들어 주사위 두 개를 던지는 실험에서 두 주사위 합이 4가 되는 사건을 $A$라 할 때 $P(A)=3/36$ 임은 자명하다. 그런데 두 주사위는 같은 눈을 가진다는 다른 정보 $B$ 가 주어진 경우 이 정보(사건)를 이용하여 $P(A)$를 어떻게 조정하는가 하는 문제는 실용적으로 매우 중요하다. 정보 $B$를 안다면 여섯 개의 원소 $(1,1)$, $(2,2)\ldots(6,6)$ 중의 한 개가 발생하였다는 의미이며 이를 토대로 한 사건 $A$는 $A\cap B$ 로 바뀌면서 $(2,2)$만이 해당 원소가 된다. 따라서 $B$라는 정보하에서 $A$의 확률은 가능한 여섯 개 중의 한 개이므로 1/6 으로 조정되며 이는 원래 확률 3/36과 다름을 알 수 있다. 이와 같이, 어떤 사건 $B$가 일어났다는 조건하에서(또는 정보 $B$를 안다는 가정하에서) 사건 $A$의 확률을 생각할 때 그 확률을 **조건부 확률** conditional probability이라 부르고 $P(A|B)$로 표현한다. 앞의 예에서, $B$라는 조건 하에서 $A$가 일어날 수 있는 경우를 생각하면 이는 6가지 중에 1가지뿐이므로 $P(A|B)=1/6$이었다. 이는 마치 사건 $B$가 전체 표본공간인 것처럼 간주하는 축소된 표본공간 $B$에서의 확률을 뜻한다. 다른 방법으로 $P(A|B)$를 구해 보도록 하자. $B$가 일어나는 것은 36가지 중에 6가지이고, $A\cap B$가 일어나는 것은 36가지 중에 1가지로서, 즉

$$P(B)=\frac{6}{36}, \qquad P(A\cap B)=\frac{1}{36}$$

로서 이 예에서

$$P(A|B) = \frac{1}{6} = \frac{1/36}{6/36} = \frac{P(A \cap B)}{P(B)}$$

임을 알 수 있다. 일반적으로 사건 $B$가 주어진 경우에 사건 $A$의 조건부 확률은 다음과 같이 계산한다.

$$P(A|B) = \frac{P(A \cap B)}{P(B)}$$

조건부 확률은 위의 공식으로 계산할 수 있지만 원래 의미는 사건 $B$가 주어진 경우에 사건 $A$의 조정된 확률임을 잊지 말기 바란다. 일반적으로는 사건 $B$가 주어진 경우에 사건 $A$의 조건부 확률 $P(A|B)$는 사건 $A$의 확률 $P(A)$와 같지 않다. 즉, 사건 $B$의 발생 여부에 관한 정보는 사건 $A$의 발생 가능성에 영향을 주는 것이다. 특별한 경우에, 조건부 확률(조정된 확률) $P(A|B)$이 원래 확률 $P(A)$와 같아 변화가 없는 경우가 있다. 이를 **서로 독립**이라고 한다. 즉, $P(A|B) = P(A)$라면 $B$의 발생 여부에 관한 정보가 $A$의 발생 확률에 아무런 영향을 주지 않는다는 뜻이다.

**• 독립 사상**

두 사건 $A, B$에 대하여

$$P(A|B) = P(A), \text{ 즉 } P(A \cap B) = P(A)P(B)$$

일 때, 사건 $A$와 $B$는 서로 독립 mutually independent이라 한다.

한편, 서로 독립이 아닌 두 사건은 **서로 종속** dependent이라고 한다. 종속인 경우는 두 가지로 구분할 수 있다. $P(A|B) > P(A)$인 경우는 사건 $B$의 발생이 사건 $A$의 발생확률을 증가시키는 경우로서 이때 $B$는 $A$에 확률적으로 **양의 연관성** positive association이 있다고 하고 그 반대의 경우 $P(A|B) < P(A)$는 **음의 연관성** negative association이 있다고 부른다. 위의 주사위 예에서 두 주사위는 같은 눈을 가진다는 사건 $B$는 사건 $A$와 양의 연관성이 있다. 흔히, 두 사건의 독립성은 확률적 실험의 표현으로부터 직관적으로 당연하게 받아들일 수 있는

경우가 많이 있다. 예를 들어 두 개의 주사위를 던질 때, 첫 번째 주사위의 눈이 3일 사건 $A$와 두 번째 주사위의 눈이 3일 사건 $B$가 서로 독립인 것은 직관적으로 당연하다. 물론

$$P(A) = P(\{(3, y) : y = 1, 2, \cdots, 6\}) = \frac{6}{36}$$

$$P(B) = P(\{(x, 3) : x = 1, 2, \cdots, 6\}) = \frac{6}{36}$$

$$P(A \cap B) = P(\{(3, 3)\}) = \frac{1}{36} = P(A)\,P(B)$$

임을 확인하여 그 독립성을 판단할 수 있으나 직관적으로 더 편히 받아들일 수 있다. 그러나, 두 사건의 독립성 여부를 항상 직관적으로 판단할 수 있는 것은 아니다.

**예 4.5**

두 개의 주사위를 던질 때, 두 주사위의 눈의 합이 7일 사건 $A$와 두 번째 주사위의 눈이 3일 사건 $B$에 대해 이 두 사건들은 확률적으로 서로 독립인지, 양의 연관성 또는 음의 연관성 여부를 판단하시오.

**풀이** 다음으로부터

$$P(A) = P(\{(x, 7-x) : x = 1, 2, \cdots, 6\}) = \frac{6}{36}$$

$$P(B) = P(\{(x, 3) : x = 1, 2, \cdots, 6\}) = \frac{6}{36}$$

$$P(A \cap B) = P(\{(4, 3)\}) = \frac{1}{36} = P(A)\,P(B)$$

독립임을 알게 된다.

조건부 확률 $P(A|B)$은 사건 $B$가 일어났다는 조건하에 정의되므로 $P_B(A) = P(A|B)$으로 표현해보자. 조금 어려운 내용이기는 하지만, 조건

부 확률 $P_B(\cdot)$도 공리적 확률의 세 가지 조건 (I), (II), (III)을 만족함을 증명할 수 있다. 예를 들어, (II)에 대해서,

$$P_B(S) = P(S \cap B) / P(B) = P(B) / P(B) = 1$$

임을 보일 수 있다. 조건부 확률 $P_B(\cdot)$에 대해 (I)과 (III)을 증명해 보기 바란다. 따라서 앞서 설명한 확률의 모든 성질들, 예로서, 단조성, 합사건 공식, 여사건 공식등이 모두 $P_B(\cdot)$에서 성립함을 알 수 있다.

조건부 확률의 응용으로서 곱사건의 확률공식인 **승법정리** multiplicative rule를 얻을 수 있다. 즉,

$$P(A_1 \cap A_2) = P(A_1)\, P(A_2 | A_1).$$

이 공식은 곱사건의 확률을 계산하는데 먼저 $P(A_1)$를 계산하고 그 다음에 $P(A_2)$를 곱하는 대신, $A_1$이 이미 일어났으므로 $P(A_2|A_1)$를 곱해 주는 형태이다. 이를 세 사건에 적용하면

$$\begin{aligned} P(A_1 \cap A_2 \cap A_3) &= P(A_1 \cap A_2)\, P(A_3 | A_1 \cap A_2) \\ &= P(A_1)\, P(A_2 | A_1)\, P(A_3 | A_1 \cap A_2) \end{aligned}$$

이 성립한다.

한 사건 $A$의 확률을 구할 때, 표본공간을 사건 $B$와 그 여사건 $B^C$로 나누어 생각하면

$$\begin{aligned} P(A) &= P(A \cap B) + P(A \cap B^C) \\ &= P(A|B)\, P(B) + P(A|B^C)\, P(B^C) \end{aligned}$$

임을 알 수 있다. 일반적으로, 사건 $B_1$, $B_2$, $\cdots$, $B_n$이 서로 배반이며 이들의 합사건이 표본공간 전체이면, 즉

$$B_1 \cup B_2 \cup \cdots \cup B_n = S$$

일 때, 사건 $B_1$, $B_2$, $\cdots$, $B_n$을 표본공간 $S$의 **분할** partition이라 한다. 표본공간

분할의 가장 간단한 예는 사건 $B$와 여사건 $B^C$이다. 이와 같은 표본공간의 분할 $B_1$, $B_2$, $\cdots$, $B_n$에 대하여, 사건 $A$의 확률을 조건부로 생각하면

$$\begin{aligned} P(A) &= P\{(A\cap B_1)\cup(A\cap B_2)\cup\cdots\cup(A\cap B_n)\} \\ &= P(A\cap B_1)+P(A\cap B_2)+\cdots+P(A\cap B_n) \\ &= P(A|B_1)P(B_1)+P(A|B_2)P(B_2)+\cdots+P(A|B_n)P(B_n) \end{aligned}$$

임을 알 수 있다. 이 공식의 의미는 한 사건 $A$가 일어날 확률은 표본공간을 구성하는 사건($B_i$)하에서 $A$의 조건부 발생확률($P(A|B_i)$과 그 배경 사건의 발생확률($P(B_i)$)의 곱들의 합이다. 즉 $P(A)$는 $n$개의 조건부 확률들 $P(A|B_1),\ldots,P(A|B_n)$의 **가중평균**으로 구할 수 있음을 알 수 있다. 이상을 요약하면 다음의 **총확률공식** formula of total probability을 얻는다.

**• 총확률공식**

$B_1, B_2, \cdots, B_n$ 이 표본공간 $S$의 분할이면,

$$P(A)=P(A|B_1)P(B_1)+\cdots+P(A|B_n)P(B_n).$$

**예 4.6**

세 개의 상자가 있고, 첫 번째 상자에는 흰 공이 1개 빨간 공이 2개, 두 번째 상자에는 흰 공이 2개 빨간 공이 2개, 세 번째 상자에는 흰 공이 3개 빨간 공 1개가 들어 있다. 한 상자를 랜덤하게 택하여, 그 상자에서 2개의 공을 임의로 꺼낼 때 흰 공과 빨간 공이 각각 1개씩 꺼내어질 확률을 구하라.

**풀이** 첫 번째, 두 번째, 세 번째 상자가 택해질 사건을 각각 $B_1$, $B_2$, $B_3$라 하고, 결과적으로 흰 공과 빨간 공이 각각 1개씩 꺼내어질 사건을 $A$라고 하자.

문제의 뜻에서 $B_1, B_2, B_3$는 표본공간의 분할이고,

$$P(B_1) = P(B_2) = P(B_3) = \frac{1}{3}$$

$$P(A|B_1) = \frac{\binom{1}{1}\binom{2}{1}}{\binom{3}{2}} = \frac{2}{3},\ P(A|B_2) = \frac{\binom{2}{1}\binom{2}{1}}{\binom{4}{2}} = \frac{2}{3},$$

$$P(A|B_3) = \frac{\binom{3}{1}\binom{1}{1}}{\binom{4}{2}} = \frac{1}{2}$$

이다. 따라서 총확률공식에 의해 구하는 확률은 다음과 같다.

$$\begin{aligned} P(A) &= P(A|B_1)P(B_1) + P(A|B_2)P(B_2) + P(A|B_3)P(B_3) \\ &= \frac{2}{3}\times\frac{1}{3} + \frac{2}{3}\times\frac{1}{3} + \frac{1}{2}\times\frac{1}{3} \\ &= \frac{11}{18}. \end{aligned}$$

조건부 확률의 해석에서 조건으로 주어지는 사건을 "원인"으로 풀이한다면, $P(A|B)$와 $P(A|B^C)$는 각각 "원인"이 $B$와 $B^C$일 때 $A$가 발생할 확률로 생각할 수 있다. 따라서, 총확률공식에 의해

$$P(A) = P(A|B)P(B) + P(A|B^C)P(B^C)$$

가 뜻하는 바는 "원인"이 $B$ 또는 $B^C$일 때 각각 $A$가 일어날 확률과 각 "원인"의 확률 $P(B)$, $P(B^C)$로부터 $A$의 발생확률을 계산할 수 있다는 것이다. 이제 역으로, $A$가 발생한 후에 각 원인 $B$, $B^C$에 대한 확률, 즉 $P(B|A)$, $P(B^C|A)$를 구해 보자.

조건부 확률의 정의와 총확률공식으로부터, 이 확률들은

$$P(B|A) = \frac{P(A\cap B)}{P(A)} = \frac{P(A|B)P(B)}{P(A|B)P(B) + P(A|B^C)P(B^C)}$$

$$P(B^C|A) = \frac{P(A\cap B^C)}{P(A)} = \frac{P(A|B^C)P(B^C)}{P(A|B)P(B) + P(A|B^C)P(B^C)}$$

로 계산됨을 알 수 있다. 즉, $A$의 관측 이전에 각 원인 $B$와 $B^C$의 확률인 $P(B)$, $P(B^C)$와 각 원인 $B$, $B^C$ 조건하에서 $A$가 발생할 확률로부터 $A$를 관측한 후에 각 원인의 확률 $P(B|A)$, $P(B^C|A)$를 구할 수 있는 것이다. 이러한 뜻에서, $B$와 $B^C$의 확률을 **사전확률** prior probability이라 부르고 $A$가 발생한 후의 $B$와 $B^C$의 조건부 확률인 $P(B|A)$, $P(B^C|A)$를 **사후확률** posterior probability이라 부른다. 일반적으로 여러 가지의 원인을 고려하는 경우에, 즉 $B_1, B_2, \cdots B_n$이 표본공간의 분할일 때 이들의 사전확률과 사후확률의 관계는 조건부 확률의 정의와 총확률공식으로부터, $k=1, \cdots, n$에 대해서

$$
\begin{aligned}
P(B_k \mid A) &= \frac{P(A \cap B_k)}{P(A)} \\
&= \frac{P(A \mid B_k)\, P(B_k)}{P(A \mid B_1)P(B_1) + \cdots + P(A \mid B_n)\, P(B_n)}
\end{aligned}
$$

와 같이 계산한다. 이 공식을 **베이즈정리** Bayes' formula라고 한다.

**예제 4.7**

특정 자동차 부품회사는 세 개의 공장이 있으며 각 공장의 불량률은 1%, 2%, 3%로 알려져 있다. 또한 이 회사 전체 부품생산에서 차지하는 각 공장의 생산비중은 50%, 40% 그리고 10%이다. (1) 이 회사의 불량률을 구하라. (2) 생산품이 불량일 때 이것이 첫 번째 공장에서 생산되었을 확률을 구하라.

**풀이**

(1) 생산품이 불량인 사건은 $A$라 하자. $B_1, B_2, B_3$ 를 각각의 공장에서 생산되는 사건이라 표현하면

$$P(B_1) = 0.50,\ P(B_2) = 0.40,\ P(B_3) = 0.1$$

이고

$$P(A|B_1) = 0.01,\ P(A|B_2) = 0.02,\ P(A|B_3) = 0.03$$

이므로 총확률공식에 의해 $P(A) = (0.01)(0.5) + (0.02)(0.4) + (0.03)(0.1)$

$=0.016$으로 이 부품회사의 불량률은 1.6%이다. 각 공장의 불량률 1%, 2%, 3%의 단순평균인 2%보다 작음에 유의하기 바란다.

(2) 구하는 확률은 사후확률 $P(B_1|A)$이다. 베이즈 정리로부터

$$P(B_1|A)=\frac{P(A|B_1)P(B_1)}{P(A)}=(0.01)(0.5)/0.016=5/16=0.312$$

이다. 이 값은 사전확률인 $P(B_1)=0.50$보다 작음을 알 수 있다.

## 4.4 확률변수 및 확률분포

특정 사안에 대한 10명의 찬성 및 반대 의견을 조사하는 실험을 생각해 보자. 이 실험의 표본공간 $S$의 원소 수는 $2^{10}$=1024개다. $S$의 원소를 예를 들어 보면 (찬성, 찬성, ··· 반대)이다. 그런데 이 실험에서 실제로 관심사항은 표본공간의 각각 근원사건이 아니라 찬성하는 사람의 수가 될 것이다. 만일 $X$를 10명 중 찬성자 수로 정의하면 1024개 각각의 원소에 대해 $X$값이 정해질 것이고 $X$가 취할 수 있는 가능한 값은 $0, 1, \cdots, 10$의 11개 값이 될 것이다. 따라서 $X$를 도입함으로서 1024개의 복잡한 근원사건대신 11개의 수치만 고려할 수 있는 장점이 생기게 된다. 확률적 실험의 결과를 관심의 대상이 되는 수치로 나타내는 것을 **확률변수** random variable라고 하며, 흔히 기호로는 영문자의 대문자인 $X, Y, Z, \cdots$로 나타낸다.

**예 4.8**

두 개의 동전을 던지는 실험에서 확률변수 $X$를 앞면의 수로 정의하자. $X$는 0, 1, 2의 세 값을 가질 수 있다. 두 개의 동전 중 한 개는 앞면이 나올 확률이 0.8이고, 나머지 한 개는 확률이 정상적으로 0.5라 할 때 $X$가 취할 수 있는 값들의 확률을 제시하라.

**풀이** $X=0$일 확률은 (0.2)(0.5)=0.1이고 $X=2$일 확률은 (0.8)(0.5)=0.4이다. $X=1$인 확률은 두 근원사건으로부터 나올 수 있으므로 (0.2)(0.5)

$+ (0.8)(0.5) = 0.5$이다. 모든 확률의 합은 1임에 유의하기 바란다. 이를 표로 다음과 같이 정리할 수 있다.

| $x$ | 0 | 1 | 2 |
|---|---|---|---|
| $P(X=x)$ | 0.1 | 0.5 | 0.4 |

## ■ 이산형 확률분포

위 예에서처럼 확률변수가 취할 수 있는 값들이 자연수, 정수 등과 같이 수직선 위에서 떨어져 흩어진 점들에 대응하는 경우에 그 확률변수를 특별히 **이산형** discrete type 확률변수라고 한다. 만일 이산형 확률변수 $X$가 $0,1,2,\cdots$의 값을 취할 수 있다면, 그 값들을 영문자 소문자 $x$로 나타내어 그에 대응하는 확률을

$$f(x) = P(X=x), \qquad x = 0, 1, 2, \cdots$$

와 같이 정의하며 이때 정의되는 함수 $f$를 확률변수 $X$의 **확률질량함수** 또는 간단히 **확률함수** probability function라고 부른다. 이는 $X$가 취할 수 있는 값 $0,1,2,\cdots$에 그 확률 $P(X=0)$, $P(X=1)$, $P(X=2),\cdots$가 어떻게 분포되어 있는가를 나타내는 것이다. 일반적으로, 확률함수는 다음과 같은 성질을 갖는다.

**• 이산형 확률함수의 성질**

이산형 확률변수 $X$가 $0,1,2,\cdots$의 값을 취할 때, 그 확률함수를 $f(x)=P(X=x)$라고 하면 다음이 성립한다.

(i) $f(x) \ge 0, x = 0, 1, \cdots$

(ii) $\sum_{x=0}^{\infty} f(x) = 1$

(iii) $P(X \in A) = \sum_{x \in A} f(x)$

확률변수 $X$의 확률함수 $f$와 관계되는 확률변수를 명확히 할 필요가 있는 경우에는 $X$를 첨자로 하여 $f_X$로 표현하기도 한다. 이러한 뜻에서 이산형 확

률변수 $X$의 확률함수 $f$는 $X$의 **확률분포** probability distribution 또는 간단히 **분포** distribution라 부르며, 확률변수의 분포와 확률함수를 동일시 할 수 있다.

한편, 이산형 확률변수 $X$가 $0,1,2,\cdots$의 값을 취할 때, $x$ 이하의 누적확률은

$$F(x)=P(X\le x)=\sum_{0\le k\le x} f(k)$$

로 정의된다. 이때 함수 $F(x)$를 확률변수 $X$의 **누적확률함수** cumulative probability function라고 부르고, 흔히 이를 부록의 표로 만들어 사용한다.

이제부터는 실용적으로 많이 이용되는 네 가지 이산형 확률분포(초기하분포, 이항분포, 기하분포, 포아송분포)에 대해 자세히 알아보자.

### 4.4.1 초기하분포

통계조사와 같은 확률적 실험에서 우리는 흔히 관측 결과를 찬성과 반대, 성공과 실패, 양호품과 불량품 등과 같이 이분법적으로 나누는 경우를 많이 볼 수 있다. 예를 들어, 불량품 $D$개, 양호품 $N-D$개로서 전체 $N$개가 들어 있는 상자가 있고 전체 불량품 개수 $D$가 알려져 있다고 하자. 이러한 경우에 $N$이 크다든가 하는 이유로 전부를 조사하기 어려우면 흔히 그 일부인 $n$개를 "골고루" 추출하여 그 중에 있는 불량품의 개수를 보고 $D$에 대한 추측을 하려고 한다. 여기에서 "골고루" 추출한다는 것은 한 번에 $n$개를 임의로 추출하거나 매번 1개씩 임의로 뽑고 뽑힌 것을 되돌려 넣지 않는 **비복원추출** sampling without replacement을 $n$번 반복하는 것으로 해석해야 한다. 이제, 불량품의 개수 $X$에 대한 확률을 살펴보면 $X$는 $0,1,\ \ldots,\ n$ 값을 취할 수 있으며 각각의 확률은

$$P(X=0)=\frac{\binom{D}{0}\binom{N-D}{n}}{\binom{N}{n}},\ P(X=1)=\frac{\binom{D}{1}\binom{N-D}{n-1}}{\binom{N}{n}},\cdots,$$

$$P(X=n)=\frac{\binom{D}{n}\binom{N-D}{0}}{\binom{N}{n}}$$

과 같이 주어지는 것을 알 수 있다. 여기에서 간결한 설명을 위해 $n\le D$로 가정하고 있다. 이러한 $X$에 대한 확률을 간략하게 나타내기 위하여 $X$가 취

할 수 있는 값을 소문자 $x$로 나타내면

$$P(X=x)=\frac{\binom{D}{x}\binom{N-D}{n-x}}{\binom{N}{n}},\ x=0,1,\cdots,n;\ (n\leq D)$$

와 같이 간략하게 표현할 수 있다. 이와 같은 분포(또는 확률함수)를 **초기하분포** hypergeometric distribution라고 부르며 기호는 $X\sim H(n;N,D)$와 같이 나타낸다. 통계학에서는 "$\sim$" 기호를 "확률변수가 어떠한 분포를 따른다"는 의미로 사용한다. 초기하분포는 관측 결과를 이분법적으로 분류하는 비복원추출에 의한 확률적 실험에서 중추적 역할을 한다.

**예 4.9**

어떤 제품 $N=1,000$개로 구성된 로트를 구입하려고 한다. 이들 1,000개를 전부 조사하는 것은 불가능하기 때문에 $n$=30개를 비복원추출하여 불량품의 개수가 2개 이하이면 전체 로트를 구입하기로 방침을 정하였다. 실제 불량률이 5%인 로트가 구입될 확률을 어떻게 구할 수 있는지 논의하라.

**풀이** 불량품의 개수를 $X$라고 하면 구하는 확률은

$$P(X\leq 2)=\sum_{x=0}^{2}\binom{D}{x}\binom{1,000-D}{30-x}\Big/\binom{1,000}{30}$$

이다. 불량률이 5% 라면 $D=50$인 경우이므로 위 식에 $D=50$을 대입하여 계산할 수 있다. 만일, 초기하분포표가 있다면 $H(30;1,000,\ 50)$표를 이용하여 쉽게 계산할 수 있다.

### 4.4.2 이항분포

동전 던지기를 반복하고 앞면이 나타나는 횟수를 센다든가, 같은 제조법으로 제품을 여러 개 만들어서 불량품의 개수를 세는 경우와 같이, 동일한 실험을

반복할 때 각각의 실험을 **시행** trial이라 부른다. 이때, 각 시행에서의 사건들이 서로 독립이도록 수행되는 시행을 **독립시행** independent trials이라 부른다. 특히, 앞의 예에서와 같이 각 시행의 결과가 앞면과 뒷면, 불량품과 양호품처럼 두 가지의 결과만이 가능한 시행을 (이론을 처음 정립한 학자의 이름을 따서) **베르누이** Bernoulli 시행이라 부른다. 베르누이 시행의 두 가지 결과를 보통 "성공"과 "실패"로 부른다. 여기서 "성공"이란 관심 있는 결과가 나온다는 의미일 뿐 늘 좋은 결과를 의미하는 것은 아니다. 매번의 베르누이 시행은 서로 독립이며 성공률이 변하지 않으면서 늘 $p(0 < p < 1)$라고 하자.

**예 4.10**

다음의 세 가지 실험이 $n$번의 베르누이 독립시행인지 생각해 보라.

실험 1 : 주사위를 10번 던져 1이 몇 번 나오는지 관찰한다.

실험 2 : 찬성율이 30%인 정책에 대해 10명에게 물어 반대하는 사람 수를 알아본다.

실험 3 : 찬성율이 30%인 정책에 대해 특정인에게 10주 동안 매주 의견을 묻는다.

**풀이** 실험 1 : "성공 = 주사위 면이 1이 나옴", "실패 = 주사위 면이 1이 안 나옴"으로 하면 성공률 $p = 1/6$인 10번의 베르누이 시행이라 할 수 있다. 실험 2 : "성공=이슈에 반대"로 하면 성공률이 $p = 0.7$인 10번의 베르누이 독립시행이라 할 수 있다. 실험 3 : 특정인에게 10주간 질문하므로 독립시행에 어긋나므로 10번의 베르누이 독립시행이라 할 수 없다.

이제 성공률이 $p$인 $n$번의 베르누이 독립시행을 생각해 보도록 하자. 성공의 횟수를 $X$라 하면 $X$는 $0, 1, 2, \ldots, n$ 값을 취할 수 있다. 각각의 값에 대한 확률을 생각해 보자. 성공이 $x\ (0 \le x \le n)$번 나온다는 것은 실패가 $n-x$번 나오는 것을 뜻하고, 각 시행의 결과끼리는 서로 독립이므로 이와 같은 결과가 특정한 순서로, 예를 들어 처음부터 $x$번은 성공 그리고 그 후에는 모두 실패의 순서로 나타날 확률은

$$p^x(1-p)^{n-x}$$

임은 명백하다. 또한, 성공 $x$번과 실패 $n-x$번을 늘어놓는 경우의 수는 $\binom{n}{x}$이므로, 성공의 횟수 $X$가 $x$일 확률은

$$f(x) = P(X=x) = \binom{n}{x}p^x(1-p)^{n-x}, x=0,1,\cdots,n$$

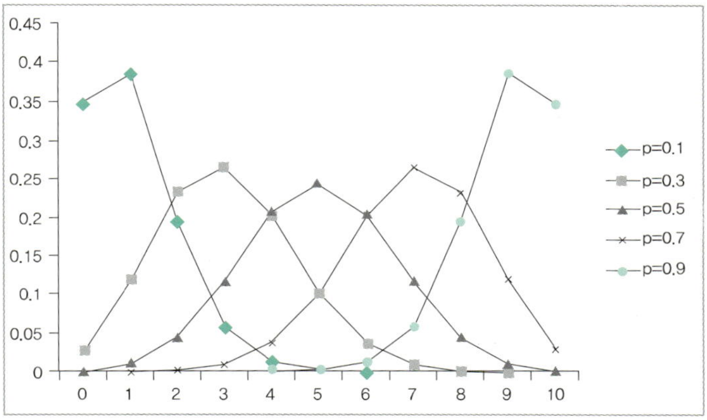


**|그림 4.3| 다양한 이항분포의 형태**

이다. 이러한 분포를 **이항분포** binomial distribution라 하고, 기호로는 $X \sim B(n,p)$와 같이 나타낸다. [그림 4.3]은 이항분포 $B(n,p)$에서 $n=10$, $p=0.1, 0.3, 0.5, 0.7, 0.9$인 경우에 대한 이항분포의 그래프이다. 이 그림에서 알 수 있듯이 이항분포의 그래프는 성공률 $p$의 값에 따라 그 모습이 달라진다. 성공률이 증가할수록 성공횟수 $X$가 클 확률이 증가한다. 이항분포에 관한 확률의 계산을 수작업으로 한다는 것은 상당한 노력이 필요하거나 불가능한 경우가 많다. 이를 해결하기 위하여 통계학 서적에는 다음의 누적확률의 값이

$$P(X \le x) = \sum_{k=0}^{x}\binom{n}{k}p^k(1-p)^{n-k}$$

여러 가지 경우의 $p, n, x$에 대하여 수록되어 있다 [부록 표 1]

**예 4.11**

특정 정당에 대한 지지율이 30%로 알려져 있다고 하자. 10명을 임의로 추출하여 10명 중 이 정당을 지지하지 않는 사람의 수를 $X$라 할 때 다음 확률을 구하라.

(i) $X$가 5보다 작거나 같을 확률
(ii) 적어도 7명이 지지할 확률

**풀이** 10명의 사람 중에서 지지하지 않는 사람 수 $X$는 이항분포 $B(10, 0.7)$을 따른다. 여기서 성공확률이 0.7임에 유의하기 바란다.

(i) 구하는 확률은

$$P(X \le 5) = \sum_{k=0}^{5} \binom{10}{k} (0.7)^k (0.3)^{10-k}$$

이므로, 직접 계산할 수도 있고, [부록 표 1]을 이용하여 $n = 10$, $p = 0.7$, $x = 5$에 해당하는 누적확률을 찾아보면 $P(X \le 5) = 0.15$임을 알 수 있다.

(ii) 원하는 확률은 다음과 같이 표현될 수 있다.

$$P(X \ge 7) = 1 - P(X \le 6)$$

이고, 누적 이항확률표[부록 표 1]에서 $n = 10$, $p = 0.7$, $x = 6$에 해당하는 누적확률이

$$P(X \le 6) = \sum_{k=0}^{6} \binom{10}{k} (0.7)^k (0.3)^{10-k} = 0.350$$

이다. 따라서 구하는 확률은 다음과 같다.

$$P(X \ge 7) = 1 - 0.350 = 0.650$$

### 4.4.3 기하분포

이항분포에서는 시행횟수 $n$이 정해져있고 성공횟수의 분포에 관심이 있다. 이제 첫 번째 성공이 나올 때까지 필요한 시행횟수가 확률변수인 경우를 알아보자. 큰 저수지에서 특정 어종의 마리 수를 알아보고자 이 어종 100마리에 표식을 하여 이 저수지에 놓아 주었다. 이제 이 어종을 잡아들이는 "시행"을 하는데, 표식이 있는 어종이 처음 잡힐 때까지 몇 번의 시행이 필요한지에 관심이 있을 것이다. 성공률이 $p$인 베르누이 독립시행을 연속해서 수행하는 경우에 첫 번째 성공이 나올 때까지 필요한 시행수를 $X$라 하면 $X$는 1, 2, 3, ... 값을 가질 수 있으며 $X=x$ 인 사건은 $x-1$ 시행까지 계속 실패가 나오고 $x$번째 시행에서 비로소 성공이 나오는 것이므로

$$f(x) = P(X=x) = q^{x-1}p \ , \ x = 1, 2, \ldots..$$

임을 알 수 있다. 이런 확률함수(분포)를 **기하분포** geometric distribution라 부른다.

### 4.4.4 포아송분포

제조 공정에서 불량품의 수, 야구 선수의 홈런 수, 희귀 질병에 의한 사망자 수 등과 같이 발생가능성이 그다지 크지 않은 현상에 대한 발생건수에 대한 확률에 관심이 있는 경우가 있다. 이런 경우 다음과 같은 포아송 Poisson분포가 유용하다는 사실이 이론적으로 알려져 있다. 평균발생건수가 $\lambda > 0$인 현상에서 $X=$ 발생건수라 할 때 다음과 같은 분포를 포아송분포라 부른다.

$$f(x) = \frac{\lambda^x}{x!}e^{-\lambda}, \qquad x = 0, 1, 2, \cdots$$

여기서 수학에서 잘 알려진 사실 $e^{\lambda} = \sum_{x=0}^{\infty} \frac{\lambda^x}{x!}$이 이용되었으며, $e$는 무리수로서 그 값은 $e = 2.718281845\cdots$이다.

**예 4.12**

이제까지의 기록에 의하면 한 고속도로에서 하루당 평균 2건의 비율로 교통사고가 발생하였다고 한다. 오늘 이 고속도로에서 아무 사고도 일어나지 않을 확률을 구하라.

**풀이** 이 고속도로에서 교통사고의 발생은 하루당 평균 발생률이 2인 희귀현상으로 간주할 수 있으므로, 오늘 발생할 교통사고의 수 $X$는 $\lambda = 2$인 포아송분포를 따른다고 할 수 있다. 따라서 구하는 확률은 $P(X=0) = e^{-2} = 0.135$이다.

## ■ 연속형 확률분포

지금까지 공부한 이산형 확률변수는 나올 수 있는 가능한 값이 수직선상에서 띄어띄엄 떨어진(즉, 이산인) 경우를 다루었으나 확률적 실험에서 관심의 대상이 시간, 길이, 무게 등과 같이 어떤 연속적인 양으로 주어지는 경우를 흔히 볼 수 있다. 예를 들어, 15분 간격으로 버스가 출발하는 정류장에 아무런 사전 지식이 없이 우연히 온 사람이 버스가 출발할 때까지 기다릴 시간을 $X$(분)라고 하면, $X$는 0에서 15까지의 연속적인 값을 취할 수 있다. 일반적으로, 확률적 실험에서 관심의 대상인 확률변수가 취할 수 있는 값들이 수직선 위의 구간 내에 연속해서 나타나는 점들에 대응하는 경우에 그 확률변수를 **연속형** continuous type 확률변수라고 한다. 이러한 연속형 확률변수 $X$에 관한 확률은 취하는 값이 무한히 많아(uncountably many) 이산형에서의 확률함수 $f(x) = P(X = x)$로 설명하기 어렵다. 대신, 확률을 적분으로 정의하여 설명하는데, 즉, $X$가 구간 [a, b] 사이에 나올 확률은 다음과 같이 정의한다.

$$P(a \le X \le b) = \int_a^b f(x)\,dx$$

여기서 함수 $f(x)$를 연속형 확률변수 $X$의 **확률밀도함수** probability density function라고 부른다. 이산형에서는 확률(질량)함수였으나 연속형에서는 확률밀도함수라는 용어로 차별화하고 있음에 주목하기 바란다. 이는 $X$에 관한 확률이 수직선

위에 어떻게 분포되어 있는가를 나타내는 것이다. 연속형 확률변수 $X$에 관한 확률은 확률밀도함수 $f(x)$를 적분하여 구할 수 있고, 한 점을 택할 확률, 즉 $P(X=x)$는 항상 0이다. 이것은 이산형 확률함수와 대비되는 성질이다.

**• 연속형 확률함수의 성질**

연속형 확률변수 X의 확률밀도함수를 $f(x)$라고 하면, 다음이 성립한다.

(i) $f(x) \geq 0$ ,　　(ii) $\int_{-\infty}^{\infty} f(x)\,dx = 1$

(iii) $P(a \leq X \leq b) = \int_a^b f(x)dx$,　　(iv) $P(X=x)=0$

연속형 확률분포의 대표적인 예가 바로 정규분포 normal distribution이다. 다음은 정규분포의 기본적인 성질을 나열하고 있으며, 정규분포로부터 파생된 세 가지 분포($\chi^2$, $t$, $F$ 분포)는 5~8장에서 설명될 것이다.

### 4.4.5 정규분포

잘 제어되는 제조 공정이나 실험에서의 결과로 나타나는 값들이 어떤 값 $\mu$ 주위에 많이 나타나고, $\mu$를 중심으로 좌우 대칭의 형태로 나오는 경우를 흔히 볼 수 있다. 또한 그림에서처럼 모양이 종 모양 bell-shaped으로서 $\mu$에서 멀어질수록 발생 빈도가 줄어드는 특징이 있는 분포를 정규분포라 한다. 이 분포는 19세기의 수학자 가우스 Gauss에 의해 처음 연구된 연속형 분포로서 물리학, 천문학 등의 분야에서 실험 및 관측에 수반되는 오차에 대한 분포로서 널리 이용되고 있다. 그 당시 사람들은 잘 제어되는 실험에서 오차의 분포를 나타내는 곡선으로서 종 모양의 좌우 대칭인 곡선 형태를 가능한 모형으로 생각하게 되었고 실험 결과의 오차들이 이러한 분포 형태를 가지면 정상적 즉, 정규적 normal인 오차라고 간주하였으며 이러한 연유에서 오늘날에도 이러한 분포를 정규분포라 칭하고 있다.

정규분포의 확률밀도함수를 다음과 같이 정의한다.

$$f(x) = \frac{1}{\sqrt{2\pi}\,\sigma} \exp\left\{-\frac{1}{2}\left(\frac{x-\mu}{\sigma}\right)^2\right\}, -\infty < x < \infty$$

아래 그림은 서로 다른 $\mu, \sigma^2$의 값에 대한 정규분포 $N(\mu, \sigma^2)$의 그래프이다. 이 그림에서 알 수 있듯이 $\mu$는 분포의 **중심위치** location를 나타내고 $\sigma^2$의 값은 흩어진 정도인 **산포** dispersion를 나타내는 것을 알 수 있다.

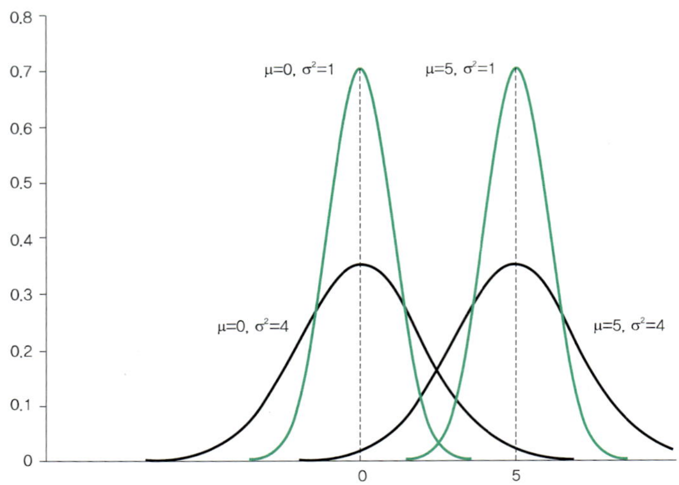


**|그림 4.4|** 여러 가지 정규분포

확률변수 X가 이러한 확률밀도함수를 가지면 그 분포를 **정규분포** normal distribution 라고 부르고, 기호로 $X \sim N(\mu, \sigma^2)$과 같이 나타낸다. 한편, 대부분의 관측 결과들에 적절한 변환을 하면 관측 횟수가 증가함에 따라 이러한 정규분포의 형태를 갖게 된다는 것이 이론적으로 규명됨으로써 정규분포는 연속형 분포 중에서 통계학 및 확률론 분야에서 가장 중요한 분포로서 인식되며, 기준이 되는 분포로서 널리 이용되고 있다. 최근에 들어 정규분포와 비교해서 꼬리tail 쪽 확률 값이 훨씬 자주 나타나는 분포들이 실제 자료에서 많이 나타나고 있다. 이는 중심위치 $\mu$로부터 멀리 떨어진 극단적인 값들이 정규분포보다 더 자주 발생하는 분포이며 이들에 대한 연구가 최근 활발히 이루어지고 있다. 확률변수 $X \sim N(\mu, \sigma^2)$일 때 다음과 같은 68-95-99% 법칙이 성립한다.

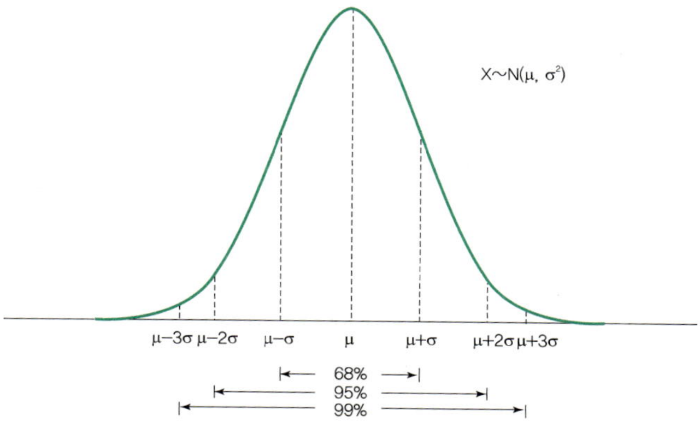


**|그림 4.5|** **정규분포의 68−95−99% 법칙**

이 법칙이 의미하는 바는 정규분포에서 관측값들이 중심 $\mu$로부터 $k$배의 산포 $k\sigma$ 내에 있는 비율이 $k=1,2,3$에 따라 각각 68, 95, 99% 라는 의미이다.

(i) $X$가 $(\mu-\sigma, \mu+\sigma)$ 사이에 있을 확률은 대략 68%이다.
(ii) $X$가 $(\mu-2\sigma, \mu+2\sigma)$ 사이에 있을 확률은 대략 95%이다.
(iii) $X$가 $(\mu-3\sigma, \mu+3\sigma)$ 사이에 있을 확률은 대략 99%이다.

**예 4.13**

어느 과목의 성적 분포가 $N(70, 5^2)$인 정규분포를 따른다고 가정하자. 60점에서 80점 사이에는 몇 %의 학생들이 밀집해 있는가?

**풀이** $\mu$=70, $\sigma=5$인 정규분포이므로 중심으로부터 2배의 범위는 (60, 80)이고 정규분포의 68−95−99% 법칙에 의해 확률은 0.95, 즉 95%의 학생성적이 이 범위에 있다.

정규분포에서 특히 $\mu=0, \sigma^2=1$인 정규분포 N(0, 1)을 **표준정규분포**

standard normal distribution라고 부르며, 흔히 이러한 분포를 따르는 확률변수를 Z로 나타내어 Z~$N(0, 1)$과 같이 표현한다. 여러 가지 $z$에 대하여, 표준정규분포의 누적확률 $P(Z \leq z)$ 값을 표로 만들어 사용한다. 부록에는 이와 같은 표준정규분포의 누적확률에 대한 표가 주어져 있다 [부록 표 3]. 모든 통계학 책에는 표준정규분포 N(0, 1)에 대한 표가 수록되어 있으나, 읽는 방법은 약간씩 차이가 있으므로 표를 읽는 방법에 대해 미리 숙지한 후 이용하기 바란다. 다음 값들은 표준정규분포표에서 얻은 것으로 상위 10%, 5%, 2.5%, 1%에 해당되는 자주 활용되는 값들이므로 외워두면 유용하다.

(i) $P(Z \leq 1.28) = 0.90$ (ii) $P(Z \leq 1.645) = 0.95$

(i) $P(Z \leq 1.96) = 0.975$ (ii) $P(Z \leq 2.327) = 0.99$

정규분포 $N(\mu, \sigma^2)$에 대한 확률은 기본적으로 표준정규분포 $N(0, 1)$의 확률을 이용해서 계산할 수 있다. 표준정규분포를 이용할 수 있는 근거에는 다음과 같은 정규분포의 성질이 중요한 역할을 한다.

**• 정규분포의 성질**

(i) X $\sim N(\mu, \sigma^2)$ 이면 $Z = \dfrac{X-\mu}{\sigma}$ ~ N(0, 1)

(ii) X $\sim N(\mu, \sigma^2)$ 이면 aX + b ~ $N(a\mu + b, a^2\sigma^2)$, a와 b는 상수

**예 4.14**

(i) X~$N(60, 4)$일 때, 확률 $P(X \leq 63)$을 구하라.

(ii) 집에서 학교까지 걸리는 시간 X(분)은 정규분포 $N(40, 5^2)$를 따른다고 한다. 등교 시각 45분 전에 집에서 출발할 때 지각할 확률을 구하라.

(iii) 대학교 어느 과목 성적 분포는 정규분포 $N(70, 10^2)$을 따른다고 한다. 교수님이 학점 $A$를 상위 10%만 주려고 한다. 학점 $A$를 받기 위한 최소 점수는?

**풀이** [부록 표 3]의 누적표준정규확률표를 이용한다. (i) 정규분포의 성질로부터

$$Z=\frac{X-60}{2}\sim N(0,1)$$

이므로, 구하는 확률은

$$\begin{aligned}P(X\le 63)&=P(Z\le\frac{63-60}{2})\\&=P(Z\le 1.5)\end{aligned}$$

이다. 이를 [부록 표 3]에서 찾으면

$$P(X\le 63)=P(Z\le 1.5)=0.9332$$

(ii) 지각할 확률은 $P(X\ge 45)$이고, 정규분포의 성질에서

$$Z=\frac{X-40}{5}\sim N(0,1)$$

이므로, 구하는 확률은

$$\begin{aligned}P(X\ge 45)&=P(Z\ge\frac{45-40}{5})\\&=P(Z\ge 1.0)=1-P(Z<1.0)\\&=1-0.8413=0.1587\end{aligned}$$

이다.

(iii) 성적을 X라고 하면, $X\sim N(70,10^2)$이고 구하는 점수 $x$는 $P(X\le x)=0.9$ 를 만족시키는 값이다. 그런데 정규분포의 성질에서

$$Z=\frac{X-70}{10}\sim N(0,1)$$

이므로, 구하는 점수 $x$는 다음을 만족시킨다.

$$P(Z\le\frac{x-70}{8})=0.9$$

[부록의 표 3]을 역으로 찾으면

$$\frac{x-70}{10}=1.28,\ \text{즉}\ x=82.8(\text{점})$$

## 4.5 기댓값

어느 복권의 상금을 확률변수 $X$ 로 하여 다음과 같은 확률분포를 생각해 보자.

상금 $X$의 확률분포 (단위: 만원)

| 상금 | 100 | 50 | 10 | 0 |
|---|---|---|---|---|
| 확률 | $\frac{1}{1000}$ | $\frac{1}{500}$ | $\frac{1}{100}$ | $\frac{987}{1000}$ |

이 복권을 한 장 구입할 때 기대할 수 있는 상금의 기대금액은 얼마일까? 물론 한 장의 복권으로는 위의 상금 가운데 한 금액을 상금으로 받게 되지만 복권을 수없이 많이 구입한다면 한 복권당 평균적으로 받는 금액은

$$100\times\frac{1}{1000}+50\times\frac{1}{500}+10\times\frac{1}{100}+0\times\frac{987}{1000}=0.3\,(\text{만원})$$

인 셈이다. 즉, 복권 한 장당 3,000원의 상금을 기대할 수 있는 것이다. 이와 같은 의미에서 위에서 구한 3,000원을 그 복권에 대한 **상금(확률변수)의 기댓값**이라고 부르고 일반적으로 다음과 같이 구한다.

$$\text{상금의 기댓값} = \sum_{\text{모든 }x} x\times(\text{상금 }x\text{가 나올 확률})$$

기댓값의 개념은 상금뿐만 아니라 일반적인 확률변수에 대하여도 똑같이 정의된다.

(i) 이산형의 경우 : 이산형 확률변수 $X$의 확률함수가 $f$일 때

$$\sum xf(x)$$

를 $X$의 기댓값(expected value)이라고 부른다.

(ii) 연속형의 경우 : 연속형 확률변수 $X$의 확률밀도함수가 $f$일 때

$$\int_{-\infty}^{\infty} xf(x)dx$$

를 $X$의 기댓값이라고 한다.

확률변수 $X$의 기댓값은 기호로 $E(X)$ 또는 $\mu_X$와 같이 나타내며 $X$가 따르는 확률분포의 평균 mean이라고도 부른다. 즉, 확률변수의 기댓값과 확률분포의 평균은 동일한 용어이다.

복권 예에서 상금이 $Y = 10X + 100$으로 바뀐다면 새로운 상금 $Y$의 기댓값은 어떻게 구할 수 있을까 생각해 보자. $X$가 확률변수이므로 $X$의 함수인 $Y = 10X + 100$도 확률변수이므로 $Y$의 확률분포를 구할 수 있다.

상금 $Y = 10X + 100$의 확률분포 (단위: 만원)

| 상금 | 1,100 | 600 | 200 | 100 |
|---|---|---|---|---|
| 확률 | $\frac{1}{1000}$ | $\frac{1}{500}$ | $\frac{1}{100}$ | $\frac{987}{1000}$ |

따라서, $Y$의 기댓값 $E(Y) = \mu_Y$는 기댓값의 정의에 따라 다음과 같다.

$$1,100 \times \frac{1}{1000} + 600 \times \frac{1}{500} + 200 \times \frac{1}{100} + 100 \times \frac{987}{1000} = 103\,(\text{만원})$$

이 방법이 가장 기초적이고 정의에 입각한 좋은 방법이기는 하지만 일반적으로 $X$의 분포로부터 $Y = g(X)$의 분포를 구하는 것은 번거로운 작업을 요구하는 경우가 많다. 따라서 위에서처럼 $Y = g(X)$의 분포를 먼저 구하고 이를 이용하여 $Y$의 기댓값을 구하는 방법보다는 다음과 같이 $X$의 분포로부터 직접 구하면 편리하다.

확률변수 $X$의 확률함수(또는 확률밀도함수)를 $f$라 하면

$$E(g(X)) = \begin{cases} \sum g(x) f(x) & (\text{이산형 경우}) \\ \int_{-\infty}^{\infty} g(x) f(x)\, dx & (\text{연속형 경우}) \end{cases}$$

위의 $g(X)$에 대한 기댓값을 구하는 방법을 이용하면 다음과 같은 기댓값의 성질을 쉽게 알 수 있다.

• **기댓값의 성질**

(i) $E(a)=a$ ($a$는 상수)

(ii) $E(aX+b)=aE(X)+b$ ($a$, $b$는 상수)

(iii) $E(g(X)+h(X))=E(g(X))+E(h(X))$

**예 4.15**

확률변수 $X$의 분포가 다음과 같다.

| $x$ | $-2$ | $-1$ | $0$ | $1$ | $2$ |
|---|---|---|---|---|---|
| $P(X=x)$ | 0.1 | 0.2 | 0.4 | 0.2 | 0.1 |

(i) $\mu_X$를 구하라.

(ii) $Y=X^2$이라 할 때 $\mu_Y=E(Y)=E(X^2)$을 계산하고

$E(X^2)\neq[E(X)]^2$임을 확인하여라.

(iii) $Y$의 확률분포를 구하고 이로부터 $\mu_Y=E(Y)=E(X^2)$을 계산하라.

**풀이** (i) $\mu_X=(-2)(0.1)+(-1)(0.2)+0(0.4)+1(0.2)+2(0.1)=0$

(ii) $E(X^2)=(-2)^2(0.1)+(-1)^2(0.2)+0^2(0.4)+1^2(0.2)+2^2(0.1)=1.2$

이다. 기댓값의 제곱은 $[E(X)]^2=0^2=0$이므로 제곱의 기댓값 1.2와 다르다.

(iii)

$Y=X^2$의 분포

| $y$ | $0$ | $1$ | $4$ |
|---|---|---|---|
| $P(Y=y)$ | 0.4 | 0.4 | 0.2 |

이므로 $\mu_Y=0(0.4)+1(0.4)+4(0.2)=1.2$로서 풀이 (ii)와 일치한다.

이제 평균으로부터의 차이, 편차 $X-\mu_X$를 계산하였을 때, 이 편차의 기댓값은 명백히 0이 된다. 편차제곱의 기댓값을 확률변수 $X$의 **분산** variance으로

정의하고 $Var(X)$ 또는 $\sigma_X^2$ 으로 표기한다. 분산의 정의에 따라, 분산은 평균으로부터의 산포를 측정하는 도구로서 매우 유용하며 분산이 크면 중심으로부터 더 퍼져 있음을 의미한다. 분산은 $(X-\mu_X)^2$의 기댓값이므로 그 단위가 $X$의 단위의 제곱이다. 따라서 $X$ 와 단위를 같게 하기 위해 분산의 양의 제곱근 $\sqrt{Var(X)}$ 이 사용된다. 이를 $X$의 **표준편차** standard deviation라 부르고 $\sigma_X$로 표기하기로 한다. 한편, 분산에 관한 다음의 성질은 매우 중요하다.

$$Var(aX+b) = a^2 Var(X) \quad (a, b\text{는 상수})$$

또한 분산을 계산할 때 편차의 제곱의 기댓값을 구하는 것은 번거롭기 때문에 다음과 같이 유도되는 간편식을 이용하는 것이 편리하다.

$$\begin{aligned} Var(X) &= E\ \{(X-E(X))^2\} \\ &= E(X^2 - 2E(X)\cdot X + (E(X))^2) \\ &= E(X^2) - 2E(X)\cdot E(X) + (E(X))^2 \\ &= E(X^2) - \mu_X^2 \end{aligned}$$

확률변수 $X$로부터 $\mu_X$ 를 뺀 후 그 결과를 표준편차 $\sigma_X$ 로 나누는 작업을 확률변수를 표준화시킨다고 부른다. 즉,

$$Z = \frac{X-\mu_X}{\sigma_X}$$

로 얻어진 확률변수 $Z$를 $X$의 **표준화된 확률변수** standardized random variable라고 부른다. 기댓값의 성질과 분산의 성질을 이용하면

$$\text{(i)}\ E(Z) = 0 \quad \text{그리고} \quad \text{(ii)}\ Var(Z) = 1$$

을 얻는다. 즉, 언제나, 표준화된 확률변수의 기댓값은 0이고 분산은 1이다.

**예 4.16**

[예 4.15]의 확률변수 $X$에 대해 (i) 분산 $\sigma_X^2$ 을 구하라. (ii) $X$의 표준화

된 확률변수 $Z$를 명시하라.

**풀이**

(i) $\mu_X = 0$ 그리고 $E(X^2) = 1.2$이므로 분산의 간편식에 의해 $\sigma_X^2 = 1.2 - 0^2$ 이다.

(ii) $Z = (X - 0) / \sqrt{1.2} = X / \sqrt{1.2}$

표준화된 확률변수 $Z$에 대해 $E(Z) = 0$ 그리고 $E(Z^2) = 1$임은 자명하다. 이제, $E(Z^3)$과 $E(Z^4)$은 $X$의 분포에 대해 어떤 정보를 제공해 주는지 알아보자. $\kappa_3 = E(Z^3)$는 $X$의 확률분포의 **왜도** skewness라 부르며 대칭성에 대한 정보를 제공해 주며 $\kappa_3 = 0, > 0, < 0$ 각각에 따라 확률분포의 개략적인 형태가 대칭, 양의 왜도(positively skewed, 오른쪽으로 비스듬한), 음의 왜도(negatively skewed, 왼쪽으로 비스듬한)인 형태를 보인다. $\kappa_4 = E(Z^4)$는 확률분포의 **첨도** kurtosis라 명명하며 분포가 정규분포에 비해 얼마나 첨예(뾰족)한지에 대한 정보를 제공해 준다. $\kappa_4$는 기준값이 3이며(정규분포의 첨도는 3임을 증명할 수 있다), $\kappa_4$가 3보다 큰 경우를 급첨(정규분포보다 중앙이 뾰족하고 꼬리쪽은 더 두꺼운)이라 하고 3보다 작은 경우를 완첨이라 하여 그 반대의 경우가 된다.

**예 4.17**

[예 4.15]의 확률변수 $X$에 대해 왜도와 첨도를 계산하라.

**풀이** $X$의 표준화된 확률변수 $Z$가 $Z = X/\sqrt{1.2}$이므로 왜도는 $E(X^3)/1.2\sqrt{1.2}$이고 $E(X^3) = (-2)^3(0.1) + (-1)^3(0.2) + 0^3(0.4) + 1^3(0.2) + 2^3(0.1) = 0$으로부터 $\kappa_3 = 0$을 얻는다. $X$의 확률분포가 대칭임에 유의하기 바란다. 첨도는 $\kappa_4 = E(X^4)/(1.2)^2$이고, $E(X^4) = (-2)^4(0.1) + (-1)^4(0.2) + 0^4(0.4) + 1^4(0.2) + 2^4(0.1) = 3.6$이므로 $\kappa_4 = 2.5$가 되어 급첨이 아닌 완첨인 분포임을 알 수 있다.

## 4.6 결합분포(여러 개의 확률변수를 동시에 고려함)

지금까지는 하나의 확률변수와 확률분포를 다루었다. 그러나 많은 통계자료의 경우에 두 개 이상의 확률변수들이 어떤 확률적 관계를 가지면서 동시에 관측된다. 이 경우 각각의 확률변수의 분포뿐만 아니라 확률변수들 사이에 존재하는 관계까지 관심의 대상이 될 것이다. 예를 들어 초등학생의 체격을 조사할 때 신장과 체중을 동시에 관측한다든지 (이 경우는 두 개의 확률변수를 동시에 관측) 고등학생들의 학력을 조사할 때 국어, 영어, 수학, 과학 성적 네 개를 모두 관측하는 경우이다. 이러한 경우 신장, 체중 또는 국어, 영어, 수학, 과학 성적의 각각의 분포를 알아보는 것도 의미가 있지만 신장과 체중과의 관계 또는 과목들 성적간의 상호 관계를 알아보는 것이 더 중요할 수 있을 것이다.

다음 [표 4.1]은 특정지역의 가구에서 소유하고 있는 컴퓨터수와 자동차수를 조사하여 정리한 (가상) 자료이다. 컴퓨터수를 $X$, 자동차수를 $Y$라 하면 $X$와 $Y$는 모두 이산형 확률변수이고 [표 4.1]은 확률 $P(X=x, Y=y)$가 $x$, $y$값에 따라 어떻게 분포되어 있는지를 보여준다. 여기서 사건 $\{X=x, Y=y\}$는 $X=x$와 $Y=y$이 동시에 일어나는 곱사건이다. 즉 $P(X=x, Y=y)=P$(컴퓨터 수=$x$, 자동차 수=$y$) 로 예를 들어 어떤 가구가 2대의 컴퓨터와 1대의 자동차를 가질 확률은 0.28이고 컴퓨터 1대와 자동차 1대를 가진 가구가 관측될 확률은 0.15이다(총 가구 중 15%가 여기에 해당한다). [표 4.1]로부터 각각의 컴퓨터수의 분포와 자동차수의 분포를 쉽게 구할 수 있다.

**[표 4.1] 컴퓨터수와 자동차수의 결합 확률분포**

| 자동차수 \ 컴퓨터수 | 0 | 1 | 2 | 3 |
|---|---|---|---|---|
| 0 | 0.05 | 0.30 | 0.07 | 0.03 |
| 1 | 0.02 | 0.15 | 0.28 | 0.05 |
| 2 | 0.00 | 0.02 | 0.02 | 0.01 |

즉 컴퓨터가 없는 가구가 관측될 확률은 $P(X=0)$=0.05 + 0.02 + 0.00 = 0.07이고 자동차가 한 대일 확률은 $P(Y=1)$=0.02 + 0.15 + 0.28 + 0.05 = 0.50이다. 이러한 방법으로 각 확률변수의 분포를 구할 수 있으며 이를

**주변확률분포** marginal probability function이라고 한다. [표 4.2]와 [표 4.3]은 컴퓨터수와 자동차수의 주변확률분포를 보여준다.

**|표 4.2|** 컴퓨터수의 주변확률분포

| 컴퓨터수 | 0 | 1 | 2 | 3 | 계 |
|---|---|---|---|---|---|
| 확　률 | 0.07 | 0.47 | 0.37 | 0.09 | 1 |

**|표 4.3|** 자동차수의 주변확률분포

| 자동차수 | 0 | 1 | 2 | 계 |
|---|---|---|---|---|
| 확　률 | 0.45 | 0.50 | 0.05 | 1 |

위의 두 주변확률분포에서 확률의 합은 각각 1임에 주목하기 바란다.

일반적으로 두 이산형 확률변수 $X$, $Y$ 가 각각 $x_1, \ldots, x_n$ 그리고 $y_1, \ldots y_m$ 값을 취할 수 있을 때

$$f(x,y) = P(X=x,\ Y=y)$$

로 정의되는 함수 $f$를 $X$와 $Y$의 **결합확률질량함수** 또는 간단히 **결합확률함수** joint probability function라고 부른다. 표로 표현하면 총 $m \times n$ 개의 결합확률값이 나타나며 이들의 총합은 1이 됨에 유의하기 바란다. 즉, 결합확률함수 $f$는 두 이산형 확률변수에 관한 $X$와 $Y$의 결합확률 $P(X=x,\ Y=y)$가 $x$, $y$ 값에 따라 어떻게 분포되어 있는지를 나타내며 이러한 뜻에서 $f(x, y)$를 [표 4.1]처럼 분포형태로 나타낸 것을 **결합확률분포** joint probability distribution 또는 간단히 **결합분포**라 부른다. 결합확률함수의 성질은 다음과 같다.

(i) $0 \le f(x,y) \le 1$

(ii) $\sum_y \sum_x f(x,y) = 1$ (즉, 모든 가능한 $x, y$에 대한 결합확률의 합은 1이다)

(iii) 이차원 상의 집합 $A$에 대해서, $P((X,Y) \in A) = \sum\sum_{(x,y) \in A} f(x,y)$

**예 4.18**

[표 4.1]에서 "컴퓨터수 = 자동차수" 인 가구가 관측될 확률을 구하라.

**풀이** 컴퓨터수를 $X$, 자동차수를 $Y$라고 하면 구하는 확률은

$$P(X=Y)=0.05+0.15+0.22=0.22$$

[표 4.1]로부터 컴퓨터수 $X$와 자동차수 $Y$ 각각의 확률분포를 만들 수 있었다. $X$의 확률분포는 각 열의 합을 구하여 만든 것이고 $Y$의 분포는 각 행의 합을 구하여 만든 것이다. 이와 같이 $X$를 행으로, $Y$를 열로 배열한 결합확률분포에서 열의 합은 $X$의 확률분포, 행의 합은 $Y$의 확률분포를 나타내게 된다. 결합분포와 구별하기 위하여 결합분포로부터 얻어지는 각각의 확률변수만의 분포를 표의 주변으로부터 얻는다는 의미에서 주변확률분포 marginal probability distribution라고 부르며 이에 대응되는 확률함수도 주변확률함수라고 부른다. 때때로 "주변 marginal"이라는 용어가 어색할 수도 있으므로 그냥 $X$(만)의 확률분포, $Y$(만)의 확률분포라 불러도 좋을 것이다. 결합확률함수를 $f(x,y)$로부터 얻는 X의 주변확률함수를 $f_X(x)$로, $Y$의 주변확률함수 $f_Y(y)$로 표현하면 좀 더 정확한 기호가 될 것이다. 즉,

(i) $f_X(x)=\sum_y f(x,y)$ (모든 $y$에 대해 더함)

(ii) $f_Y(y)=\sum_x f(x,y)$ (모든 $x$에 대해 더함)

**예 4.19**

흰 공 1개와 검은 공 1개가 들어 있는 바구니에서 공 2개를 차례로 뽑을 때 두 확률변수 $X$와 $Y$를 다음과 같이 정의하자.

$$X=\begin{cases}1, & \text{첫번째에 흰 공이 나올 때} \\ 0, & \text{첫번째에 검은 공이 나올 때}\end{cases}, \quad Y=\begin{cases}1, & \text{두번째에 흰 공이 나올 때} \\ 0, & \text{두번째에 검은 공이 나올 때}\end{cases}$$

X, Y의 결합분포를 다음 각 경우에 따라 구하라. (i) 비복원추출의 경우 (ii) 복원추출의 경우

**풀이** 먼저 결합분포표는 $2\times 2$ 임에 주목한다. (i) 비복원추출의 경우,

$P(X=1, Y=1)=0$ , $P(X=1, Y=0)=P(Y=0|X=1)P(X=1)=1/2$

$P(X=0, Y=1)=P(Y=1|X=0)P(X=0)=1/2$ ,

$P(X=0, Y=0)=P(Y=0|X=0)P(X=0)=0$

따라서, 비복원추출의 경우 X, Y의 결합분포표는 다음과 같다.

**|표 4.4| 비복원추출시 결합분포**

| $X$ \ $Y$ | 0 | 1 | $P(Y=y)$ |
|---|---|---|---|
| 0 | 0 | 1/2 | 1/2 |
| 1 | 1/2 | 0 | 1/2 |
| $P(X=x)$ | 1/2 | 1/2 | 1 |

(ii) 복원추출의 경우에는 매 시행이 독립시행이므로 결합분포는 다음과 같다.

**|표 4.5| 복원추출시 결합분포**

| $X$ \ $Y$ | 0 | 1 | $P(Y=y)$ |
|---|---|---|---|
| 0 | 1/4 | 1/4 | 1/2 |
| 1 | 1/4 | 1/4 | 1/2 |
| $P(X=x)$ | 1/2 | 1/2 | 1 |

결합분포는 모든 주변분포를 결정해 준다. 그러나 주변분포는 결합분포를 결정해 주지 못한다. 예를 들어, [표 4.4]와 [표 4.5]의 두 주변분포는 같으나 그들의 결합분포는 동일하지 않다. 다시 말하면 X와 Y의 주변분포만으로는 그 둘 사이의 확률적 관계를 나타내는 결합분포를 알아낼 수는 없다는 뜻이다. 그러면 주변분포만으로 결합분포를 만들어내는 일은 불가능인가? 일반적으로 다음에 소개되는 "확률변수의 독립성"을 제외하고는 불가능하다.

두 확률변수 $X$와 $Y$의 독립이라 함은 $X$에 의하여 생기는 사건과 $Y$에 의하여 생기는 사건이 항상 서로 독립임을 말한다. 두 확률변수의 독립성을 이해하기 위하여, 먼저 앞서 배운 두 사건의 독립성을 고려한다. 두 사건 $A, B$가 $P(A\cap B)=P(A)P(B)$를 만족시키면 두 사건 $A, B$는 서로 독립이라 하였

다. 모든 $x, y$ 쌍에 대해서

$$P(X=x\ ,\ Y=y)=P(X=x)P(Y=y),$$
$$\text{즉, } f(x,y)=f_X(x)f_Y(y)$$

가 성립하면 두 확률변수 $X$와 $Y$는 **서로 독립** independent이라고 한다. 두 확률변수 $X$와 $Y$가 서로 독립이 아닐 때 이 두 확률변수는 서로 종속이라고 한다. 모든 $x, y$ 쌍에 대해서 점검해 보아야 하므로 일반적으로 두 확률변수가 독립임을 보이는 것이 더 어려운 작업이다.

**예 4.20**

(i) [표 4.1]에서 컴퓨터수 $X$와 자동차수 $Y$는 서로 독립인 확률변수인가?

(ii) [표 4.4]와 [표 4.5]에서 두 확률변수 $X$와 $Y$의 독립성을 확인하라.

**풀이** $f(x,y)=f_X(x)f_Y(y)$이면 $X$와 $Y$는 독립이고 $f(x,y)\neq f_X(x)f_Y(y)$인 $x,y$가 있다면 $X$와 $Y$는 서로 종속이다. 따라서, [표 4.1]과 [표 4.4]는 종속이고, [표 4.5]은 독립이다.

지금까지는 두 개의 이산형 확률변수의 결합분포와 독립성에 대해 알아보았다. 이러한 논의는 2개 이상 여러 개의 확률변수(예, 고등학생들의 학력을 조사할 때 국어, 영어, 수학, 과학 성적 모두 관측하는 경우 네 개의 확률변수로 확장해야 한다)에 대하여도 정의될 수 있다. 또한 연속형 결합확률분포도 고려할 수 있으나, 본 교재에서는 다루지 않는다.

이제 두 변수가 독립이 아닐 때 그들의 연관정도를 측정하기 위해 사용될 수 있는 수치를 공부한다. 어느 도시사람들의 신장과 체중을 생각하여 보자. 사람들의 신장이 크다면 체중도 역시 높은 경향이 있을 것이다. 두 확률변수 $X$, $Y$ 를 각각 신장, 체중이라 하면 신장과 체중의 편차가 각각 $X-\mu_X>0$, $Y-\mu_Y>0$인 경우(즉, 신장이 평균 이상이고 동시에 체중이 평균 이상인 경우)와 이와는 반대로 $X-\mu_X<0$, $Y-\mu_Y<0$인 경우(신장이 평균 이하이고 동시에 체중이 평균 이하인 경우)에 두 편차의 곱 $(X-\mu_X)(Y-\mu_Y)$는 양의 값을 갖는다. 하지만 $X-\mu_X>0$, $Y-\mu_Y<0$인 경우와 $X-\mu_X<0$, $Y-\mu_Y>0$인 경우에는 두 편차의 곱 $(X-\mu_X)(Y-\mu_Y)$은 음의 값을 갖는다. 대부분의 사람의 경우 편차의 곱 $(X-\mu_X)(Y-\mu_Y)$의 값은 양일 것이다. 즉, $(X-\mu_X)(Y-\mu_Y)$이 양이 될 확률이 음이 될 확률보다 훨씬 큼을 알 수 있다. 이때, $(X-\mu_X)(Y-\mu_Y)$에 대한 기댓값을 취하면 이 기댓값은 $X$와 $Y$가 함께 변하는 방향성 및 그 정도를 나타내는 하나의 측도로서 사용될 수 있다. 즉, $E[(X-\mu_X)(Y-\mu_Y)]$는 양의 값이 되어 $X$, $Y$가 같은 방향으로 변하는 경향이 있음을 말해 줄 것이다. 이와 같이 두 확률변수 $X$와 $Y$가 같이 변하는 방향성 및 그 정도의 측도로서 $(X-\mu_X)(Y-\mu_Y)$의 기댓값을 **$X$와 $Y$의 공분산**covariance이라 하고 기호로는 $Cov(X, Y)$로 표기한다.

$$Cov(X, Y)=E[(X-\mu_X)(Y-\mu_Y)]$$

분산의 경우와 마찬가지로 공분산을 계산할 때에는 다음과 같은 간편식을 쓰면 편리하다.

$$\begin{aligned}Cov(X, Y) &= E\,[(X-\mu_X)(Y-\mu_Y)]\\ &= E\,[XY-\mu_X\cdot Y-X\cdot\mu_Y+\mu_X\cdot\mu_Y]\\ &= E(XY)-\mu_X\mu_Y-\mu_X\mu_Y+\mu_X\mu_Y\\ &= E(XY)-\mu_X\mu_Y\end{aligned}$$

즉, 공분산은 두 확률변수의 곱의 기댓값에서 두 확률변수의 기댓값의 곱을 차감해서 구할 수 있다. 여기서 곱의 기댓값은

$$E(XY)=\sum_y\sum_x xy\cdot f(x,y)$$

으로 구할 수 있다. 특수한 경우로서, 만일 $X$와 $Y$가 서로 독립이면 $E(XY)=\mu_X\mu_Y$임을 알 수 있다 (위 식으로부터 이를 유도해 보기를 권장한다). 즉, $X$, $Y$가 독립인 경우 $X$와 $Y$의 곱의 기댓값은 $X$의 기댓값과 $Y$의 기댓값의

곱과 같다. 따라서, $X$, $Y$가 독립일 때는 공분산, $Cov(X, Y) = 0$이다.

**예 4.21**

[표 4.4]와 [표 4.5]에 주어진 $X$와 $Y$의 공분산을 각각 구하라.

**풀이** [표 4.4]에서 $\mu_X = \mu_Y = 1/2$ 이고,

$E(XY) = (0)(0)(0) + (0)(1)(1/2) + (1)(0)(1/2) + (1)(1)(0) = 0$

이므로 간편식에 의해서 $Cov(X, Y) = 0 - (1/2)(1/2) = -1/4$이다. 즉, $X$값이 증가하면 $Y$값이 감소하는 경향이 있다.

[표 4.5]에서 $\mu_X = \mu_Y = 1/2$이고,

$$E(XY) = (0)(0)(1/4) + (0)(1)(1/4) + (1)(0)(1/4) + (1)(1)1/4) = 1/4$$

이므로 $Cov(X, Y) = 1/4 - (1/2)(1/2) = 0$으로 공분산이 없다. 그러므로 $X$값이 증가함에 따른 $Y$값의 증감에 어떤 경향도 찾지 못한다. [표 4.5]에서는 복원추출의 경우이므로 $X$, $Y$가 서로 독립이었으므로 영 공분산은 자명하다.

공분산의 단위는 $X$단위와 $Y$단위의 곱이다. 다시 말하면 $X$와 $Y$의 측정단위를 바꾸면 공분산값도 변하게 된다. 그러므로, $X$와 $Y$의 측정단위와 무관한 값을 얻기 위하여 공분산을 $X$의 표준편차와 $Y$의 표준편차로 나누어 얻은 값

$$\frac{Cov(X, Y)}{\sqrt{Var(X)}\sqrt{Var(Y)}}$$

을 $X$와 $Y$의 **상관계수** correlation coefficient라 부르고 기호로는 $Corr(X, Y)$로 나타낸다. 상관계수는 $X$와 $Y$가 같이 변하는 관계를 측정하는 값으로 측정 단위와 무관하다.

**예 4.22**

[표 4.4]에 주어진 $X$와 $Y$의 상관계수를 구하라.

풀이 [표 4.4]에서 $X$의 분산 $\sigma_X^2 = E(X^2) - (1/2)^2 = 1/2 - 1/4 = 1/4$이고 마찬가지로 $Y$의 분산도 $\sigma_Y^2 = 1/4$ 이다. 공분산이 $-1/4$ 이므로 이를 표준편차로 각각 나누면 상관계수를 얻는다. 즉, $Corr(X, Y) = -1$. [표 4.4]에서는 항상 $X+Y=1$ (즉, $P(X+Y=1)=1$) 이 성립함을 알 수 있으므로 $X$가 증가하면 항상 $Y$는 감소함에 주목하기 바란다.

공분산과 상관계수는 $X$와 $Y$의 측정단위에 의존하느냐 안하느냐의 차이만 있을 뿐 $X$와 $Y$가 같이 변하는 방향성 및 정도의 측도로서 근본적으로 같은 역할을 한다. 공분산과 상관계수의 주요 성질을 요약하면 다음과 같다. 여기서 $a$, $b$, $c$, $d$는 상수이다.

(i) $Cov(aX+b, cY+d) = ac\, Cov(X, Y)$
(ii) $Corr(aX+b, cY+d) = Corr(X, Y)$ , 단 $a$와 $c$는 동일 부호이다.
(iii) $X$, $Y$가 서로 독립이면 $Cov(X, Y) = 0$, $Corr(X, Y) = 0$
(iv) $-1 \le Corr(X, Y) \le 1$

(ii)는 상관계수가 측정단위에 무관하므로 예상되는 결과이다, 만일 $a$와 $c$가 다른 부호이면 우측은 부호가 바뀌어 $-Corr(X, Y)$이 된다. (iv)는 상관계수의 절댓값이 1을 넘을 수 없다는 것을 말해준다. 그래서 상관계수의 부호는 방향성을 나타내고 절댓값이 1에 가까울수록 그 방향성의 정도가 강해짐을 의미한다.

공분산은 두 확률변수 합의 분산을 계산하는 데 유용하다. 두 확률변수의 합의 기댓값은 각각의 기댓값의 합과 항상 같음을 이미 알고 있다. 그러면 두 확률변수 합의 분산은 각각의 분산의 합과 같을까? 영 공분산이면 그러하다(두 확률변수가 독립이면 당연히 그러하다). 만일 공분산이 양수(음수)라면 합의 분산은 분산의 합보다 크다(작다).

**예 4.23**

일반적으로, $Var(X+Y) = Var(X) + Var(Y) + 2Cov(X, Y)$이 성립하고 $X$, $Y$가 서로 독립이면 $Var(X+Y) = Var(X) + Var(Y)$이 된다.

**풀이** 기댓값의 성질에 의하여

$$
\begin{aligned}
Var(X+Y) &= E\{X+Y-E(X+Y)\}^2 \\
&= E\{(X-E(X)+(Y-E(Y))\}^2 \\
&= E\{(X-E(X))^2+(Y-E(Y))^2+2(X-E(X))(Y-E(Y))\} \\
&= E\{(X-E(X))^2\} + E\{(Y-E(Y))^2\} + 2E\{(X-E(X))(Y-E(Y))\} \\
&= Var(X)+Var(Y)+2Cov(X,Y)
\end{aligned}
$$

이 결과에 대한 응용을 생각해 보자. 투자자산의 투자위험은 분산으로 측정한다. 투자자산 $X$의 분산을 $\sigma_X^2$ 또 다른 투자자산 $Y$의 분산을 $\sigma_Y^2$ 로 표현하자. 투자자산 $X$와 $Y$의 공분산을 $\sigma_{XY} = Cov(X, Y)$라 하자. 총투자자산 $X+Y$의 위험은 분산으로서 $\sigma_X^2 + \sigma_Y^2 + 2\sigma_{XY}$이므로 총투자자산의 위험을 줄이려면 공분산이 음수인 전략을 취해야 한다. 다시 말하면, 두 투자자산의 방향성이 서로 다른 쪽으로 총자산을 분배하는 것이 분산(위험)을 줄이는 방법이 된다.

# 연습문제

**4.1** 다음 세 가지 사건 $A, B, C$ 의 합사건의 확률공식을 증명하라.

$$P(A \cup B \cup C) = P(A) + P(B) + P(C) - P(A \cap B) - P(B \cap C) \\ - P(C \cap A) + P(A \cap B \cap C)$$

**4.2** 조건부 확률에 대해 다음의 합사건 공식이 성립함을 증명하라.

$$P_B(A_1 \cup A_2) = P_B(A_1) + P_B(A_2) - P_B(A_1 \cap A_2)$$

**4.3** 주사위를 던지고 그 결과에 따라 동전을 던지는 실험을 생각하자. 주사위가 짝수가 나오면 동전을 2번 던져 결과를 관측하고 홀수가 나오면 동전을 3번 던져 결과를 관측한다. 표본공간을 나열하라.

**4.4** 두 개의 상자가 있다. 첫째 상자에는 검은 공 3개와 흰 공 5개가 들어 있고, 두 번째 상자에는 검은 공 5개와 흰 공 3개가 들어 있다. 첫 번째 상자에서 한 개의 공을 꺼내 두 번째 상자로 옮긴 다음 두 번째 상자에서 한 개의 공을 꺼낼 때, 그것이 흰 공일 확률을 구하라.

**4.5** 한 자동차 보험회사에서는 보험 가입자들을 두 가지 집단(고위험군, 저위험군)으로 나누어서 관리하고 있다. 자료에 따르면 보험 가입 후 1년 내에 사고를 일으키는 확률은 고위험군이 0.7, 저위험군이 0.1 이다. 또한 이 회사 보험가입자들의 10%가 고위험군으로 분류되어 있다. 임의로 추출한 보험 가입자 한명이 1년 내에 사고를 일으키지 않았을 때 이 사람이 저위험군이었을 확률을 구하라.

**4.6** 한 전기제품 내부에 부품 2개가 병렬로 연결되어 있어, 둘 다 고장나지 않는 한 전기제품은 정상적으로 움직인다. 각 부품이 고장나는 사건은 서로 독립적이고 각 부품이 고장날 확률이 0.01라고 하면, 이 전기제품이 정상적으로 움직일 확률은 얼마인가?

**4.7** 숙대에서 세종문화회관까지 택시를 타고 갈 때 걸리는 시간이 평균이 30분, 표준편차가 4분인 정규분포라 가정하자. 택시를 타고 시계를 보았더니 약속시간까지 34분이 남았다면 약속시간에 늦을 가능성은 얼마인가?

**4.8** 다음은 어느 도시의 임금 근로자들의 부양가족수에 대한 확률분포이다. 이 확률분포의 평균과 표준편차를 구하라.

| 부양가족수 | 0 | 1 | 2 | 3 | 4 | 5 |
|---|---|---|---|---|---|---|
| 확　률 | 0.10 | 0.20 | 0.40 | 0.20 | 0.05 | 0.05 |

**4.9** 우리나라 각 도시를 대상으로 한, 커피 전문점수($X$)와 이혼건수($Y$)분포로부터의 상관계수가 0.9로 계산되었다고 가정하자. 이로부터 커피전문점수가 늘어나면 이혼건수가 증가(또는 이혼건수가 증가하면 커피전문점수가 증가)한다고 주장하는 것이 논리적으로 타당한가? 커피전문점수와 이혼건수는 높은 연관성이 있다고 주장하는 것은 타당한가? 이러한 주장들이 잘못된 이유를 설명해 보라.

# 05

# 추정과 검정

표본을 통해 모집단의 특성에 대해 알아보는 과정을 통계적 추론이라 한다. 통계적 추론은 크게 추정(Estimation)과 검정(Test)으로 나뉜다. 모집단의 특성값 또는 모수가 어디쯤 있는지를 표본을 통해 헤아려보는 것이 추정이고, 모집단 특성에 관한 기존의 가설이나 주장이 여전히 성립하는지를 표본을 통해 검증해보는 것이 검정이다. 5장에서는 다양한 경우에 대해 추정과 검정 과정을 적용해보고자 한다.

## 5.1 통계적 추론이란?

우리의 관심을 끌어 관찰의 대상이 되는 전체 모임을 모집단이라 한다. A 전기회사에서 생산되는 전구식형광등의 수명에 관심이 있다면 그 회사에서 생산되는 모든 전구식형광등의 수명이 모집단이 되고, B 전자회사에서 생산되는 컴퓨터 모니터의 불량 비율이 관심이라면 그 회사에서 생산되는 모든 컴퓨터 모니터의 불량 여부가 모집단이 된다. 전자의 경우는 [그림 5.1(a)]와 같이 모집단 평균 수명을 중심으로 언덕 모양의 분포를 갖는 정규 모집단이 될 것이고, 후자의 경우는 [그림 5.1(b)]와 같이 양호(0)와 불량(1)의 두 상태로 이루어진 이항 모집단이 될 것이다.

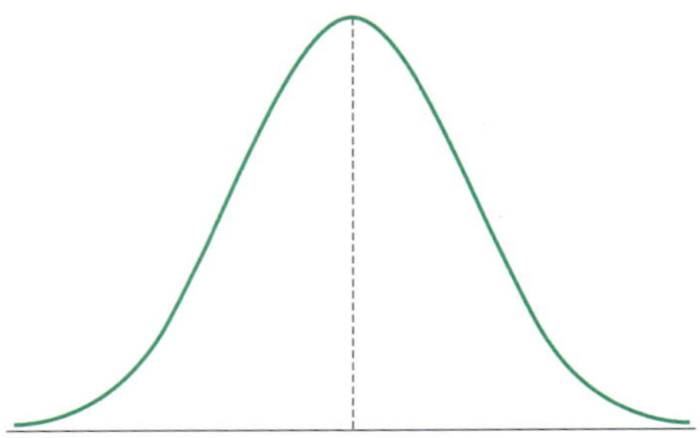

|그림 5.1(a)| 정규 모집단

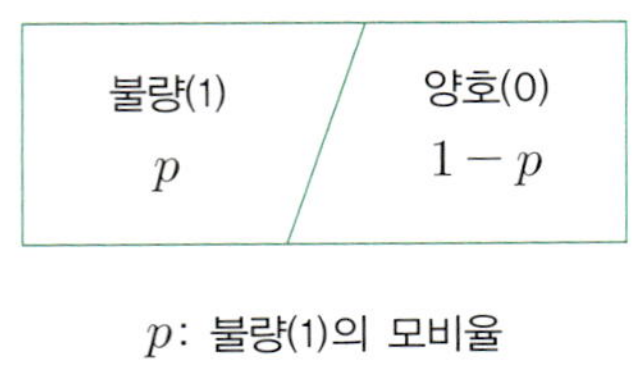


|그림 5.1(b)| 이항 모집단

우리의 관심이 되는 모평균이나 모비율을 알아보고자 모집단 전체를 조사하는 것은 실제로 불가능한 경우가 많고, 가능한 경우라도 비용이 너무 많이 들어간다. 그래서 우리는 모집단의 일부인 표본을 추출하여 관찰하고, 이를 통해 모집단의 평균, 비율과 같은 특성에 대해 알아보게 된다. [그림 5.2]와 같이 표본을 통해 모집단의 특성에 대해 알아보는 과정을 **통계적 추론**이라 한다. 통계적 추론은 크게 **추정**과 **검정**으로 나뉜다. 모집단의 특성의 값이 어디쯤 있는지를 표본을 통해 헤아려보는 것이 추정이고, 모집단 특성에 관한 기존의 가설이나 주장이 여전히 성립하는지를 표본을 통해 검증해보는 것이 검정이다.

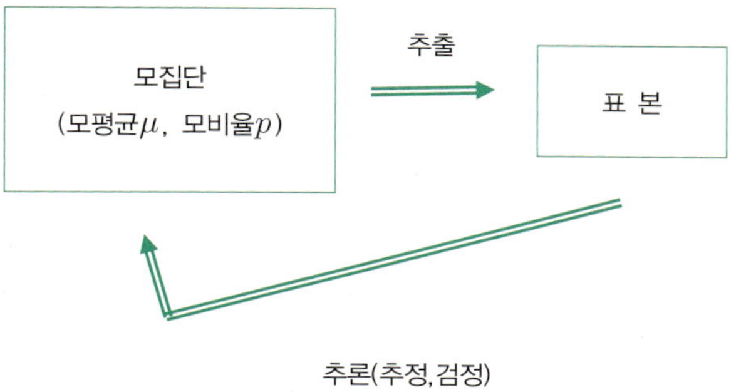


|그림 5.2| 통계적 추론

통계적 추론은 가능한 정확히, 효율적으로, 객관성을 갖고 이루어져야 한다. 예를 들어, 모집단 특성과 추정치 사이의 오차를 줄이는 것이 정확성을 높이는 것이고, 정확성을 유지하며 표본의 수를 줄일 수 있는 것이 효율적인 추론 방법이고, 통계적 추론에서 얻어진 결론에 대해 어느 누구도 이의를 달 수 없는 것이 객관성이다. 통계적 추론에서 객관성은 확률을 통해 확보된다. '주사위를 던질 때 1이 나올 확률은 1/6이다'라는 주장에 누구나 수긍하는 것과 같은 맥락이다.

정확하고, 효율적이고, 객관적인 통계적 추론 방법은 확률표본이라는 개념을 통해 연구되고 만들어진다. 4장에서 배운 것처럼, 확률표본은 가상의 이론 표본으로 $\{X_1, X_2, \cdots, X_n\}$과 같이 나타낸다. 여기서 $X_1$은 모집단에서 첫 번째로 뽑힌 값을 나타내는 확률변수이고, $X_2$는 두 번째로 뽑힌 값을 나타내는 확률변수이며, $X_n$은 $n$ 번째로 뽑힌 값을 나타내는 확률변수이다. 이들은 서로 독립이고 똑같은 확률분포를 갖는다.

**예 5.1**

[그림 5.3]과 같이 '1'이 20%, '2'가 50%, '3'이 30%로 이루어진 모집단에서 $n$개의 확률표본을 뽑는 경우를 고려해보자. 첫 번째로 뽑히는 값은 '1'이 될 수도, '2'가 될 수도, '3'이 될 수도 있다. 물론 '1'이 될 확률은 20%이고, '2'가 될 확률은 50%이고, '3'이 될 확률은 30%이다. 즉, 첫 번째로 뽑힌 값을 나타내는 $X_1$은 모집단 분포와 같은 분포를 갖는 확률변수이다.

우리가 복원으로 두 번째 값을 뽑는다고 가정하면, 두 번째로 뽑힌 값을 나타내는 $X_2$도 '1'이 될 확률은 20%, '2'가 될 확률은 50%, '3'이 될 확률은 30%이다. 즉, $X_2$도 모집단 분포와 같은 분포를 갖는 확률변수가 되고, $X_1$과는 독립적으로 값을 갖게 된다. 마찬가지로, $n$번째로 뽑힌 값을 나타내는 $X_n$도 모집단 분포와 같은 분포를 갖는 확률변수이고, $X_1, X_2, \cdots, X_{n-1}$과는 독립적으로 값을 갖게 된다.

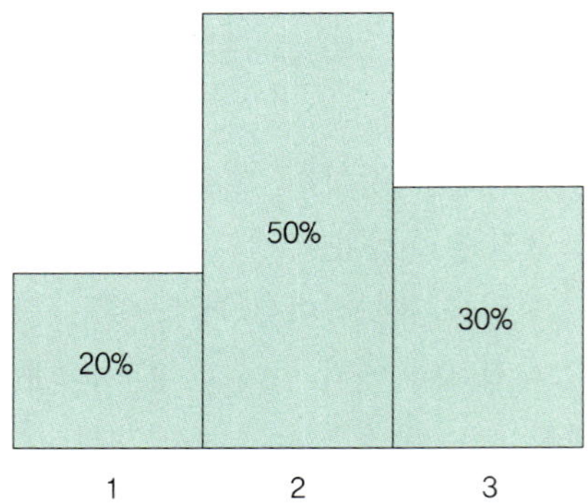


|그림 5.3| [예 5.1]의 모집단

예를 들어 모집단이 평균이 $\mu$이고, 분산이 $\sigma^2 > 0$인 정규 분포 $N(\mu, \sigma^2)$을 따를 때, 확률표본 $\{X_1, X_2, \cdots, X_n\}$은 서로 독립이고, 각각 $N(\mu, \sigma^2)$을 분포로 갖는 확률변수가 된다. 또 다른 예로, 1의 비율이 $p$이고, 0의 비율이 $q = 1 - p$인 베르누이 분포 $B(1, p)$를 따르는 이항 모집단에 대해, 확률표본 $\{X_1, X_2, \cdots, X_n\}$은 서로 독립이고, 각각 $B(1, p)$을 분포로 갖는 확률변수가 된다.

## 5.2 정규 모집단 평균의 추론(모분산 $\sigma^2$이 알려진 경우)

이 절에서는 우리의 관심 모집단이 정규분포 $N(\mu, \sigma^2)$을 따르고, 모분산 $\sigma^2$이 알려진 경우, 모평균 $\mu$의 추정과 가설 검정을 다룬다. 참고로, 5장에서 나오는 모든 추정과 검정의 유도 과정은 같은 논리에 근거한다. 따라서 이 절에서 다루는 모평균 $\mu$의 추정과 가설검정의 유도 과정을 잘 숙지하기 바란다.

### 5.2.1 모평균 $\mu$의 추정

5.1절에서 언급한 바와 같이 우리의 관심 모집단이 $N(\mu, \sigma^2)$을 따르는 경우, 여기서 뽑은 확률표본 $\{X_1, X_2, \cdots, X_n\}$은 서로 독립이고, 각각 $N(\mu, \sigma^2)$을 분포를 따른다. 즉, 각각의 기댓값은 $\mu$가 되고, 분산은 $\sigma^2$이 된다.

모평균 $\mu$의 추정량으로는 확률표본 $\{X_1, X_2, \cdots, X_n\}$의 표본평균

$$\overline{X}= \frac{X_1 + X_2 + \cdots + X_n}{n}$$

이 쓰인다. 표본평균 $\overline{X}$의 좋은 성질을 살펴보면

$$E(\overline{X}) = \frac{E(X_1) + E(X_2) + \cdots + E(X_n)}{n} = \frac{n\mu}{n} = \mu$$

$$Var(\overline{X}) = \frac{Var(X_1) + Var(X_2) + \cdots + Var(X_n)}{n^2} = \frac{n\sigma^2}{n^2} = \frac{\sigma^2}{n}$$

이다. 즉, 표본평균 $\overline{X}$의 기대되는 값은 모평균 $\mu$가 되고, 표본크기 $n$이 커지면서 표본평균 $\overline{X}$의 분산은 0으로 수렴해서, 표본평균 $\overline{X}$는 $\mu$ 이외에 다른 값을 가질 확률이 점점 없어진다. 따라서 $\{x_1, x_2, \cdots, x_n\}$이 확률표본 $\{X_1, X_2, \cdots, X_n\}$의 실제 값들이라면, $\mu$의 점추정치는 이들의 평균

$$\overline{x}= \frac{x_1 + x_2 + \cdots + x_n}{n} = \frac{\sum_{i=1}^{n} x_i}{n}$$

이 된다.

**예 5.2**

어느 제약회사에서 생산되는 소염진통제(파스)의 평균약효지속시간 $\mu$를 알아보기 위해 10명의 근육통 환자에게 적용하여 다음과 같은 자료를 얻었다. (단위: 시간)

$$3.5, 3.3, 4.7, 2.3, 7.5, 4.5, 4.0, 5.0, 6.5, 3.7$$

$\mu$의 점추정치를 구하라.

**풀이** 이 자료의 표본평균은

$$\bar{x} = \frac{3.5+3.3+4.7+2.3+7.5+4.5+4.0+5.0+6.5+3.7}{10} = 4.5$$

이 되고, 이는 약효지속시간의 모평균 $\mu$의 점추정치가 된다.

위 예에서 $\bar{x} = 4.5$는 모평균 $\mu$의 점추정치이나 실제로 $\mu$와 얼마나 가까이 있는지는 알 수 없다. 다만 $\mu$의 추정량으로 좋은 성질을 갖는 표본평균 $\overline{X}$의 실제 표본에서의 값이기 때문에 $\mu$의 점추정치로 쓰는 것이다. 이러한 점추정의 단점을 보완하기 위해 우리는 $\mu$의 구간추정을 고려한다. $\mu$의 구간추정은 객관성을 가지고 $\mu$가 주어진 구간 안에 있다고 얘기하는 것이다.

$\mu$의 구간추정은 다음과 같이 이루어진다. 확률표본 $\{X_1, X_2, \cdots, X_n\}$이 서로 독립이고, 각각 $N(\mu, \sigma^2)$을 분포를 따를 때, 이들의 표본평균 $\overline{X}$는 평균이 $\mu$이고 분산이 $\frac{\sigma^2}{n}$인 정규분포 $N(\mu, \frac{\sigma^2}{n})$을 따르고, $\overline{X}$에서 평균을 빼고 표준편차로 나누는 표준화를 해준 $\frac{\overline{X}-\mu}{\sigma/\sqrt{n}}$는 표준정규분포를 따르게 된다. 따라서 우리는 다음의 식을 얻을 수 있다.

$$P\left\{-1.96 < \frac{\overline{X}-\mu}{\sigma/\sqrt{n}} < 1.96\right\} = 0.95$$

여기서 1.96은 표준정규분포에서 이 값을 중심으로 상위 확률이 0.025가 되는 값이고, −1.96은 이 값을 중심으로 하위 확률이 0.025가 되는 값이다. 위 식을 $\mu$에 대해 정리하면 다음과 같다.

$$P\left\{\overline{X} - 1.96\frac{\sigma}{\sqrt{n}} < \mu < \overline{X} + 1.96\frac{\sigma}{\sqrt{n}}\right\} = 0.95 \qquad (5.1)$$

따라서 모평균 $\mu$의 95% 신뢰구간은 다음과 같다.

- **모평균 $\mu$의 95% 신뢰구간**

$$\bar{x}-1.96\frac{\sigma}{\sqrt{n}}<\mu<\bar{x}+1.96\frac{\sigma}{\sqrt{n}}$$

여기서 $\bar{x}$는 표본평균 $\overline{X}$의 실제 표본에서의 값이다.

**예 5.2** 계속

소염진통제 약효지속시간의 모평균 $\mu$의 95% 신뢰구간을 구하라. 단, 과거 임상실험의 결과를 토대로 약효지속시간의 모분산은 $\sigma^2=0.5^2$로 가정한다.

**풀이** $n=10$, $\bar{x}=4.5$, $\sigma=0.5$를 대입하면 모평균 $\mu$의 95% 신뢰구간은

$$4.5-1.96\times\frac{0.5}{\sqrt{10}}<\mu<4.5+1.96\times\frac{0.5}{\sqrt{10}}$$

$$\Rightarrow\quad 4.19<\mu<4.81$$

이 된다.

### ■ $\mu$ 의 95% 신뢰구간의 의미

$\mu$의 95% 신뢰구간은 식 (5.1)을 만족하는 두 확률변수 $\overline{X}-1.96\frac{\sigma}{\sqrt{n}}$와 $\overline{X}+1.96\frac{\sigma}{\sqrt{n}}$의 실제 표본에서의 값이므로, 이 신뢰구간이 실제 $\mu$를 포함하는 구간이 될 가능성은 95%이고, 그렇지 못한 구간이 될 가능성은 5%이다. 즉, [그림 5.4]에서와 같이 표본을 바꾸어가며 95% 신뢰구간을 반복하여 만들어 가면 평균적으로 20번 중에 한번 꼴로 실제 $\mu$를 포함하지 않는 구간이 만들어진다. 이는 모집단의 일부인 표본을 통해 추정이 이루어지므로 불가피한 상황으로, 처음 통계를 배우는 사람에게는 통계적 추정의 한계처럼 보인다. 하지만 이것이 사실은 통계적 추정의 객관성이 된다. 왜냐하면 $\mu$의 95% 신뢰구간을 만드는 사람도 이를 이용하는 사람도 누구나 이러한 점을 인지하고 있고 이의를 달지 않기 때문이다.

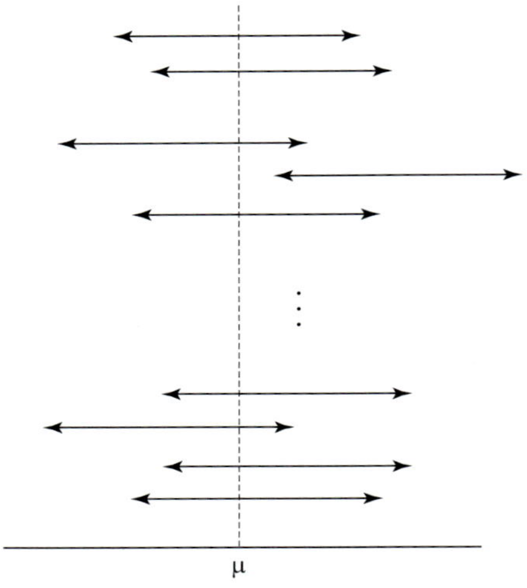

**|그림 5.4|** $\mu$의 반복된 95% 신뢰구간

$\mu$의 구간 추정을 할 때, 신뢰구간의 신뢰도는 우리가 임의로 선택할 수 있다.

모평균 $\mu$의 $100(1-\alpha)\%$ 신뢰구간(분산이 알려져 있을 때)

$$\bar{x} - z_{\alpha/2}\frac{\sigma}{\sqrt{n}} < \mu < \bar{x} + z_{\alpha/2}\frac{\sigma}{\sqrt{n}} \tag{5.2}$$

여기서 $z_{\alpha/2}$는 표준정규분포에서 이 값을 중심으로 상위 확률이 $\alpha/2$가 되는 값이고, $-z_{\alpha/2}$은 이 값을 중심으로 하위 확률이 $\alpha/2$가 되는 값이다. 즉, $z_{0.05}=1.645$를 쓰면 $\mu$의 90% 신뢰구간이, $z_{0.025}=1.96$을 쓰면 $\mu$의 95% 신뢰구간이, $z_{0.005}=2.575$를 쓰면 $\mu$의 99% 신뢰구간이 만들어진다.

**예 5.2** 계속

소염진통제 약효지속시간의 모평균 $\mu$의 90% 신뢰구간과 99% 신뢰구간을 구하라.

**풀이** 모평균 $\mu$의 90% 신뢰구간은 식 (5.2)에서 $z_{0.05}=1.645$를 대입하면

$$4.24 < \mu < 4.76$$

이 되고, $\mu$의 99 신뢰구간은 식 (5.2)에서 $z_{0.005} = 2.575$를 대입하면

$$4.09 < \mu < 4.91$$

이 된다. 앞에서 구한 $\mu$의 95% 신뢰구간과 비교하면 $\mu$의 90% 신뢰구간은 폭이 좁아지고, $\mu$의 99% 신뢰구간은 넓어진 것을 알 수 있다.

■ **$\mu$의 $100(1-\alpha)\%$ 신뢰구간의 성질**

$\mu$의 $100(1-\alpha)\%$ 신뢰구간에서 너비는 구간추정의 정확성을 의미하며 좁을수록 좋다. 하지만 신뢰구간의 너비는 신뢰도를 높이면($\alpha$를 작게 하면) 넓어지고, 신뢰도를 낮추면($\alpha$를 크게 하면) 좁아진다. 즉, 구간의 신뢰도를 높이려면 정확성이 떨어지고, 정확성을 높이면 신뢰도가 떨어진다. $\mu$의 신뢰구간을 만들 때는 주어진 상황에 맞는 신뢰도와 정확성을 주는 $\alpha$의 값을 선택하면 된다. 일반적으로는 $\alpha = 0.05$(신뢰도 95%)가 많이 쓰인다. 추가로 식 (5.2)를 보면 신뢰구간의 너비는 모집단 표준편차 $\sigma$가 작을수록 좁아지고, 표본 크기 $n$이 커질수록 좁아진다. 즉, 표본 크기 $n$을 크게 하면 원하는 신뢰도에서 원하는 정확성을 얻을 수 있다. 하지만 표본의 크기를 키우려면 비용이 증가하며 이는 통계적 추론의 효율성과 직결된다.

### 5.2.2 표본 크기의 결정

모평균 $\mu$를 표본을 추출하여 추정하고자 할 때, 주어진 신뢰도에서 원하는 정확성을 보장하는 표본의 크기를 미리 정할 수 있다. 여기서 정확성은 추정의 오차 또는 신뢰구간의 너비를 의미한다.

$\mu$의 $100(1-\alpha)\%$ 신뢰구간 식 (5.2)를 달리 표현하면 다음과 같다.

$$|\bar{x} - \mu| < z_{\alpha/2}\frac{\sigma}{\sqrt{n}}$$

여기서 $|\bar{x} - \mu|$는 추정치 $\bar{x}$와 모평균 $\mu$ 사이의 거리로 추정의 오차가 되고, $z_{\alpha/2}\dfrac{\sigma}{\sqrt{n}}$는 오차의 한계가 된다. 즉, $100(1-\alpha)\%$의 신뢰도로 추정의 오차

는 $z_{\alpha/2}\frac{\sigma}{\sqrt{n}}$를 넘지 않는다고 말할 수 있다. 즉, $100(1-\alpha)\%$의 확신으로 오차가 $d$를 넘지 않게 되는 표본 크기 $n$은 다음의 부등식을 만족하면 된다.

$$z_{\alpha/2}\frac{\sigma}{\sqrt{n}} \le d \quad \Leftrightarrow \quad n \ge (z_{\alpha/2}\frac{\sigma}{d})^2 \tag{5.3}$$

$\mu$의 $100(1-\alpha)\%$ 신뢰구간의 너비는 $2\times z_{\alpha/2}\frac{\sigma}{\sqrt{n}}$이므로, 식 (5.3)을 만족하는 표본 크기 $n$은 $100(1-\alpha)\%$ 신뢰구간의 너비가 $2\times d$를 넘지 않게 되는 것도 보장한다.

**예제 5.2** 계속

소염진통제 약효지속시간의 모평균 $\mu$를 추정하고자 할 때, 95%의 확신으로 추정의 오차가 0.1을 넘지 않게 하는, 즉, $\mu$의 95% 신뢰구간 너비가 0.2를 넘지 않게 하는 표본의 크기를 구하라.

**풀이** 식 (5.3)으로부터

$$n \ge (z_{\alpha/2}\frac{\sigma}{d})^2 = (1.96\times\frac{0.5}{0.1})^2 = 96.04$$

이므로 표본 크기 $n$이 97 이상이면 95%의 확신으로 추정의 오차가 0.1을 넘지 않게 되는 것을 보장할 수 있다. 여기서 표본 크기 $n$은 자연수임을 유의하기 바란다.

### 5.2.3 모평균 $\mu$의 가설검정

모평균 $\mu$의 가설검정에서는 추정 때와는 달리 모평균 $\mu$에 대한 기존의 가설 또는 주장이 있다. 이를 모평균 $\mu$의 **귀무가설** null hypothesis이라 하고, 보통 $H_0: \mu=\mu_0$와 같이 특정한 값을 가정한다. 이 귀무가설이 더 이상 이 사실이 아니라 판단될 때, 우리는 새로운 주장을 내세우고 표본을 통해 어느 주장이 맞는지 검증해 본다. 새로이 내세우는 주장을 **대립가설** alternative hypothesis이라 한다. 대립가설은 다음의 3가지 형태 중에 하나로 표현된다.

$$H_1 : \mu > \mu_0 \quad \text{or} \quad H_1 : \mu < \mu_0 \quad \text{or} \quad H_1 : \mu \neq \mu_0$$

첫 번째와 두 번째 대립가설은 모평균 $\mu$가 한 쪽 방향으로 변했다고 주장하는 것이고, 세 번째 대립가설은 모평균 $\mu$가 더 이상 $\mu_0$는 아닌데, 어느 방향으로 변했는지는 알 수 없을 때 내세우는 주장이다. 전자의 경우를 **단측 검정** one-sided test이라 부르고, 후자의 경우를 **양측 검정** two-sided test이라 부른다.

**예 5.3**

어느 화학공학 연구소에서 새로운 친환경 페인트를 개발했다. 연구소의 관심은 새로이 개발된 페인트의 건조시간이다. 기존 페인트들의 건조시간은 평균이 $\mu_0 = 4.2$시간이고 분산이 $\sigma^2 = 0.5^2$인 정규분포를 따른다고 알려져 있다. 이 경우, $\mu$를 새로이 개발된 페인트의 평균건조시간이라 하면, 귀무가설은 $H_0 : \mu = 4.2$이 될 것이고, 대립가설은 연구소에서 말하고 싶은 바가 무엇이냐에 따라

$$H_1 : \mu > 4.2 \quad \text{or} \quad H_1 : \mu < 4.2 \quad \text{or} \quad H_1 : \mu \neq 4.2$$

중에 하나가 될 것이다.

이제부터 대립가설의 형태에 따라 모평균 $\mu$의 가설검정이 어떻게 달라지는지 알아보자.

(i) 귀무가설이 $H_0 : \mu = \mu_0$이고 대립가설이 $H_1 : \mu > \mu_0$인 경우

앞에 5.2.1절에서 언급하였듯이 $\{X_1, X_2, \cdots, X_n\}$이 정규모집단 $N(\mu, \sigma^2)$에서 추출한 확률표본일 때, 이들의 표본평균 $\overline{X}$는 평균이 $\mu$이고 분산이 $\frac{\sigma^2}{n}$인 정규분포 $N(\mu, \frac{\sigma^2}{n})$을 따른다. 따라서 $H_0 : \mu = \mu_0$가 사실이라면, $\frac{\overline{X} - \mu_0}{\sigma / \sqrt{n}}$는 표준정규분포를 따르게 되고, 우리는 다음의 식을 얻을 수 있다.

$$P\left\{\frac{\overline{X}-\mu_0}{\sigma/\sqrt{n}} \geq 1.645\right\} = 0.05$$

여기서 1.645는 표준정규분포에서 이 값을 중심으로 상위 확률이 0.05가 되는 값이다. 즉, $H_0 : \mu = \mu_0$가 사실이라면 표본에서 $\frac{\overline{X}-\mu_0}{\sigma/\sqrt{n}}$의 값이 1.645 이상으로 나올 확률은 0.05로 매우 작다. 그래서 실제 표본에서 계산된 $\frac{\overline{x}-\mu_0}{\sigma/\sqrt{n}}$이 1.645 이상으로 나오면($H_0 : \mu = \mu_0$ 하에서는 이 가능성이 0.05), 우리는 $H_0 : \mu = \mu_0$가 사실이라고 가정했던 것이 잘못됐다고 결론을 내리고, 대립가설 $H_1 : \mu > \mu_0$를 채택하게 된다. 즉,

$$\frac{\overline{x}-\mu_0}{\sigma/\sqrt{n}} \geq 1.645 \text{ 이면 } H_0 \text{를 기각하고 } H_1 \text{을 채택한다.} \tag{5.4}$$

이때 $H_0 : \mu = \mu_0$를 기각하는 결정이 잘못된 결론이 될 수 있다. 즉, $H_0 : \mu = \mu_0$가 사실인데도, $\frac{\overline{x}-\mu_0}{\sigma/\sqrt{n}}$이 1.645 이상으로 나오는 경우이고, 이렇게 될 확률은 0.05이다. 이 확률 0.05를 **검정의 유의수준** significance level이라 한다. 즉, 유의수준은 귀무가설이 사실인데도 귀무가설을 기각하고 대립가설을 채택하게 되는 확률이다. 유의수준은 보통 $\alpha$를 이용하여 표시한다.

### ■ 유의수준 $\alpha = 0.05$의 의미

대부분의 통계적 검정의 목적은 표본에서 귀무가설을 기각할 수 있는 충분한 증거를 찾아 기존의 주장인 귀무가설을 기각하고 새로이 내세우는 대립가설을 채택하는 데 있다. 하지만 통계적 검정은 모집단의 일부인 표본을 보고 이루어지므로, 귀무가설을 기각하는 결정이 귀무가설이 사실인데도 이루어질 수 있다. 이러한 잘못이 발생할 확률이 유의수준이다. 즉, $\alpha = 0.05$의 의미는 귀무가설이 사실일 때 귀무가설을 기각하는 잘못된 결정이 20번 중에 1번꼴로 발생할 수 있다는 것이다. 모든 통계적 검정은 주어진 유의수준하에서 이루어지고, 검정의 결론을 내릴 때 이 유의수준을 항상 표기하여 발표한다. 즉, 통계적 검정의 결론이 얼마나 신뢰할 수 있는지를 수치적으로 나타내는 것이 유의수준이고, 이것이 또한 통계적 검정의 객관성이 된다.

(ii) 귀무가설이 $H_0 : \mu = \mu_0$이고 대립가설이 $H_1 : \mu < \mu_0$인 경우

(i)에서와 같이 대립가설이 $H_1 : \mu > \mu_0$인 경우는 표본평균 $\overline{X}$의 값이 크게 나오면 나올수록 대립가설을 채택하는 데 더 충분한 증거가 되므로, 귀무가설 하에서 상위 0.05 확률을 주는 1.645가 검정에 이용된다. 하지만 대립가설이 $H_1 : \mu < \mu_0$로 바뀌면 $\overline{X}$의 값이 작게 나오면 나올수록 대립가설을 채택하는 데 더 충분한 증거가 되므로 이번에는 귀무가설 하에서 하위 0.05 확률을 주는 −1.645가 검정에 이용된다. 즉, $H_0 : \mu = \mu_0$가 사실이라면 우리는 다음의 식을 얻을 수 있다.

$$P\left\{\frac{\overline{X}-\mu_0}{\sigma/\sqrt{n}} \le -1.645\right\} = 0.05$$

다시 말해, $H_0 : \mu = \mu_0$가 사실이라면 표본에서 $\dfrac{\overline{X}-\mu_0}{\sigma/\sqrt{n}}$의 값이 −1.645 이하로 나올 확률은 0.05로 매우 작다. 그래서 실제 표본에서 계산된 $\dfrac{\overline{x}-\mu_0}{\sigma/\sqrt{n}}$이 −1.645 이하로 나오면 ($H_0 : \mu = \mu_0$ 하에서는 이 가능성이 0.05), 우리는 $H_0 : \mu = \mu_0$가 사실이라고 가정했던 것이 잘못됐다고 결론을 내리고, 대립가설 $H_1 : \mu < \mu_0$를 채택하게 된다. 즉,

$$\frac{\overline{x}-\mu_0}{\sigma/\sqrt{n}} \le -1.645 \text{ 이면 } H_0\text{를 기각하고 } H_1\text{을 채택한다.} \tag{5.5}$$

이때 (i)에서와 마찬가지로 $H_0 : \mu = \mu_0$를 기각하는 결정이 잘못된 결론이 될 수 있다. 즉, $H_0 : \mu = \mu_0$가 사실인데도, $\dfrac{\overline{x}-\mu_0}{\sigma/\sqrt{n}}$이 −1.645 이하로 나오는 경우이고, 이렇게 될 확률은 0.05이고 검정의 유의수준이 된다.

(iii) 귀무가설이 $H_0 : \mu = \mu_0$이고 대립가설이 $H_1 : \mu \neq \mu_0$인 경우

대립가설이 $H_1 : \mu \neq \mu_0$인 경우는 표본평균 $\overline{X}$의 값이 크게 나오면 나올수록 대립가설을 채택하는 데 더 충분한 증거가 될뿐더러, $\overline{X}$의 값이 작게 나오면 나올수록 또한 대립가설을 채택하는 데 더 충분한 증거가 된다. 따라서 대

립가설이 $H_1 : \mu \neq \mu_0$인 경우는 귀무가설 하에서 하위 0.025 확률을 주는 −1.96과 상위 0.025 확률을 주는 1.96이 함께 검정에 이용된다. 즉, $H_0 : \mu = \mu_0$가 사실이라면 우리는 다음의 식을 얻을 수 있다.

$$P\left\{\frac{\overline{X}-\mu_0}{\sigma/\sqrt{n}} \leq -1.96 \quad or \quad \frac{\overline{X}-\mu_0}{\sigma/\sqrt{n}} \geq 1.96\right\} = 0.05$$

부언하면, $H_0 : \mu = \mu_0$가 사실이라면 표본에서 $\dfrac{\overline{X}-\mu_0}{\sigma/\sqrt{n}}$의 값이 −1.96 이하로 나오거나 1.96 이상으로 나올 확률은 0.05로 매우 작다. 그래서 실제 표본에서 계산된 $\dfrac{\overline{x}-\mu_0}{\sigma/\sqrt{n}}$이 −1.96 이하로 나오거나 1.96 이상으로 나오면 ($H_0 : \mu = \mu_0$ 하에서는 이 가능성이 0.05), 우리는 $H_0 : \mu = \mu_0$가 사실이라고 가정했던 것이 잘못됐다고 결론을 내리고, 대립가설 $H_1 : \mu \neq \mu_0$를 채택하게 된다. 즉,

$$\frac{\overline{x}-\mu_0}{\sigma/\sqrt{n}} \leq -1.96 \text{ 또는 } \frac{\overline{x}-\mu_0}{\sigma/\sqrt{n}} \geq 1.96 \text{이면 } H_0\text{를 기각하고 } H_1\text{을 채택한다.} \tag{5.6}$$

이때 (i)과 (ii)에서와 마찬가지로 $H_0 : \mu = \mu_0$를 기각하는 결정이 잘못된 결론이 될 수 있다. 즉, $H_0 : \mu = \mu_0$가 사실인데도, $\dfrac{\overline{x}-\mu_0}{\sigma/\sqrt{n}}$이 −1.96 이하로 나오거나 1.96 이상으로 나오는 경우이고, 이렇게 될 확률은 0.05이고 검정의 유의수준이 된다.

**예 5.3** 계속

화학공학 연구소에서는 새로이 개발한 친환경 페인트의 평균건조시간이 기존 페인트들의 평균건조시간보다 짧다는 것을 보이기 위해 다양한 재질에 친환경 페인트를 시험해보고 다음 16개의 건조시간 자료를 얻었다.

3.7, 4.3, 4.0, 4.0, 3.5, 4.5, 4.0, 3.5, 3.3, 3.7, 3.7, 4.3, 4.0, 4.0, 3.5, 3.3

귀무가설과 대립가설을 세우고 유의수준 $\alpha = 0.05$에서 검정하라.

**풀이** 화학공학 연구소에서는 친환경 페인트의 평균건조시간이 기존 페인트들의 평균건조시간보다 짧다고 주장하고 싶으므로 귀무가설과 대립가설은 다음과 같다.

$$H_0 : \mu = 4.2 \text{ versus } H_1 : \mu < 4.2$$

16개 건조시간의 평균은 $\bar{x} = 3.83$이고, $\mu_0 = 4.2$, $\sigma = 0.5$이므로, 식 (5.5)으로부터

$$\frac{\bar{x} - \mu_0}{\sigma / \sqrt{n}} = -2.96$$

이다. 이 값은 $-1.645$보다 작으므로 우리는 유의수준 $\alpha = 0.05$에서 $H_0 : \mu = 4.2$를 기각하고 $H_1 : \mu < 4.2$를 채택한다. 즉, 친환경 페인트의 평균건조시간이 기존 페인트들의 평균건조시간보다 짧다고 결론을 내린다. 이때, 이 결론이 귀무가설 $H_0 : \mu = 4.2$가 사실일 때 내려질 확률은 0.05이다.

검정의 결론이 얼마나 신뢰할 수 있는지를 수치적으로 나타내는 유의수준 $\alpha$는 우리가 임의로 선택할 수 있다. 다음은 일반적인 유의수준 $\alpha$에서 모평균 $\mu$의 가설 검정을 정리한 것이다.

(i) $H_0 : \mu = \mu_0$ versus $H_1 : \mu > \mu_0$인 경우

$z = \dfrac{\bar{x} - \mu_0}{\sigma / \sqrt{n}} \geq z_\alpha$이면 $H_0$를 기각하고 $H_1$을 채택한다.

(ii) $H_0 : \mu = \mu_0$ versus $H_1 : \mu < \mu_0$인 경우

$z = \dfrac{\bar{x} - \mu_0}{\sigma / \sqrt{n}} \leq -z_\alpha$이면 $H_0$를 기각하고 $H_1$을 채택한다.

(iii) $H_0 : \mu = \mu_0$ versus $H_1 : \mu \neq \mu_0$인 경우

$z = \dfrac{\bar{x} - \mu_0}{\sigma / \sqrt{n}} \leq -z_{\alpha/2}$ or $z = \dfrac{\bar{x} - \mu_0}{\sigma / \sqrt{n}} \geq z_{\alpha/2}$이면,

즉, $|z|=\left|\dfrac{\bar{x}-\mu_0}{\sigma/\sqrt{n}}\right| \geq z_{\alpha/2}$ 이면, $H_0$를 기각하고 $H_1$을 채택한다.

여기서 $z_\alpha$는 표준정규분포에서 이 값을 중심으로 상위 확률이 $\alpha$가 되는 값이고, $-z_\alpha$은 이 값을 중심으로 하위 확률이 $\alpha$가 되는 값이다.

예를 들어, 유의수준 $\alpha=0.1$로 검정을 하면, 귀무가설을 기각하는 결론이 10번 중에 1번꼴로 귀무가설이 사실인데도 이루어질 수 있다는 것으로, 유의수준 $\alpha=0.05$일 때의 결론보다는 덜 신뢰가 가는 결론이 된다. 마찬가지로 유의수준 $\alpha=0.01$로 검정을 하면, 이때 나오는 귀무가설을 기각하는 결론은 유의수준 $\alpha=0.05$일 때보다 더 신뢰할 수 있는 결론이 된다.

$z=\dfrac{\bar{x}-\mu_0}{\sigma/\sqrt{n}}$ 를 **검정통계치**라 부르고, 귀무가설 $H_0$가 기각되는 검정통계치 $z$의 범위를 **기각역** rejection region이라 부른다. 유의수준 $\alpha$가 작아질수록 기각역이 좁아지고, 유의수준 $\alpha$가 커질수록 기각역이 넓어진다. 즉, 유의수준 $\alpha$를 작게 하면 우리는 좀 더 확실한 증거가 있어야 귀무가설 $H_0$ 를 기각하게 되고 여기서 나오는 결론을 좀 더 신뢰할 수 있게 된다. 하지만 대부분의 검정의 목적은 기존의 가설인 귀무가설을 기각하고 새로운 주장인 대립가설을 채택하는 데 있으므로 유의수준 $\alpha$를 마냥 작게 할 수는 없다. 신뢰구간에서와 마찬가지로 주어진 상황에 맞는 유의수준 $\alpha$를 정하게 되는데 보통 $\alpha=0.05$가 많이 쓰인다.

**예 5.2** 계속

일반적으로 소염진통제의 약효지속시간은 평균적으로 4시간이라 알려져 있다. 이 제약회사에서는 자사 소염진통제의 평균약효지속시간이 4시간보다 길다고 믿고 이를 통계적으로 확인하고 싶어 한다. 귀무가설과 대립가설을 세우고 앞에서 얻어진 자료를 통해 유의수준 $\alpha=0.1$로 검정하라.

**풀이** 제약회사에서 생산되는 소염진통제 약효지속시간의 모평균을 $\mu$라 하면 귀무가설과 대립가설은 다음과 같다.

$$H_0: \mu=4.0 \text{ versus } H_1: \mu>4.0$$

10개 자료의 평균은 $\bar{x}=4.5$이고, $\mu_0=4.0$, $\sigma=0.5$이므로, 검정통계치는

$$z=\frac{\bar{x}-\mu_0}{\sigma/\sqrt{n}}=3.16$$

이다. 이 값은 $z_{0.1}=1.28$보다 크므로 우리는 유의수준 $\alpha=0.1$에서 $H_0:\mu=4.0$을 기각하고, 이 제약회사에서 생산되는 소염진통제의 평균 약효지속시간이 4시간보다 길다고 결론을 내린다.

## 5.2.4 검정통계치의 유의확률($P$–값)과 검정

위 [예 5.2]에서 검정통계치 $z=3.16$은 $z_{0.1}=1.28$보다 클 뿐 아니라 $z_{0.05}=1.645$, $z_{0.01}=2.33$, $z_{0.001}=3.09$보다 크다. 즉, 유의수준이 $\alpha=0.05$, $\alpha=0.01$, $\alpha=0.001$로 바뀌어도 이 검정통계치로 $H_0:\mu=4.0$을 기각하고 $H_1:\mu>4.0$을 채택할 수 있다. 대부분의 통계적 검정의 목적은 귀무가설을 기각하고 대립가설을 채택하는 데 있으므로, 검정통계치는 귀무가설을 기각하고 대립가설을 채택할 수 있을 때 의미가 있어진다. 즉, 유의해진다. 그러면 검정통계치 $z=3.16$은 유의수준이 얼마가 될 때까지 유의해질까? [그림 5.5]에서와 같이 유의수준이 표준정규분포에서 3.16의 오른쪽 확률, 즉, $P(Z\geq 3.16)=0.0008$이 될 때까지 유의하다. 즉, 유의수준 $\alpha=0.0008$까지

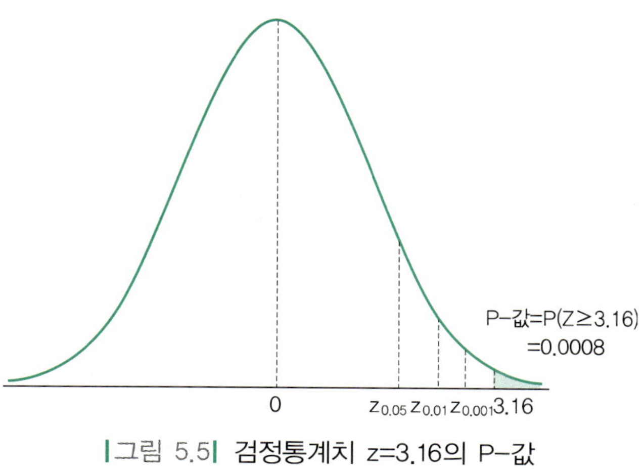


**|그림 5.5|** 검정통계치 z=3.16의 P–값

검정통계치 $z=3.16$으로 $H_0:\mu=4.0$을 기각하고 $H_1:\mu>4.0$를 채택할 수 있다. 검정통계치의 **유의확률**은 이 검정통계치로 귀무가설을 기각하고 대립가설을 채택할 수 있게 되는 (검정통계치가 유의하게 되는) 가장 작은 유의수준 $\alpha$의 값이다. 유의확률은 $P$-값이라고 부르기도 한다. 위 [예 5.2]에서 검정통계치 $z=3.16$의 유의확률($P$-값)은 $P(Z\geq 3.16)=0.0008$이다.

**• 유의확률(P-값)의 계산**

일반적으로, 검정통계치 $z=\dfrac{\bar{x}-\mu_0}{\sigma/\sqrt{n}}$의 유의확률 ($P$-값)은

(i) $H_0:\mu=\mu_0$ versus $H_1:\mu>\mu_0$인 경우, $P(Z\geq z)$이다.

(ii) $H_0:\mu=\mu_0$ versus $H_1:\mu<\mu_0$인 경우, $P(Z\leq z)$이다.

(iii) $H_0:\mu=\mu_0$ versus $H_1:\mu\neq\mu_0$인 경우,

$$\begin{cases} z\geq 0 \text{이면 } 2P(Z\geq z)\text{이고,} \\ z<0 \text{이면 } 2P(Z\leq z)\text{이다.} \end{cases}$$

### ■ 유의확률 ($P$-값)에 의한 검정

일반적으로 유의수준 $\alpha$인 검정에서, 검정통계치의 유의확률($P$-값)이 유의수준 $\alpha$보다 작으면 귀무가설 $H_0$를 기각하고 대립가설 $H_1$을 채택할 수 있다. 더 나아가서 유의수준이 유의확률($P$-값)에 이를 때까지 이 검정통계치로 $H_0$를 기각하고 대립가설 $H_1$을 채택할 수 있다. 즉, 검정통계치의 유의확률($P$-값)이 작으면 작을수록 이 검정통계치가 $H_0$를 기각하고 대립가설 $H_1$을 채택하는 데 더 유의해지는 (더 충분한 증거가 되는) 것이다.

**예 5.3** 계속

화학공학 연구소에서 개발한 친환경 페인트의 평균건조시간 $\mu$에 대한 검정에서 귀무가설과 대립가설이 $H_0:\mu=4.2$ versus $H_1:\mu<4.2$이므로 검정통계치 $z=-2.96$의 유의확률 ($P$-값)은 $P(Z\leq -2.96)=0.0015$이다. 즉, 유의수준 $\alpha=0.0015$까지 검정통계치 $z=-2.96$을 가지고 $H_0:\mu=4.2$를 기각하고 $H_1:\mu<4.2$를 채택할 수 있다.

## 5.3 정규 모집단 평균의 추론(모분산 $\sigma^2$이 알려지지 않은 경우)

이 절에서는 우리의 관심 모집단이 정규분포 $N(\mu, \sigma^2)$을 따르고, 모분산 $\sigma^2$이 알려지지 않은 경우, 모평균 $\mu$의 추정과 가설검정을 다룬다. 이를 위해 먼저 새로운 연속확률분포인 $t$-분포를 소개한다.

### 5.3.1 $t$-분포

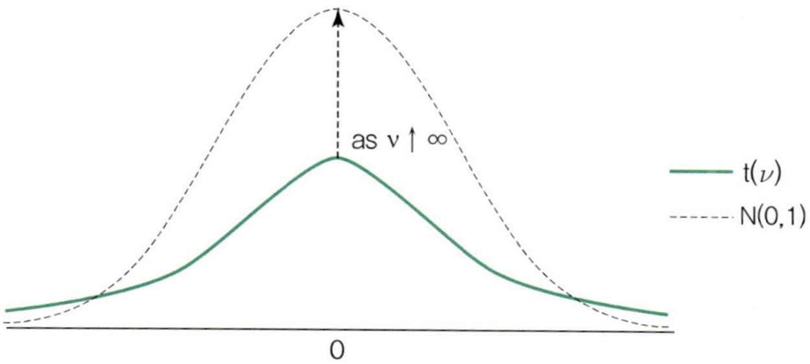


|그림 5.6| 자유도 $\nu$인 $t$-분포의 확률밀도함수

$t$-분포의 확률밀도함수는 표준정규분포에서와 같이 0을 중심으로 좌우 대칭인 언덕 모양이지만, [그림 5.6]과 같이 표준정규분포에서보다 확률이 양쪽으로 더 퍼져있다. $t$-분포에는 퍼진 정도를 나타내는 모수가 하나 있으며, 보통 $\nu$로 표시하고 자유도라 부른다. 자유도 $\nu$가 커지면서 $t$-분포의 확률밀도함수는 [그림 5.6]에서와 같이 표준정규분포의 확률밀도함수에 가까워지고, $\nu = \infty$ 인 경우 $t$-분포의 확률밀도함수는 표준정규분포의 확률밀도함수와 같아진다.

자유도가 $\nu$인 $t$-분포에서 $t_\alpha(\nu)$는 [그림 5.7]과 같이 이 값을 중심으로 상위 확률이 $\alpha$가 되는 값을 나타내고, [부록 표 4]에 여러 $\nu$와 $\alpha$ 값에 대해서 주어져 있다. $-t_\alpha(\nu)$는 이 값을 중심으로 하위 확률이 $\alpha$가 되는 값을 나타낸다. 예를 들어, $t_{0.05}(18) = 1.734$는 자유도 $\nu = 18$인 $t$-분포에서 이 값을 중심으로 상위 확률이 0.05가 되는 값이고, $-t_{0.05}(18) =- 1.734$는 이 값을 중심으로 하위 확률이 0.05가 되는 값이다. 또한 $t_{0.05}(\infty)=1.645$로 표준정규 분포의 $z_{0.05}$와 값이 같다.

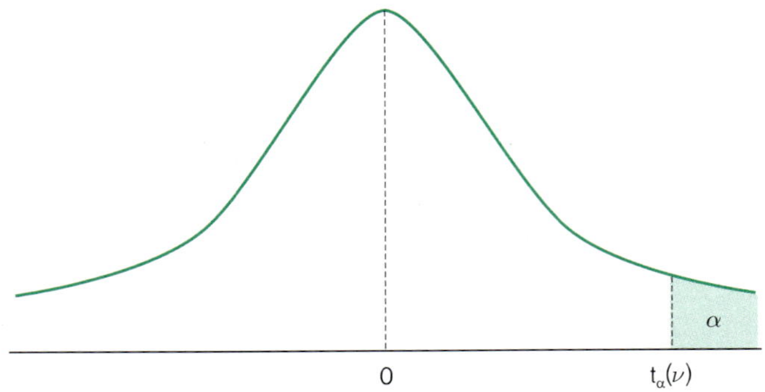


**|그림 5.7|** 자유도 $\nu$인 $t$-분포에서 경계값 $t_\alpha(\nu)$

## 5.3.2 모평균 $\mu$의 추정

$\{X_1, X_2, \cdots, X_n\}$을 모분산 $\sigma^2$이 알려지지 않은 정규모집단 $N(\mu, \sigma^2)$에서 뽑은 확률표본이라 하자. 모분산 $\sigma^2$이 알려진 경우에서와 같이 모평균 $\mu$의 추정량은 표본평균

$$\overline{X}=\frac{X_1+X_2+\cdots+X_n}{n}$$

이 된다. 그리고 모분산 $\sigma^2$의 추정량으로는 확률표본 $\{X_1, X_2, \cdots, X_n\}$의 표본분산

$$S^2=\frac{\sum_{i=1}^{n}(X_i-\overline{X})^2}{n-1}=\frac{\sum_{i=1}^{n}X_i^2-n\overline{X}^2}{n-1}$$

이 많이 쓰인다. 여기서 두 번째 식은 $S^2$의 계산식이다. 모표준편차 $\sigma$의 추정량은 표본표준편차 $S=\sqrt{S^2}$이 된다.

이제 모평균 $\mu$의 구간추정에 대해 알아보자. 표본평균 $\overline{X}$를 표준화해준

$\frac{\overline{X}-\mu}{\sigma/\sqrt{n}}$에서 모표준편차 $\sigma$를 몰라 이를 추정량인 표본표준편차 $S$로 대체하면, $\frac{\overline{X}-\mu}{S/\sqrt{n}}$는 자유도 $\nu = n-1$인 $t$-분포를 따르게 된다. 따라서 우리는 다음의 식을 얻을 수 있다.

$$P\left\{-t_{\alpha/2}(n-1) < \frac{\overline{X}-\mu}{S/\sqrt{n}} < t_{\alpha/2}(n-1)\right\} = 1-\alpha$$

여기서 $t_{\alpha/2}(n-1)$는 자유도 $\nu = n-1$인 $t$-분포에서 이 값을 중심으로 상위 확률이 $\alpha/2$가 되는 값이고, $-t_{\alpha/2}(n-1)$은 이 값을 중심으로 하위 확률이 $\alpha/2$가 되는 값이다. 위 식을 $\mu$에 대해 정리하면 다음과 같다.

$$P\left\{\overline{X}-t_{\alpha/2}(n-1)\frac{S}{\sqrt{n}} < \mu < \overline{X}+t_{\alpha/2}(n-1)\frac{S}{\sqrt{n}}\right\} = 1-\alpha$$

따라서 모평균 $\mu$의 $100(1-\alpha)\%$ 신뢰구간은 다음과 같다.

**모평균 $\mu$의 $100(1-\alpha)\%$ 신뢰구간(분산이 알려져 있지 않을 때)**

$$\overline{x}-t_{\alpha/2}(n-1)\frac{s}{\sqrt{n}} < \mu < \overline{x}+t_{\alpha/2}(n-1)\frac{s}{\sqrt{n}} \tag{5.7}$$

여기서 $\overline{x}$와 $s$는 실제 표본 $\{x_1, x_2, \cdots, x_n\}$에서 표본평균 $\overline{X}$와 표본표준편차 $S$의 값이다.

**예 5.4**

어느 은행 지점에서 창구직원이 고객을 상대하는 평균 서비스 시간을 알기 위해 고객 16명을 임의로 선택하여 다음의 서비스 시간 자료를 얻었다. (단위: 분)

4.2, 2.3, 1.7, 1.5, 3.6, 3.3, 4.0, 2.7, 3.0, 2.5, 2.4, 3.2, 2.8, 1.6, 4.0, 2.0

평균 서비스 시간 $\mu$의 95% 신뢰구간을 구하라.

풀이 이 자료의 표본평균은

$$\bar{x} = \frac{\sum_{i=1}^{16} x_i}{16} = 2.8$$

이고, 표본표준편차는

$$s = \sqrt{\frac{\sum_{i=1}^{16} x_i^2 - 16 \times \bar{x}^2}{16-1}} = \sqrt{\frac{136.86 - 16 \times 2.8^2}{16-1}} = 0.87$$

이다. $t_{0.025}(15) = 2.131$이므로, 모평균 $\mu$의 95% 신뢰구간은 식 (5.7)로부터

$$2.8 - 2.131 \times \frac{0.87}{\sqrt{16}} < \mu < 2.8 + 2.131 \times \frac{0.87}{\sqrt{16}}$$
$$\Rightarrow \quad 2.34 < \mu < 3.26$$

이 된다.

## 5.3.2 모평균 $\mu$의 검정

앞 절에서 언급하였듯이 $\{X_1, X_2, \cdots, X_n\}$이 모분산 $\sigma^2$이 알려지지 않은 정규모집단 $N(\mu, \sigma^2)$에서 추출한 확률표본일 때, 귀무가설 $H_0 : \mu = \mu_0$가 사실이라면, $T = \dfrac{\overline{X} - \mu_0}{S/\sqrt{n}}$는 자유도 $\nu = n-1$인 $t$-분포를 따르게 된다. 따라서 5.2.3절의 모분산 $\sigma^2$이 알려진 경우에서와 같은 논리를 전개하면, 모평균 $\mu$에 대한 유의수준 $\alpha$에서의 가설 검정을 다음과 같이 얻을 수 있다.

(i) $H_0 : \mu = \mu_0$ versus $H_1 : \mu > \mu_0$인 경우

$t = \dfrac{\bar{x} - \mu_0}{s/\sqrt{n}} \ge t_\alpha(n-1)$이면 $H_0$를 기각하고 $H_1$을 채택한다.

(ii) $H_0 : \mu = \mu_0$ versus $H_1 : \mu < \mu_0$인 경우

$t \le -t_\alpha(n-1)$이면 $H_0$를 기각하고 $H_1$을 채택한다.

(iii) $H_0 : \mu = \mu_0$ versus $H_1 : \mu \ne \mu_0$인 경우

$t \le -t_{\alpha/2}(n-1)$ or $t \ge t_{\alpha/2}(n-1)$이면, 즉,

$|t| \ge t_{\alpha/2}(n-1)$이면, $H_0$를 기각하고 $H_1$을 채택한다.

여기서 모분산 $\sigma^2$이 알려진 경우와 달라진 점은 모표준편차 $\sigma$를 몰라 표본표준편차 $s$로 대체하여 사용하였고, 표준정규분포 대신 자유도 $\nu = n-1$인 $t$-분포가 이용되는 것뿐이다.

**예 5.4** 계속

은행의 과거 조사에 따르면, 인터넷 뱅킹이 활성화되기 전에는 이 은행 창구 직원의 평균 서비스 시간은 3분이었다. 인터넷 뱅킹이 활성화된 후에 창구직원의 평균 서비스 시간이 그 전과 달라졌는지 귀무가설과 대립가설을 세우고 주어진 자료를 통해 유의수준 $\alpha = 0.05$로 검정하라.

**풀이** 지점 창구 직원의 서비스 시간의 모평균을 $\mu$라 하면 귀무가설과 대립가설은 다음과 같다.

$$H_0 : \mu = 3.0 \ \text{versus} \ H_1 : \mu \ne 3.0$$

16개 자료의 평균은 $\bar{x} = 2.8$이고, $\mu_0 = 3.0$, $s = 0.87$이므로, 검정통계치는

$$t = \frac{\bar{x} - \mu_0}{s/\sqrt{n}} = -0.92$$

이다. $|t| = 0.92 < t_{0.025}(15) = 2.131$이므로, 유의수준 $\alpha = 0.05$에서 귀무가설 $H_0 : \mu = 3.0$을 기각하지 못한다. 즉, 창구직원의 평균 서비스 시간이 인터넷 뱅킹이 활성화되기 전과 달라졌다고 말할 수 없다.

표본의 크기가 충분히 크면 (보통 $n \geq 30$), 모분산 $\sigma^2$이 알려지지 않은 경우에도, 모표준편차 $\sigma$를 표본표준편차 $s$로 대체하고, 모분산 $\sigma^2$이 알려진 경우에서와 같이 표준정규분포를 이용하여 모평균 $\mu$의 구간추정과 가설검정을 해도 무방하다. 이는 자유도 $\nu = n-1$가 충분히 커지면, $t$-분포의 확률밀도함수가 표준정규분포의 확률밀도함수와 매우 가까워지기 때문이다.

### ■ 신뢰구간에 의한 검정

모평균 **$\mu$의 $100(1-\alpha)\%$ 신뢰구간**을 만들 때와 **유의수준 $\alpha$인 양측검정**을 할 때 우리는 같은 확률분포와 같은 경계값을 사용한다. 이로 인해 우리는 $100(1-\alpha)\%$ 신뢰구간을 보고, 유의수준 $\alpha$인 양측검정의 결론을 유추할 수 있다. 좀 더 자세히 설명하면 $\mu$의 $100(1-\alpha)\%$ 신뢰구간은

$$\bar{x} - t_{\alpha/2}(n-1)\frac{s}{\sqrt{n}} < \mu < \bar{x} + t_{\alpha/2}(n-1)\frac{s}{\sqrt{n}}$$

이고, 귀무가설과 대립가설이 $H_0 : \mu = \mu_0$ versus $H_1 : \mu \neq \mu_0$인 유의수준 $\alpha$ 양측검정에서는

$$|t| = \left| \frac{\bar{x} - \mu_0}{s/\sqrt{n}} \right| < t_{\alpha/2}(n-1)$$

이면 귀무가설 $H_0 : \mu = \mu_0$를 기각하지 못한다. 즉,

$$\bar{x} - t_{\alpha/2}(n-1)\frac{s}{\sqrt{n}} < \mu_0 < \bar{x} + t_{\alpha/2}(n-1)\frac{s}{\sqrt{n}}$$

이면 귀무가설 $H_0 : \mu = \mu_0$를 기각하지 못한다. 이 두 사실로부터 우리는 $\mu$의 $100(1-\alpha)\%$ 신뢰구간이 귀무가설 $H_0$에서 가설하는

$$\begin{cases} \mu_0\text{를 포함하면 유의수준 } \alpha \text{ 양측검정에서 } H_0\text{를 기각하지 못하게 되고,} \\ \mu_0\text{를 포함하지 않으면 유의수준 } \alpha \text{ 양측검정에서 } H_0\text{를 기각하게 됨} \end{cases}$$

을 알 수 있다.

**예 5.4** 계속

창구 직원의 서비스 시간의 모평균 $\mu$의 95% 신뢰구간은

$$2.34 < \mu < 3.26$$

이었다. 이 신뢰구간은 귀무가설 $H_0 : \mu = 3.0$에서 가설하는 $\mu_0 = 3.0$을 포함하므로, 우리는 유의수준 $\alpha = 0.05$인 양측검정 ($H_1 : \mu \neq 3.0$)에서 $H_0$를 기각할 수 없음을 알 수 있었고, 위에 있는 실제 검정에서도 $H_0$를 기각하지 못하였다.

## 5.4 이항 모집단 비율의 추론

이 절에서는 모집단이 관심 특성을 가지고 있는 개체(1로 표시)와 그렇지 않은 개체(0으로 표시)로 이루어진 이항 모집단인 경우를 다룬다. 즉, 우리의 관심 모집단이 1의 비율이 $p$이고, 0의 비율이 $q = 1 - p$인 베르누이 분포 $B(1, p)$를 따르는 경우, 모비율 $p$의 추정과 가설 검정을 다룬다.

### 5.4.1 모비율 $p$의 추정

5.1절에서 언급한 바와 같이, 관심 모집단이 1의 비율이 $p$이고, 0의 비율이 $q = 1 - p$인 베르누이 분포 $B(1, p)$를 따르는 이항 모집단이라면, 여기서 추출한 확률표본 $\{X_1, X_2, \cdots, X_n\}$은 서로 독립이고, 각각 $B(1, p)$를 분포로 갖는 확률변수가 된다. 즉, 각각의 $X_i$는 1이 될 확률이 $p$이고, 0이 될 확률은 $q = 1 - p$이다. 따라서 이들의 합인 $\sum_{i=1}^{n} X_i$는 반복의 수가 $n$이고 1의 비율이 $p$인 이항분포 $B(n, p)$를 따른다.

모비율 $p$의 추정량으로는 확률표본 $\{X_1, X_2, \cdots, X_n\}$에서 1의 비율인 표본비율

$$\hat{P} = \frac{\sum_{i=1}^{n} X_i}{n}$$

이 쓰인다. 표본비율 $\hat{P}$의 좋은 성질을 살펴보면, $\sum_{i=1}^{n} X_i$가 $B(n, p)$를 따르므로,

$$E(\sum_{i=1}^{n} X_i) = np \quad \Rightarrow \quad E(\hat{P}) = p$$

$$Var(\sum_{i=1}^{n} X_i) = npq \quad \Rightarrow \quad Var(\hat{P}) = \frac{pq}{n}$$

이다.

즉, 표본평균 $\hat{P}$의 기대되는 값은 모비율 $p$가 되고, 표본크기 $n$이 커지면서 표본비율 $\hat{P}$의 분산은 0으로 수렴해서, 표본비율 $\hat{P}$은 $p$ 이외에 다른 값을 가질 확률이 점점 없어진다. 따라서 $\{x_1, x_2, \cdots, x_n\}$이 확률표본 $\{X_1, X_2, \cdots, X_n\}$의 실제 값들이라면, $p$의 점추정치는

$$\hat{p} = \frac{\sum_{i=1}^{n} x_i}{n}$$

이 된다.

**예 5.5**

A 전자회사는 판매 중인 노트북의 고객 만족도를 알기 위해, 노트북을 사용 중인 고객 200명에게 만족(1)과 불만족(0)으로 설문 조사하였다. 이 중 150명의 고객이 만족한다고 답변하였다. 전체 고객의 만족도 $p$의 점추정치를 구하라.

**풀이** 표본비율은

$$\hat{p} = \frac{\sum_{i=1}^{n} x_i}{n} = \frac{150}{200} = 0.75$$

이 되고, 이는 모집단 전체의 만족도 $p$의 점추정치가 된다.

이제 $p$의 구간추정에 대해 알아보자. $\sum_{i=1}^{n} X_i$가 이항분포 $B(n, p)$를 따를 때, 이를 표준화해준 $\dfrac{\sum_{i=1}^{n} X_i - np}{\sqrt{npq}}$는 표본의 크기가 충분히 크면 (보통 $np \geq 5\ and\ nq \geq 5$), 이항분포의 정규분포근사에 의해, 표준정규분포를 따르게 된다. 그런데

$$\frac{\sum_{i=1}^{n} X_i - np}{\sqrt{npq}} = \frac{\hat{P} - p}{\sqrt{pq/n}}$$

이므로, 우리는 다음의 식 얻을 수 있다.

$$P\left\{-z_{\alpha/2} < \frac{\hat{P} - p}{\sqrt{pq/n}} < z_{\alpha/2}\right\} = 1 - \alpha$$

여기서 $z_{\alpha/2}$는 표준정규분포에서 이 값을 중심으로 상위 확률이 $\alpha/2$가 되는 값이고, $-z_{\alpha/2}$은 이 값을 중심으로 하위 확률이 $\alpha/2$가 되는 값이다. 위 식을 $p$에 대해 정리하면 다음과 같다.

$$P\left\{\hat{P} - z_{\alpha/2}\sqrt{pq/n} < p < \hat{P} + z_{\alpha/2}\sqrt{pq/n}\right\} = 1 - \alpha$$

따라서 모비율 $p$의 $100(1-\alpha)\%$ 신뢰구간은 다음과 같다.

**모비율 $p$의 $100(1-\alpha)\%$ 신뢰구간**

$$\hat{p} - z_{\alpha/2}\sqrt{\hat{p}\hat{q}/n} < p < \hat{p} + z_{\alpha/2}\sqrt{\hat{p}\hat{q}/n} \tag{5.8}$$

여기서 $\hat{p}$은 표본비율 $\hat{P}$의 실제 표본에서의 값이고, 표준편차 부분의 $p$는 $p$의 신뢰구간을 구하는 것이므로 $\hat{p}$으로 대체되었다.

**예 5.5** 계속

모집단 전체의 만족도 $p$의 99% 신뢰구간을 구하라.

**풀이** $n = 200$, $\hat{p}= 0.75$, $z_{0.005} = 2.575$이므로, 만족도 $p$의 99% 신뢰구간은 식 (5.8)로부터

$0.75 - 2.575\sqrt{0.75 \times 0.25/200} < p < 0.75 + 2.575\sqrt{0.75 \times 0.25/200}$

$\Rightarrow \quad 0.67 < p < 0.83$

이 된다.

### 5.4.2 표본 크기의 결정

표본을 추출하여 모비율 $p$를 추정하고자 할 때, 5.2.2절에서 모평균 $\mu$를 추정할 때와 같이, 주어진 신뢰도에서 추정오차 $|p-\hat{p}|$가 $d$를 넘어가지 않는 (신뢰구간의 너비가 $2d$를 넘어가지 않는) 표본의 크기를 미리 정할 수 있다.

$p$의 $100(1-\alpha)\%$ 신뢰구간 식 (5.8)을 달리 표현하면 다음과 같다.

$$|p-\hat{p}| < z_{\alpha/2}\sqrt{\hat{p}\hat{q}/n}$$

여기서 $z_{\alpha/2}\sqrt{\hat{p}\hat{q}/n}$는 오차의 한계가 된다. 따라서 $100(1-\alpha)\%$의 확신으로 오차가 $d$를 넘지 않게 되는 표본 크기 $n$은 다음의 부등식을 만족하면 된다.

$$z_{\alpha/2}\sqrt{\hat{p}\hat{q}/n} \le d \quad \Leftrightarrow \quad n \ge \left(\frac{z_{\alpha/2}}{d}\right)^2 \hat{p}\hat{q} \tag{5.9}$$

여기서 $\hat{p}$은 이전 조사의 기록을 활용하거나 일부의 표본을 미리 추출해보는 사전 조사를 통해 알아볼 수 있다. 만일 $\hat{p}$을 알아볼 방법이 전혀 없는 경우에는

$$\hat{p}\hat{q} = \hat{p}(1-\hat{p}) = -\hat{p}^2 + \hat{p} = -\left(\hat{p}-\frac{1}{2}\right)^2 + \frac{1}{4} \le \frac{1}{4}$$

이므로

$$n \ge \frac{1}{4}\left(\frac{z_{\alpha/2}}{d}\right)^2 \tag{5.10}$$

이면 $\hat{p}$의 값이 얼마이든 상관없이 $100(1-\alpha)\%$의 확신으로 오차가 $d$를 넘어

가지 않는다고 보장할 수 있다. 하지만 표본의 크기는 추론의 효율성과 직결되므로 가능하면 $\hat{p}$의 사전 정보를 활용하는 것이 좋다.

**예 5.5** 계속

노트북 사용자 전체의 만족도 $p$를 추정하고자 할 때, 99%의 확신으로 추정의 오차가 0.025을 넘지 않게 하려면, 즉, $p$의 99% 신뢰구간 너비가 0.05를 넘지 않게 하려면 몇 명의 고객을 설문 조사하면 되는가?

**풀이** $\hat{p}=0.75$를 사전 정보로 이용하면, 식 (5.10)으로부터

$$n \geq \left(\frac{z_{\alpha/2}}{d}\right)^2 \hat{p}\hat{q} = \left(\frac{2.575}{0.025}\right)^2 0.75 \times 0.25 = 1989.2$$

이므로, $n=1990$ 이상 조사하면 99%의 확신으로 추정의 오차가 0.025을 넘지 않게 되는 것을 보장할 수 있다.

### 5.4.3 모비율의 가설검정

앞 절에서 언급하였듯이 $\{X_1, X_2, \cdots, X_n\}$이 이항모집단 $B(1,p)$에서 추출한 확률표본일 때, 귀무가설 $H_0 : p = p_0$가 사실이라면, $\sum_{i=1}^{n} X_i$는 이항분포 $B(n, p_0)$를 따르게 되고, $Z = \dfrac{\hat{P} - p_0}{\sqrt{p_0 q_0 / n}}$는, 표본의 크기가 충분히 클 때 ($np_0 \geq 5$ $and$ $nq_0 \geq 5$), 표준정규분포를 따르게 된다. 따라서 5.2.3절에서 모평균 $\mu$의 가설검정을 유도할 때와 같은 논리로 전개하면, 모비율 $p$에 대한 유의수준 $\alpha$ 가설검정을 다음과 같이 얻을 수 있다.

(i) $H_0 : p = p_0$ versus $H_1 : p > p_0$인 경우

$z = \dfrac{\hat{p} - p_0}{\sqrt{p_0 q_0 / n}} \geq z_\alpha$이면 $H_0$를 기각하고 $H_1$을 채택한다.

(ii) $H_0 : p = p_0$ versus $H_1 : p < p_0$인 경우

$z \le -z_\alpha$ 이면 $H_0$를 기각하고 $H_1$을 채택한다.

(iii) $H_0 : \mu = \mu_0$ versus $H_1 : \mu \neq \mu_0$ 인 경우

$|z| \ge z_{\alpha/2}$ 이면, $H_0$를 기각하고 $H_1$을 채택한다.

여기서 검정통계치 $z$가 귀무가설 $H_0 : p = p_0$가 사실이라는 가정 하에 만들어지므로 분모의 표준편차 부분에 $p_0$와 $q_0$가 쓰임을 유의하기 바란다.

**예 5.5** 계속

A 전자회사의 과거 조사에 의하면 이전 모델의 고객 만족도는 68%였다. 현재 모델의 고객 만족도가 이전 모델에 비해 향상되었는지, 귀무가설과 대립가설을 세우고, 200명 고객의 설문 조사 결과를 바탕으로 유의수준 $\alpha = 0.01$로 검정하라.

**풀이** 현재 모델의 고객 만족도를 $p$라 하면 귀무가설과 대립가설은 다음과 같다.

$$H_0 : p = 0.68 \ \text{ versus } \ H_1 : p > 0.68$$

$\hat{p} = 0.75$ 이므로, 검정통계치는

$$z = \frac{\hat{p} - p_0}{\sqrt{p_0 q_0 / n}} = \frac{0.75 - 0.68}{\sqrt{0.68 \times 0.32/200}} = 2.12$$

이다. 이 값은 $z_{0.01} = 2.33$ 보다 작으므로 우리는 유의수준 $\alpha = 0.01$ 에서 귀무가설 $H_0 : p = 0.68$을 기각할 수 없다. 즉, 유의수준 $\alpha = 0.01$ 에서는 현재 모델의 고객 만족도가 이전 모델에 비해 향상되었다고 할 수 없다. 하지만 검정통계치 $z = 2.12$의 유의확률 ($P$-값)이 $P(Z \ge 2.12) = 0.017$ 이므로, 유의수준 $\alpha = 0.05$ 에서는 검정통계치 $z = 2.12$로 $H_0 : p = 0.68$를 기각할 수 있다. 더 나아가 유의수준 $\alpha = 0.017$ 까지는 이 검정통계치로 $H_0 : p = 0.68$를 기각하고, 현재 모델의 고객 만족도가 향상되었다고 말할 수 있다.

## 5.5 두 모집단의 비교

이 절에서는, 도시와 농촌의 대기 중 오존 농도의 비교, 두 전기회사 A와 B에서 생산되는 전구식 형광등 수명의 비교, 100m 달리기 전과 후의 수축기 혈압의 비교, 정부의 가족 정책에 대한 남성과 여성의 찬성률 비교, 특정 후보의 영남권과 호남권의 지지율 비교 등과 같이 우리의 관심이 되는 두 모집단에서 이들의 모평균과 모비율을 비교하는 통계적 추론 방법을 공부한다.

### 5.5.1 모평균의 비교(모분산이 알려진 경우)

아래 [그림 5.8]과 같이 두 개의 독립된 모집단을 고려하자. 모집단 1은 $N(\mu_1,\sigma_1^2)$을 따르는 정규모집단이고, 모집단 2는 $N(\mu_2,\sigma_2^2)$을 따르는 정규모집단이다. 이 절에서는 모분산 $\sigma_1^2$과 $\sigma_2^2$이 알려진 경우, 두 모평균 $\mu_1$과 $\mu_2$를 비교하는 추론을 공부한다. 두 모평균 $\mu_1$과 $\mu_2$를 비교하는 추론은 보통 둘의 차이 $\mu_1-\mu_2$에 대한 추정과 가설검정을 통해 이루어진다.

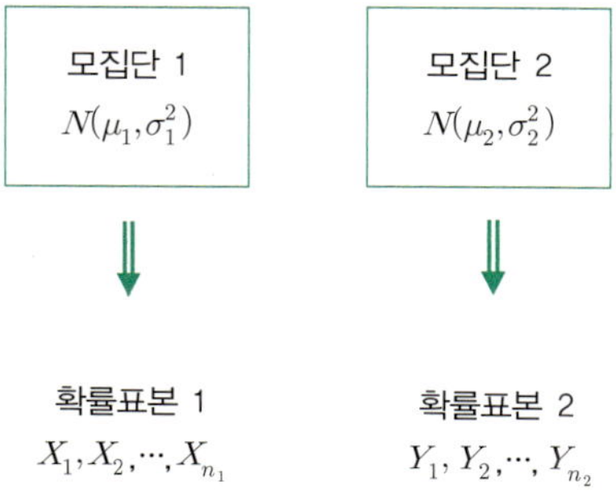


**|그림 5.8| 독립된 두 모집단**

$\{X_1, X_2, \cdots, X_{n_1}\}$을 정규 모집단 $N(\mu_1,\sigma_1^2)$에서 추출한 크기가 $n_1$인 확률표본이라 하고, $\{Y_1, Y_2, \cdots, Y_{n_2}\}$을 정규 모집단 $N(\mu_2,\sigma_2^2)$에서 추출한 크기가 $n_2$인 확률표본이라 하자.

$\overline{X}=\sum_{i=1}^{n_1} X_i/n_1$를 확률표본 $\{X_1, X_2, \cdots, X_n\}$의 표본평균이라 하고,

$\overline{Y}=\sum_{i=1}^{n_2} Y_i/n_2$를 확률표본 $\{Y_1, Y_2, \cdots, Y_{n_2}\}$의 표본평균이라 하면, $\mu_1-\mu_2$의 추정량은 두 표본평균의 차이 $\overline{X}-\overline{Y}$가 된다. 이 추정량의 좋은 성질을 살펴보면

$$E(\overline{X}-\overline{Y})=E(\overline{X})-E(\overline{Y})=\mu_1-\mu_2$$

$$Var(\overline{X}-\overline{Y})=Var(\overline{X})+Var(\overline{Y})=\frac{\sigma_1^2}{n_1}+\frac{\sigma_2^2}{n_2}$$

이다. 즉, $\overline{X}-\overline{Y}$의 기댓값은 추정하고자 하는 $\mu_1-\mu_2$가 되고, 표본크기 $n_1$과 $n_2$가 커지면서 $\overline{X}-\overline{Y}$의 분산은 0으로 수렴해서, $\overline{X}-\overline{Y}$는 $\mu_1-\mu_2$ 이외에 다른 값을 가질 확률이 점점 없어진다.

이제 모평균 차이 $\mu_1-\mu_2$의 구간추정에 대해 알아보자. 두 표본평균의 차이 $\overline{X}-\overline{Y}$를 표준화해준 $\dfrac{(\overline{X}-\overline{Y})-(\mu_1-\mu_2)}{\sqrt{\dfrac{\sigma_1^2}{n_1}+\dfrac{\sigma_2^2}{n_2}}}$는 표준정규분포를 따르게 된다. 따라서 우리는 다음의 식을 얻을 수 있다.

$$P\left\{-z_{\alpha/2}<\frac{(\overline{X}-\overline{Y})-(\mu_1-\mu_2)}{\sqrt{\dfrac{\sigma_1^2}{n_1}+\dfrac{\sigma_2^2}{n_2}}}<z_{\alpha/2}\right\}=1-\alpha$$

위 식을 $\mu_1-\mu_2$에 대해 정리하면, 모평균 차이 $\mu_1-\mu_2$의 $100(1-\alpha)\%$ 신뢰구간을 다음과 같이 얻을 수 있다.

**모평균 차이 $\mu_1-\mu_2$의 $100(1-\alpha)\%$ 신뢰구간**

$$\bar{x}-\bar{y}-z_{\alpha/2}\sqrt{\frac{\sigma_1^2}{n_1}+\frac{\sigma_2^2}{n_2}}<\mu_1-\mu_2<\bar{x}-\bar{y}+z_{\alpha/2}\sqrt{\frac{\sigma_1^2}{n_1}+\frac{\sigma_2^2}{n_2}} \quad (5.11)$$

여기서 $\bar{x}$와 $\bar{y}$는 실제 표본 $\{x_1, x_2, \cdots, x_{n_1}\}$과 $\{y_1, y_2, \cdots, y_{n_2}\}$에서 표본평균 $\overline{X}$와 $\overline{Y}$의 값이다.

**예 5.6**

우리나라에 거주하는 15명의 유럽 성인 남성과 18명의 미국 성인 남성의 몸무게를 측정한 결과 평균 몸무게가 각각 $\overline{x}= 69.8kg$과 $\overline{y}= 73.4kg$이었다. 유럽 성인 남성 몸무게의 표준편차는 $\sigma_1 = 4.5kg$이고, 미국 성인 남성 몸무게의 표준편차는 $\sigma_2 = 5.9kg$으로 알려져 있다. 우리나라에 거주하는 성인 유럽 남성 몸무게의 모평균을 $\mu_1$이라 하고, 성인 미국 남성 몸무게의 모평균을 $\mu_2$라 할 때, 모평균 차이 $\mu_1 - \mu_2$의 90% 신뢰구간을 구하라.

**풀이** $n_1 = 15$, $n_2 = 18$, $z_{0.05} = 1.645$이므로, 모평균 차이 $\mu_1 - \mu_2$의 90% 신뢰구간은 식 (5.11)로부터

$$69.8 - 73.4 - 1.645\sqrt{\frac{4.5^2}{15} + \frac{5.9^2}{18}} < \mu_1 - \mu_2 < 69.8 - 73.4 + 1.645\sqrt{\frac{4.5^2}{15} + \frac{5.9^2}{18}}$$

$$\Rightarrow \quad -6.58 < \mu_1 - \mu_2 < -0.62$$

이 된다.

이제 모평균 차이 $\mu_1 - \mu_2$의 가설 검정에 대해 알아보자. 앞에서 언급하였듯이, 귀무가설 $H_0 : \mu_1 - \mu_2 = \delta_0$가 사실이라면, 두 표본평균의 차이 $\overline{X} - \overline{Y}$를 표준화해준 $Z = \dfrac{\overline{X} - \overline{Y} - \delta_0}{\sqrt{\dfrac{\sigma_1^2}{n_1} + \dfrac{\sigma_2^2}{n_2}}}$는 표준정규분포를 따르게 된다. 따라서 5.2.3 절에서 모평균 $\mu$의 가설검정을 유도할 때와 같은 논리로 전개하면, 모평균 차이 $\mu_1 - \mu_2$에 대한 유의수준 $\alpha$ 가설검정을 다음과 같이 얻을 수 있다.

(i) $H_0 : \mu_1 - \mu_2 = \delta_0$ versus $H_1 : \mu_1 - \mu_2 > \delta_0$인 경우

$$z = \frac{\overline{x} - \overline{y} - \delta_0}{\sqrt{\dfrac{\sigma_1^2}{n_1} + \dfrac{\sigma_2^2}{n_2}}} \geq z_\alpha$$ 이면 $H_0$를 기각하고 $H_1$을 채택한다.

(ii) $H_0 : \mu_1 - \mu_2 = \delta_0$ versus $H_1 : \mu_1 - \mu_2 < \delta_0$인 경우

$z \leq -z_\alpha$이면 $H_0$를 기각하고 $H_1$을 채택한다.

(iii) $H_0 : \mu_1 - \mu_2 = \delta_0$ versus $H_1 : \mu_1 - \mu_2 \neq \delta_0$인 경우

$|z| \geq z_{\alpha/2}$이면, $H_0$를 기각하고 $H_1$을 채택한다.

**예 5.6** 계속

우리나라에 거주하는 성인 유럽 남성 몸무게의 모평균 $\mu_1$과 성인 미국 남성 몸무게의 모평균 $\mu_2$는 차이를 보이는가? 귀무가설과 대립가설을 세우고, 15명의 유럽 성인 남성과 18명의 미국 성인 남성의 몸무게 자료를 통해, 유의수준 $\alpha = 0.1$로 검정하라.

**풀이** 귀무가설과 대립가설은 다음과 같다.

$$H_0 : \mu_1 - \mu_2 = 0 \ \text{ versus } \ H_1 : \mu_1 - \mu_2 \neq 0$$

검정통계치는

$$z = \frac{\overline{x} - \overline{y} - 0}{\sqrt{\dfrac{\sigma_1^2}{n_1} + \dfrac{\sigma_2^2}{n_2}}} = \frac{69.8 - 73.4}{\sqrt{\dfrac{4.5^2}{15} + \dfrac{5.9^2}{18}}} = -1.99$$

이다. $|z| = 1.99 \geq z_{0.05} = 1.645$이므로 우리는 유의수준 $\alpha = 0.1$에서 귀무가설 $H_0 : \mu_1 - \mu_2 = 0$을 기각하고 대립가설 $H_1 : \mu_1 - \mu_2 \neq 0$을 채택할 수 있다. 즉, 우리나라에 거주하는 성인 유럽 남성 몸무게의 모평균과 성인 미국 남성 몸무게의 모평균은 차이가 있다고 결론을 내린다. 참고로, 앞에서 구한 모평균 차이 $\mu_1 - \mu_2$의 90% 신뢰구간은

$$-6.58 < \mu_1 - \mu_2 < -0.62$$

이었다. 이 신뢰구간은 귀무가설 $H_0 : \mu_1 - \mu_2 = 0$에서 가설하는 0을 포함하지 않는다. 따라서 유의수준 $\alpha = 0.1$인 양측검정에서 귀무가설을 기각하고 대립가설 $H_1 : \mu_1 - \mu_2 \neq 0$을 채택하게 됨을, 5.3.2절에 있는 신뢰구간에 의한 검정으로도, 유추할 수 있다.

### 5.5.2 모평균의 비교(모분산이 알려지지 않은 경우)

실제 문제로 들어가면, 남성과 여성의 키나 몸무게처럼 비교되는 두 정규모집단이 평균은 다르더라도 퍼진 정도는 유사하다고 가정할 수 있는 경우가 많다. 이 절에서는 모분산 $\sigma_1^2$과 $\sigma_2^2$이 알려지진 않았지만 $\sigma_1^2 = \sigma_2^2 = \sigma^2$로 가정할 수 있는 경우에 두 모평균 차이 $\mu_1 - \mu_2$에 대한 추정과 가설검정을 공부한다. 모집단의 분산이 알려지지 않은 경우에도 $\mu_1 - \mu_2$의 추정량은 두 표본평균의 차이 $\overline{X} - \overline{Y}$가 된다. 그리고 공동 모분산 $\sigma^2$의 추정량으로는, 두 확률표본 $\{X_1, X_2, \cdots, X_{n_1}\}$과 $\{Y_1, Y_2, \cdots, Y_{n_2}\}$이 모두 공동 모분산 $\sigma^2$에 대한 정보를 가지고 있으므로, 두 확률표본 $\{X_1, X_2, \cdots, X_{n_1}\}$과 $\{Y_1, Y_2, \cdots, Y_{n_2}\}$을 합쳐서 합동표본분산

$$S_p^2 = \frac{\sum_{i=1}^{n_1}(X_i - \overline{X})^2 + \sum_{i=1}^{n_2}(Y_i - \overline{Y})^2}{n_1 + n_2 - 2} = \frac{\sum_{i=1}^{n_1} X_i^2 - n_1 \overline{X}^2 + \sum_{i=1}^{n_2} Y_i^2 - n_2 \overline{Y}^2}{n_1 + n_2 - 2}$$

을 구하고, 이를 공동 모분산 $\sigma^2$의 추정량으로 쓴다. 여기서 세 번째 항은 $S_p^2$의 계산식이다. 공동 모표준편차 $\sigma$의 추정량은 합동표본표준편차 $S_p = \sqrt{S_p^2}$이 된다.

이제 모평균 차이 $\mu_1 - \mu_2$의 구간 추정에 대해 알아보자. 두 표본평균의 차이 $\overline{X} - \overline{Y}$를 표준화해주고 공동 모표준편차 $\sigma$를 모르기 때문에 이의 추정량인 합동표본표준편차 $S_p$로 대체하면 $\dfrac{(\overline{X} - \overline{Y}) - (\mu_1 - \mu_2)}{S_p\sqrt{\dfrac{1}{n_1} + \dfrac{1}{n_2}}}$는 자유도 $\nu = n_1 + n_2 - 2$인 $t$-분포를 따르게 된다. 따라서 우리는 다음의 식을 얻을 수 있다.

$$P\left\{-t_{\alpha/2}(n_1 + n_2 - 2) < \frac{(\overline{X} - \overline{Y}) - (\mu_1 - \mu_2)}{S_p\sqrt{\frac{1}{n_1} + \frac{1}{n_2}}} < t_{\alpha/2}(n_1 + n_2 - 2)\right\} = 1 - \alpha$$

여기서 $t_{\alpha/2}(n_1+n_2-2)$는 자유도 $\nu=n_1+n_2-2$인 $t$-분포에서 이 값을 중심으로 상위 확률이 $\alpha/2$가 되는 값이고, $-t_{\alpha/2}(n_1+n_2-2)$은 이 값을 중심으로 하위 확률이 $\alpha/2$가 되는 값이다. 위 식을 $\mu_1-\mu_2$에 대해 정리하면 모평균 차이 $\mu_1-\mu_2$의 $100(1-\alpha)\%$ 신뢰구간을 다음과 같이 얻을 수 있다.

**모평균 차이 $\mu_1-\mu_2$의 $100(1-\alpha)\%$ 신뢰구간**

$$(\overline{x}-\overline{y})-t_{\alpha/2}(n_1+n_2-2)s_p\sqrt{\frac{1}{n_1}+\frac{1}{n_2}} \tag{5.12}$$
$$<\mu_1-\mu_2<(\overline{x}-\overline{y})-t_{\alpha/2}(n_1+n_2-2)s_p\sqrt{\frac{1}{n_1}+\frac{1}{n_2}}$$

여기서 $\overline{x}$와 $\overline{y}$ 그리고 $s_p$는 실제 표본에서 $\overline{X}$와 $\overline{Y}$ 그리고 $S_p$의 값이다.

**예 5.7**

동일한 화초가 심어진 5개의 화분에는 인산염 비료를 주고, 다른 6개의 화분에는 질소 비료를 주어, 3개월 후 화초의 길이를 재었다. (단위: cm)

| 비료 종류 | 화초의 길이 |
|---|---|
| 인산염 비료 | 40, 49, 38, 48, 40 |
| 질소 비료 | 50, 41, 53, 39, 40, 47 |

인산염 비료를 준 화초 길이의 모평균을 $\mu_1$이라 하고, 질소 비료를 준 화초 길이의 모평균을 $\mu_2$라 할 때, 화초의 길이가 정규 분포를 따른다면 $\mu_1-\mu_2$의 98% 신뢰구간을 구하라. 단, 화초 길이의 모분산은 비료 종류에 따라 차이가 없다고 가정한다.

**풀이** 두 표본의 표본평균은 각각

$$\overline{x}=\frac{\sum_{i=1}^{5}x_i}{5}=43\text{과}\quad \overline{y}=\frac{\sum_{i=1}^{6}y_i}{6}=45$$

이고, $\sum_{i=1}^{5} x_i^2 = 9349$와 $\sum_{i=1}^{6} y_i^2 = 12320$이다. 따라서 공동 모분산 $\sigma^2$의 추정량은

$$s_p^2 = \frac{\sum_{i=1}^{n_1} x_i^2 - n_1 \overline{x}^2 + \sum_{i=1}^{n_2} y_i^2 - n_2 \overline{y}^2}{n_1 + n_2 - 2}$$
$$= \frac{9349 - 5 \times 43^2 + 12320 - 6 \times 45^2}{5 + 6 - 2} = 30.44$$

이고, $s_p = \sqrt{30.44} = 5.52$이다. $t_{0.01}(9) = 2.821$이므로, 모평균 차이 $\mu_1 - \mu_2$의 98% 신뢰구간은 식 (5.12)로부터

$$43 - 45 - 2.821 \times 5.52 \sqrt{\frac{1}{5} + \frac{1}{6}} < \mu_1 - \mu_2$$
$$< 43 - 45 + 2.821 \times 5.52 \sqrt{\frac{1}{5} + \frac{1}{6}}$$

$$\Rightarrow \quad -11.43 < \mu < 7.43$$

이 된다.

이제 모평균 차이 $\mu_1 - \mu_2$의 가설검정에 대해 알아보자. 앞에서 언급하였듯이, 귀무가설 $H_0 : \mu_1 - \mu_2 = \delta_0$가 사실이라면, $T = \frac{\overline{X} - \overline{Y} - \delta_0}{S_p \sqrt{\frac{1}{n_1} + \frac{1}{n_2}}}$는 자유도 $\nu = n_1 + n_2 - 2$인 $t-$분포를 따르게 된다. 따라서 5.2.3절에서 모평균 $\mu$의 가설검정을 유도할 때와 같은 논리로 전개하면, 모평균 차이 $\mu_1 - \mu_2$에 대한 유의수준 $\alpha$ 가설검정을 다음과 같이 얻을 수 있다.

(i) $H_0 : \mu_1 - \mu_2 = \delta_0$ versus $H_1 : \mu_1 - \mu_2 > \delta_0$인 경우

$$t = \frac{\overline{x} - \overline{y} - \delta_0}{s_p \sqrt{\frac{1}{n_1} + \frac{1}{n_2}}} \geq t_\alpha(n_1 + n_2 - 2)$$
이면 $H_0$를 기각하고 $H_1$을 채택한다.

(ii) $H_0 : \mu_1 - \mu_2 = \delta_0$ versus $H_1 : \mu_1 - \mu_2 < \delta_0$인 경우

$t \leq - t_{\alpha}(n_1 + n_2 - 2)$이면 $H_0$를 기각하고 $H_1$을 채택한다.

(iii) $H_0 : \mu_1 - \mu_2 = \delta_0$ versus $H_1 : \mu_1 - \mu_2 \neq \delta_0$인 경우

$|t| \geq t_{\alpha/2}(n_1 + n_2 - 2)$이면, $H_0$를 기각하고 $H_1$을 채택한다.

**예 5.7** 계속

질소 비료를 준 화초가 인산염 비료를 준 화초보다 더 잘 자란다고 말할 수 있는가? 귀무가설과 대립가설을 세우고, 11개 화분에 심은 화초의 길이 자료를 가지고, 유의수준 $\alpha = 0.05$로 검정하라.

**풀이** 귀무가설과 대립가설은 다음과 같다.

$$H_0 : \mu_1 - \mu_2 = 0 \text{ versus } H_1 : \mu_1 - \mu_2 < 0$$

검정통계치는

$$t = \frac{\overline{x} - \overline{y} - 0}{s_p\sqrt{\dfrac{1}{n_1} + \dfrac{1}{n_2}}} = \frac{43 - 45}{5.52\sqrt{\dfrac{1}{5} + \dfrac{1}{6}}} = -0.60$$

이다. $t = -0.60 > -t_{0.05}(9) = -1.833$이므로 우리는 유의수준 $\alpha = 0.05$에서 귀무가설 $H_0 : \mu_1 - \mu_2 = 0$을 기각할 수 없다. 즉, 질소 비료를 준 화초가 인산염 비료를 준 화초보다 더 잘 자란다고 말할 수 없다.

만일 두 표본의 크기가 충분히 크면 (보통 $n_1 \geq 30$ *and* $n_2 \geq 30$), 모분산이 알려지지 않은 경우에도, 모분산 $\sigma_1^2$과 $\sigma_2^2$를 표본표준편차 $s_1^2$과 $s_2^2$로 대체하고, 모분산 $\sigma_1^2$과 $\sigma_2^2$이 알려진 경우에서와 같이 표준정규분포를 이용하여 모평균 차이 $\mu_1 - \mu_2$의 구간추정과 가설검정을 해도 무방하다.

### 5.5.3 짝 비교

특정 해열제의 효과를 알아보는 실험을 생각해보자. 이 경우 우리는 먼저 실험에 참가하게 될 환자를 무작위로 정하고, 이들의 해열제 복용 전후의 체온을 측정해서 비교하게 될 것이다. 특정 운동이 혈압에 미치는 영향을 알아볼 때도, 왼손과 오른손의 악력의 차이를 알아볼 때도 마찬가지이다. 비 온 전후의 대기 오염도의 차이를 알아볼 때도 우리는 실험의 대상이 될 장소를 먼저 무작위로 추출하고 이들 장소에서 비 온 전후의 오염도를 측정하여 비교하게 될 것이다. 이 절에서는 이와 같이 두 관측치가 어떤 매개를 통해 짝을 이루고 있는 경우 앞의 관측치의 모평균 $\mu_1$과 뒤 관측치의 모평균 $\mu_2$를 비교하는 추론을 공부한다.

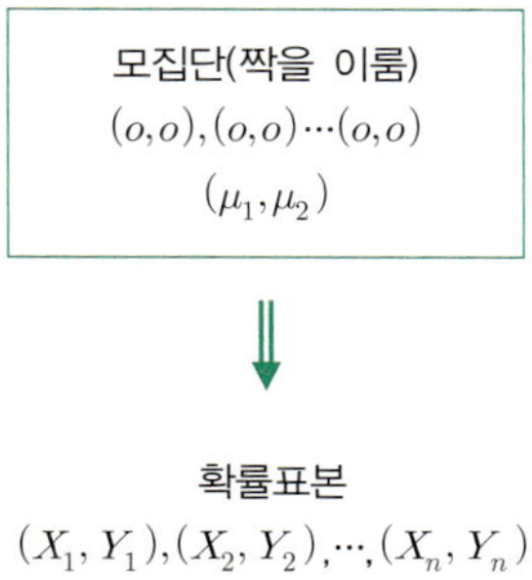


**|그림 5.9|** 짝비교

[그림 5.9]와 같이 모집단이 두 관측치들의 짝으로 이루어진 경우, 여기서 추출한 확률표본 $(X_1, Y_1), (X_2, Y_2), \cdots, (X_n, Y_n)$도 두 관측치들의 짝으로 얻어진다. 이 경우 모평균 차이 $\mu_1 - \mu_2$를 추론하는데 두 표본평균의 차이 $\overline{X} - \overline{Y}$를 이용하는 것보다 관측치들의 차이

$$D_i = X_i - Y_i, \quad i = 1, 2, \cdots, n$$

를 고려한 뒤, 차이의 확률표본 $\{D_1, D_2, \cdots, D_n\}$을 이용하는 것이 더 효과적이라고 알려져 있다. 차이들의 표본평균과 표본분산은 다음과 같다.

$$\overline{D} = \frac{\sum_{i=1}^{n} D_i}{n}$$

$$S_D^2 = \frac{\sum_{i=1}^{n} (D_i - \overline{D})^2}{n-1} = \frac{\sum_{i=1}^{n} D_i^2 - n\overline{D}^2}{n-1}$$

여기서 $\overline{D}$는 물론 모평균 차이 $\mu_1 - \mu_2$의 점추정량이 된다.

이제 모평균 $\mu_1 - \mu_2$의 구간추정에 대해 알아보자. $\overline{D}$를 표준화한 $\dfrac{\overline{D} - (\mu_1 - \mu_2)}{\sigma_D / \sqrt{n}}$에서 모표준편차 $\sigma_D$를 모르기 때문에 이의 추정량인 표본표준편차 $S_D = \sqrt{S_D^2}$로 대체하면 $\dfrac{\overline{D} - (\mu_1 - \mu_2)}{S_D / \sqrt{n}}$는 자유도 $\nu = n-1$인 $t$-분포를 따르게 된다. 따라서 우리는 다음의 식을 얻을 수 있다.

$$P\left\{-t_{\alpha/2}(n-1) < \frac{\overline{D} - (\mu_1 - \mu_2)}{S_D / \sqrt{n}} < t_{\alpha/2}(n-1)\right\} = 1 - \alpha$$

여기서 $t_{\alpha/2}(n-1)$는 자유도 $\nu = n-1$인 $t$-분포에서 이 값을 중심으로 상위 확률이 $\alpha/2$가 되는 값이고, $-t_{\alpha/2}(n-1)$은 이 값을 중심으로 하위 확률이 $\alpha/2$가 되는 값이다. 위 식을 $\mu_1 - \mu_2$에 대해 정리하면, 모평균 차이 $\mu_1 - \mu_2$의 $100(1-\alpha)\%$ 신뢰구간은 다음과 같다.

**모평균 차이 $\mu_1 - \mu_2$의 $100(1-\alpha)\%$ 신뢰구간**

$$\bar{d} - t_{\alpha/2}(n-1)\frac{s_D}{\sqrt{n}} < \mu_1 - \mu_2 < \bar{d} + t_{\alpha/2}(n-1)\frac{s_D}{\sqrt{n}} \qquad (5.13)$$

여기서 $\bar{d}$와 $s_D$는 차이의 실제 표본 $\{d_1, d_2, \cdots, d_n\}$에서 표본평균 $\overline{D}$와 표본표준편차 $S_D$의 값이다.

**예 5.8**

아래 표는 새로 개발된 다이어트 프로그램에 참여한 8명의 체중 변화이다. (단위: kg)

| 번호 | 다이어트 전 ($x_i$) | 다이어트 후 ($y_i$) | 체중 변화 ($d_i = x_i - y_i$) |
|---|---|---|---|
| 1 | 105 | 97 | 8 |
| 2 | 98 | 96 | 2 |
| 3 | 70 | 60 | 10 |
| 4 | 60 | 59 | 1 |
| 5 | 73 | 77 | −4 |
| 6 | 65 | 50 | 15 |
| 7 | 68 | 57 | 11 |
| 8 | 95 | 90 | 5 |

다이어트 프로그램 참여자의 다이어트 전후 체중의 모평균을 각각 $\mu_1$과 $\mu_2$라 할 때, $\mu_1 - \mu_2$의 95% 신뢰구간을 구하라.

**풀이** 다이어트 전후 체중 변화의 표본평균은

$$\bar{d} = \frac{\sum_{i=1}^{8} d_i}{8} = 6$$

이고, $\sum_{i=1}^{5} d_i^2 = 556$이다. 따라서 체중 변화의 표준편차는

$$s_D = \sqrt{\frac{\sum_{i=1}^{n} d_i^2 - n\bar{d}^2}{n-1}} = \sqrt{\frac{556 - 8 \times 6^2}{8-1}} = 6.19$$

이다. $t_{0.025}(7) = 2.365$이므로, 체중 변화의 모평균 $\mu_1 - \mu_2$의 95% 신뢰구간은 식 (5.13)으로부터

$$6 - 2.365 \times \frac{6.19}{\sqrt{8}} < \mu_1 - \mu_2 < 6 + 2.365 \times \frac{6.19}{\sqrt{8}}$$
$$\Rightarrow \quad 0.82 < \mu < 11.18$$

이 된다.

이제 모평균 차이 $\mu_1 - \mu_2$의 가설검정에 대해 알아보자. 앞에서 언급하였듯이, 귀무가설 $H_0 : \mu_1 - \mu_2 = \delta_0$가 사실이라면, $T = \dfrac{\overline{D} - \delta_0}{S_D / \sqrt{n}}$는 자유도 $\nu = n-1$인 $t$-분포를 따르게 된다. 따라서 5.2.3절에서 모평균 $\mu$의 가설 검정을 유도할 때와 같은 논리로 전개하면, 모평균 차이 $\mu_1 - \mu_2$에 대한 유의수준 $\alpha$ 가설검정을 다음과 같이 얻을 수 있다.

(i) $H_0 : \mu_1 - \mu_2 = \delta_0$ versus $H_1 : \mu_1 - \mu_2 > \delta_0$인 경우

$t = \dfrac{\overline{d} - \delta_0}{s_D / \sqrt{n}} \geq t_\alpha (n-1)$이면 $H_0$를 기각하고 $H_1$을 채택한다.

(ii) $H_0 : \mu_1 - \mu_2 = \delta_0$ versus $H_1 : \mu_1 - \mu_2 < \delta_0$인 경우

$t \leq -t_\alpha (n-1)$이면 $H_0$를 기각하고 $H_1$을 채택한다.

(iii) $H_0 : \mu_1 - \mu_2 = \delta_0$ versus $H_1 : \mu_1 - \mu_2 \neq \delta_0$인 경우

$|t| \geq t_{\alpha/2}(n-1)$이면, $H_0$를 기각하고 $H_1$을 채택한다.

**예 5.8** 계속

기존 다이어트 프로그램에 참여한 사람들은 평균적으로 3kg을 감량하였다. 새로 개발된 다이어트 프로그램이 기존 다이어트 프로그램보다 더 효과적인지 귀무가설과 대립가설을 세우고, 8명의 체중 변화 자료를 통해, 유의수준 $\alpha = 0.05$로 검정하라.

**풀이** 귀무가설과 대립가설은 다음과 같다.

$$H_0 : \mu_1 - \mu_2 = 3 \text{ versus } H_1 : \mu_1 - \mu_2 > 3$$

검정통계치는

$$t = \frac{\overline{d} - \delta_0}{s_D / \sqrt{n}} = \frac{6-3}{6.19/\sqrt{8}} = 1.37$$

이다. $t = 1.37 < t_{0.05}(7) = 1.895$이므로 우리는 유의수준 $\alpha = 0.05$에서 귀무가설 $H_0 : \mu_1 - \mu_2 = 3$을 기각할 수 없다. 즉, 새로 개발된 다이어트 프로그램이 기존 다이어트 프로그램보다 효과적이라고 말할 수 없다.

### 5.5.4 두 모비율의 비교

아래 [그림 5.10]과 같이 두 개의 독립된 이항 모집단을 고려하자. 모집단 1은 우리의 관심 특성을 가진 개체(1)의 비율이 $p_1$이고 그렇지 않은 개체(0)의 비율이 $q_1 = 1 - p_1$인 이항 모집단이고, 모집단 2는 관심 특성을 가진 개체(1)의 비율이 $p_2$이고 그렇지 않은 개체(0)의 비율이 $q_2 = 1 - p_2$인 이항 모집단이다. 이 절에서는 두 모비율 $p_1$과 $p_2$를 비교하는 추론을 공부한다. 즉, 둘의 차이 $p_1 - p_2$에 대한 추정과 가설검정을 다룬다.

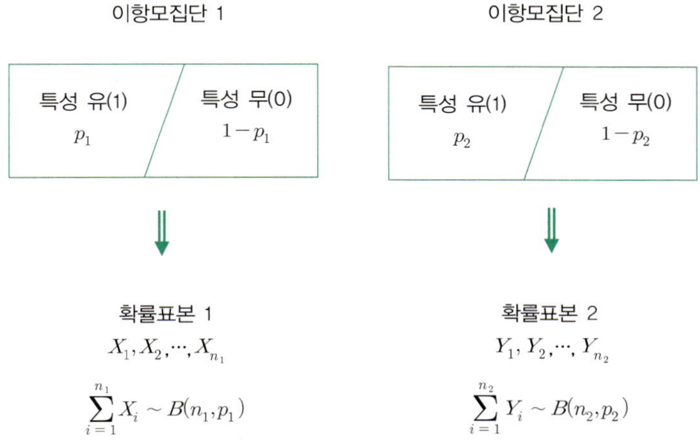


**[그림 5.10]** 두 모비율의 비교

$\{X_1, X_2, \cdots, X_{n_1}\}$을 이항 모집단 $B(1, p_1)$에서 추출한 크기가 $n_1$인 확률표본이라 하고, $\{Y_1, Y_2, \cdots, Y_{n_2}\}$을 이항 모집단 $B(1, p_2)$에서 추출한 크기가 $n_2$인 확률표본이라 하자.

5.1절과 5.4절에서 언급하였듯이 $\sum_{i=1}^{n_1} X_i$는 반복의 수가 $n_1$이고 1의 비율이 $p_1$인 이항분포 $B(n_1, p_1)$를 따르고, $\sum_{i=1}^{n_2} Y_i$는 반복의 수가 $n_2$이고 1의 비율이 $p_2$인 이항분포 $B(n_2, p_2)$를 따른다.

$\widehat{P_1} = \sum_{i=1}^{n_1} X_i / n_1$을 확률표본 $\{X_1, X_2, \cdots, X_n\}$에서 1의 표본비율이라 하고, $\widehat{P_2} = \sum_{i=1}^{n_2} Y_i / n_2$를 확률표본 $\{Y_1, Y_2, \cdots, Y_{n_2}\}$에서 1의 표본비율이라 하면, 두 모비율 차이 $p_1 - p_2$의 추정량은 두 표본비율의 차이 $\widehat{P_1} - \widehat{P_2}$가 된다. 이 추정량의 좋은 성질을 살펴보면

$$E(\widehat{P_1} - \widehat{P_2}) = E(\widehat{P_1}) - E(\widehat{P_2}) = p_1 - p_2$$

$$Var(\widehat{P_1} - \widehat{P_2}) = Var(\widehat{P_1}) + Var(\widehat{P_2}) = \frac{p_1 q_1}{n_1} + \frac{p_2 q_2}{n_2}$$

이다. 즉, $\widehat{P_1} - \widehat{P_2}$의 기대되는 값은 추정하고자 하는 $p_1 - p_2$가 되고, 표본크기 $n_1$과 $n_2$가 커지면서 $\widehat{P_1} - \widehat{P_2}$의 분산은 0으로 수렴해서, $\widehat{P_1} - \widehat{P_2}$는 $p_1 - p_2$ 이외에 다른 값을 가질 확률이 점점 없어진다.

이제 모비율 차이 $p_1 - p_2$의 구간추정에 대해 알아보자. 두 표본비율의 차이 $\widehat{P_1} - \widehat{P_2}$를 표준화해준 $\dfrac{(\widehat{P_1} - \widehat{P_2}) - (p_1 - p_2)}{\sqrt{\dfrac{p_1 q_1}{n_1} + \dfrac{p_2 q_2}{n_2}}}$는 표본의 크기가 충분히 크면 (보통 $n_1 p_1 \geq 5$, $n_1 q_1 \geq 5$, $n_2 p_2 \geq 5$, $n_2 q_2 \geq 5$), 이항분포의 정규분포 근사에 의해, 표준정규분포를 따르게 된다. 따라서 우리는 다음의 식을 얻을 수 있다.

$$P\left\{ -z_{\alpha/2} < \frac{(\widehat{P_1} - \widehat{P_2}) - (p_1 - p_2)}{\sqrt{\dfrac{p_1 q_1}{n_1} + \dfrac{p_2 q_2}{n_2}}} < z_{\alpha/2} \right\} = 1 - \alpha$$

위 식을 $p_1 - p_2$에 대해 정리하면 모비율 차이 $p_1 - p_2$의 $100(1-\alpha)\%$ 신뢰구간은 다음과 같다.

모비율 차이 $p_1 - p_2$의 $100(1-\alpha)\%$ 신뢰구간:

$$\hat{p}_1 - \hat{p}_2 - z_{\alpha/2}\sqrt{\frac{\hat{p}_1 \hat{q}_1}{n_1} + \frac{\hat{p}_2 \hat{q}_2}{n_2}} < p_1 - p_2 < \hat{p}_1 - \hat{p}_2 + z_{\alpha/2}\sqrt{\frac{\hat{p}_1 \hat{q}_1}{n_1} + \frac{\hat{p}_2 \hat{q}_2}{n_2}} \qquad (5.14)$$

여기서 $\hat{p_1}$과 $\hat{p_2}$는 표본비율 $\hat{P_1}$과 $\hat{P_2}$의 실제 표본에서의 값이고, 표준편차 부분의 $p_1$과 $p_2$는 $p_1 - p_2$의 신뢰구간을 구하는 것이므로 $\hat{p_1}$과 $\hat{p_2}$으로 대체되었다.

**예 5.9**

어느 대학교에서 전공 만족도를 조사하였다. 여학생은 150명 중 48명이 자기 전공에 만족한다고 대답하였고, 남학생은 300명 중 114명이 자기 전공에 만족한다고 대답하였다. 이 학교 여학생의 전공 만족 비율을 $p_1$이라 하고, 남학생의 전공 만족 비율을 $p_2$라 할 때, $p_1 - p_2$의 95% 신뢰구간을 구하라.

**풀이** $n_1 = 150$, $n_2 = 300$, $\hat{p_1} = 0.32$, $\hat{p_2} = 0.38$, $z_{0.025} = 1.96$이므로, 여학생과 남학생의 전공 만족 비율 차이 $p_1 - p_2$의 95% 신뢰구간은 식 (5.14)로부터

$$0.32 - 0.38 - 1.96\sqrt{\frac{0.32 \times 0.68}{150} + \frac{0.38 \times 0.62}{300}} < p_1 - p_2 < 0.32 - 0.38 + 1.96\sqrt{\frac{0.32 \times 0.68}{150} + \frac{0.38 \times 0.62}{300}}$$

$$\Rightarrow \quad -0.153 < p < 0.033$$

이 된다.

이제 모비율 차이 $p_1 - p_2$의 가설 검정에 대해 알아보자. 이 책에서는 실제 문제에서 많이 나오는 귀무가설이 $H_0 : p_1 = p_2$인 경우만 다룬다. 이 경우 대립가설은 $H_1 : p_1 > p_2$, $H_1 : p_1 < p_2$, $H_1 : p_1 \neq p_2$ 중에 하나가 될 것이다. 귀무가설이 사실이라면 $p_1 = p_2 = p$이고, 두 확률표본 $\{X_1, X_2, \cdots, X_{n_1}\}$과 $\{Y_1, Y_2, \cdots, Y_{n_2}\}$이 모두 공동 모비율 $p$에 대한 정보를 가지고 있으므로, 두 확률표본을 합쳐서 합동표본비율

$$\widehat{P} = \frac{\sum_{i=1}^{n_1} X_i + \sum_{i=1}^{n_2} Y_i}{n_1 + n_2}$$

을 공동 모비율 $p$의 추정량으로 쓴다.

앞에서 언급하였듯이, 귀무가설 $H_0 : p_1 = p_2 = p$가 사실이라면 $\widehat{P_1} - \widehat{P_2}$를 표준화해준 $Z = \frac{(\widehat{P_1} - \widehat{P_2}) - 0}{\sqrt{\hat{p}\hat{q}(\frac{1}{n_1} + \frac{1}{n_2})}}$는, 표본의 크기 $n_1$과 $n_2$가 충분히 크면, 표준정규분포를 따르게 된다. 여기서 분모의 표준편차 부분의 공동 모비율 $p$는 이의 추정치 합동표본비율 $\hat{p} = \frac{\sum_{i=1}^{n_1} x_i + \sum_{i=1}^{n_2} y_i}{n_1 + n_2}$로 대체되었다. 따라서 5.2.3절에서 모평균 $\mu$의 가설 검정을 유도할 때와 같은 논리로 전개하면, 두 모비율 $p_1$과 $p_2$에 대한 유의수준 $\alpha$ 가설검정을 다음과 같이 얻을 수 있다.

(i) $H_0 : p_1 = p_2$ versus $H_1 : p_1 > p_2$인 경우

$z = \frac{\widehat{p_1} - \widehat{p_2}}{\sqrt{\hat{p}\hat{q}(\frac{1}{n_1} + \frac{1}{n_2})}} \geq z_\alpha$이면 $H_0$를 기각하고 $H_1$을 채택한다.

(ii) $H_0 : p_1 = p_2$ versus $H_1 : p_1 < p_2$인 경우

$z \leq -z_\alpha$이면 $H_0$를 기각하고 $H_1$을 채택한다.

(iii) $H_0 : p_1 = p_2$ versus $H_1 : p_1 \neq p_2$인 경우

$|z| \geq z_{\alpha/2}$이면, $H_0$를 기각하고 $H_1$을 채택한다.

여기서 검정통계치 $z$는 귀무가설 $H_0 : p_1 = p_2 = p$가 사실이라는 가정하에 만들어지므로, 분모의 표준편차 부분에 공동 모비율 $p$의 추정치인 합동표본비율 $\hat{p} = \frac{\sum_{i=1}^{n_1} x_i + \sum_{i=1}^{n_2} y_i}{n_1 + n_2}$이 쓰임을 유념하기 바란다.

예 5.9 계속

이 대학교 여학생과 남학생의 전공 만족 비율은 차이를 보이는가? 귀무가설과 대립가설을 세우고, 위 전공 만족도 조사에 근거하여, 유의수준 $\alpha = 0.05$로 검정하라. 또 검정통계치의 유의확률($P$-값)을 구하라.

풀이 귀무가설과 대립가설은 다음과 같다.

$$H_0 : p_1 = p_2 \ \text{versus} \ H_1 : p_1 \neq p_2$$

공동 모비율 $p$의 추정치인 합동표본비율은

$$\hat{p} = \frac{\sum_{i=1}^{n_1} x_i + \sum_{i=1}^{n_2} y_i}{n_1 + n_2} = \frac{48 + 114}{150 + 300} = 0.36$$

이다. 따라서 검정통계치는

$$z = \frac{\widehat{p_1} - \widehat{p_2}}{\sqrt{\hat{p}\hat{q}(\frac{1}{n_1} + \frac{1}{n_2})}} = \frac{0.32 - 0.38}{\sqrt{0.36 \times 0.64(\frac{1}{150} + \frac{1}{300})}} = -1.25$$

이 된다. $|z| = 1.25 < z_{0.025} = 1.96$이므로 우리는 유의수준 $\alpha = 0.05$에서 귀무가설 $H_0 : p_1 = p_2$를 기각할 수 없다. 즉, 여학생과 남학생의 전공 만족 비율이 차이를 보인다고 말할 수 없다. 검정통계치 $z = -1.25$의 유의확률 ($P$-값)은 양측검정이므로

$$2P(Z \leq -1.25) = 2 \times 0.1056 = 0.2112$$

이다. 이는 검정통계치 $z = -1.25$로는 유의수준 $\alpha = 0.2112$까지 귀무가설 $H_0 : p_1 = p_2$를 기각할 수 있음을 의미한다.

**|표 5.1| 통계적 추론 요약**

| 모집단 | 관심 모수 | 추정치 | $100(1-\alpha)\%$ 신뢰구간 | 귀무가설 | 검정통계치 |
|---|---|---|---|---|---|
| 정규모집단 | $\mu$ ($\sigma^2$ 앎) | $\bar{x}$ | $\bar{x}-z_{\alpha/2}\frac{\sigma}{\sqrt{n}}<\mu<\bar{x}+z_{\alpha/2}\frac{\sigma}{\sqrt{n}}$ | $H_0:\mu=\mu_0$ | $z=\frac{\bar{x}-\mu_0}{\sigma/\sqrt{n}}$ |
|  | $\mu$ ($\sigma^2$ 모름) | $\bar{x}$ | $\bar{x}-t_{\alpha/2}(n-1)\frac{s}{\sqrt{n}}<\mu<\bar{x}+t_{\alpha/2}(n-1)\frac{s}{\sqrt{n}}$ | $H_0:\mu=\mu_0$ | $t=\frac{\bar{x}-\mu_0}{s/\sqrt{n}}$ |
| 이항모집단 | $p$ | $\hat{p}$ | $\hat{p}-z_{\alpha/2}\sqrt{\hat{p}\hat{q}/n}<p<\hat{p}+z_{\alpha/2}\sqrt{\hat{p}\hat{q}/n}$ | $H_0:p=p_0$ | $z=\frac{\hat{p}-p_0}{\sqrt{p_0q_0/n}}$ |
| 두 정규모집단 | $\mu_1-\mu_2$ ($\sigma_1^2$, $\sigma_2^2$ 앎) | $\bar{x}-\bar{y}$ | $\bar{x}-\bar{y}-z_{\alpha/2}\sqrt{\frac{\sigma_1^2}{n_1}+\frac{\sigma_2^2}{n_2}}<\mu_1-\mu_2<\bar{x}-\bar{y}+z_{\alpha/2}\sqrt{\frac{\sigma_1^2}{n_1}+\frac{\sigma_2^2}{n_2}}$ | $H_0:\mu_1-\mu_2=\delta_0$ | $z=\frac{\bar{x}-\bar{y}-\delta_0}{\sqrt{\frac{\sigma_1^2}{n_1}+\frac{\sigma_2^2}{n_2}}}$ |
|  | $\mu_1-\mu_2$ ($\sigma_1^2=\sigma_2^2=\sigma^2$ 모름) | $\bar{x}-\bar{y}$ | $\bar{x}-\bar{y}-t_{\alpha/2}(n_1+n_2-2)s_p\sqrt{\frac{1}{n_1}+\frac{1}{n_2}}<\mu_1-\mu_2$ <br> $<\bar{x}-\bar{y}-t_{\alpha/2}(n_1+n_2-2)s_p\sqrt{\frac{1}{n_1}+\frac{1}{n_2}}$ | $H_0:\mu_1-\mu_2=\delta_0$ | $t=\frac{\bar{x}-\bar{y}-\delta_0}{s_p\sqrt{\frac{1}{n_1}+\frac{1}{n_2}}}$ |
|  | $\mu_1-\mu_2$ (짝 비교) | $\bar{d}$ | $\bar{d}-t_{\alpha/2}(n-1)\frac{s_D}{\sqrt{n}}<\mu_1-\mu_2<\bar{d}+t_{\alpha/2}(n-1)\frac{s_D}{\sqrt{n}}$ | $H_0:\mu_1-\mu_2=\delta_0$ | $t=\frac{\bar{d}-\delta_0}{s_{D'}\sqrt{n}}$ |
| 두 이항모집단 | $p_1-p_2$ | $\hat{p_1}-\hat{p_2}$ | $\hat{p_1}-\hat{p_2}-z_{\alpha/2}\sqrt{\frac{\hat{p_1}\hat{q_1}}{n_1}+\frac{\hat{p_2}\hat{q_2}}{n_2}}<p_1-p_2$ <br> $<\hat{p_1}-\hat{p_2}+z_{\alpha/2}\sqrt{\frac{\hat{p_1}\hat{q_1}}{n_1}+\frac{\hat{p_2}\hat{q_2}}{n_2}}$ | $H_0:p_1=p_2$ | $z=\frac{\hat{p_1}-\hat{p_2}}{\sqrt{\hat{p}\hat{q}(\frac{1}{n_1}+\frac{1}{n_2})}}$ <br> ($\hat{p}$ 합동표본비율) |

# 엑셀을 이용한 검정

**예 5.7** 계속

동일한 화초가 심어진 5개의 화분에는 인산염 비료를 주고, 다른 6개의 화분에는 질소 비료를 주어, 3개월 후 화초의 길이를 재었다. (단위: cm)

| 비료 종류 | 화초의 길이 |
|---|---|
| 인산염 비료 | 40, 49, 38, 48, 40 |
| 질소 비료 | 50, 41, 53, 39, 40, 47 |

인산염 비료를 준 화초 길이의 모평균을 $\mu_1$이라 하고, 질소 비료를 준 화초 길이의 모평균을 $\mu_2$라 할 때, $H_0 : \mu_1 = \mu_2$ versus $H_1 : \mu_1 < \mu_2$을 유의수준 $\alpha = 0.05$에서 점검하고, $\mu_1 - \mu_2$의 98% 신뢰구간을 구하라. 단, 화초 길이의 모분산은 비료 종류에 따라 차이가 없다고 가정한다.

**풀이** 대화상자에서 [데이터] ⇒ [데이터 분석]을 선택하면 두 집단의 모평균을 비교하는 다음의 4가지 검정법을 선택할 수 있다.

① t-검정 : 쌍체비교

② t-검정 : 등분산 가정 두 집단

③ t-검정 : 이분산 가정 두 집단

④ z-검정 : 평균에 대한 두 집단

①의 쌍체비교는 5.5.3절에서 공부한 짝 비교의 경우에 이용하는 방법이고, ②는 5.5.2절에서 공부한 두 분산이 같다고 가정할 때 모평균을 비교하는 경우에 이용하는 방법이다. ③은 이 책에서는 다루지는 않았지만 두 모집단의 분산이 같다고 가정할 수 없을 때 비교하는 방법이고, ④는 5.5.1절에서 공부한 두 모집단의 분산을 알고 있을 경우, 혹은, 모분산이 미지수이나 표본의 크기가 큰 경우에 모평균을 비교하는 방법이다.

이 문제의 자료는 모두 11개인 소표본이므로 ④ z-검정을 이용할 수 없다. 하지만 등분산을 가정하고 있으므로 [t-검정 : 등분산 가정 두집단] 방법을 이용하여 검정한 후 5.5.2절의 [예제 5.7]의 결과와 비교해보자. 이 경

우 모평균 차 $(\mu_1 - \mu_2)$의 신뢰구간은

$$(\bar{x} - \bar{y}) \pm t_{\alpha/2}(n_1 + n_2 - 2)s_p\sqrt{\frac{1}{n_1} + \frac{1}{n_2}}$$

이다.

[그림 1]과 같이 자료를 입력하고, [데이터] ⇒ [데이터 분석] ⇒ [t검정 : 등분산 가정 두집단]을 선택하면 [그림 2]와 같은 대화상자가 나타나는데 여기에 그림과 같이 입력하고 [확인]을 클릭하면 [그림 3]의 결과를 얻는다.

| | A | B |
|---|---|---|
| 1 | 인산염 비료 | 질소 비료 |
| 2 | 40 | 50 |
| 3 | 49 | 41 |
| 4 | 38 | 53 |
| 5 | 48 | 39 |
| 6 | 40 | 40 |
| 7 | | 47 |

|그림 1| 자료의 입력방법

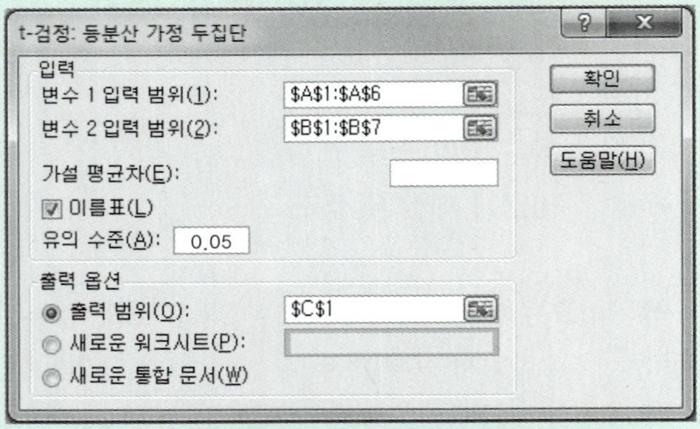


|그림 2| [t검정 : 등분산 가정 두집단]의 대화상자

| C | D | E |
|---|---|---|
| t-검정: 등분산 가정 두 집단 | | |
| | | |
| | 인산염 비료 | 질소 비료 |
| 평균 | 43 | 45 |
| 분산 | 26 | 34 |
| 관측수 | 5 | 6 |
| 공동(Pooled) 분산 | 30.44444 | |
| 가설 평균차 | 0 | |
| 자유도 | 9 | |
| t 통계량 | -0.5986 | |
| P(T<=t) 단측 검정 | 0.282098 | |
| t 기각치 단측 검정 | 1.833113 | |
| P(T<=t) 양측 검정 | 0.564196 | |
| t 기각치 양측 검정 | 2.262157 | |

|그림 3| [그림 2]의 결과와 내용

이때 D열의 의미는 다음과 같다.

표본1의 평균을 $\overline{x}$, 표본2의 평균을 $\overline{y}$, 검정통계량의 관측값을 $t_0$라고 하면,

$$t-\text{통계량}=t_0=\frac{(\overline{x}-\overline{y})-(\mu_1-\mu_2)}{s_p\sqrt{\frac{1}{n_1}+\frac{1}{n_2}}}$$

$t_0 \geq 0$일 때 : P(T〈=t) 단측검정＝TDIST($t_0$, 자유도, 1)＝P(T≥ $t_0$)

$t_0 \leq 0$일 때 : P(T〈=t) 단측검정＝TDIST($-t_0$, 자유도, 1)＝P(T≤ $t_0$)

$t-$기각치 단측검정＝TINV(2×$\alpha$, 자유도)＝단측검정에 대한 기각영역의 임계값

P(T〈=t) 양측검정＝2×P(T〈=t) 단측검정

$t-$기각치 양측검정＝TINV($\alpha$, 자유도)＝양측검정에 대한 기각영역의 임계값

엑셀의 함수값 TINV($\alpha$, 자유도)의 값은 이 책 본문의 기호로 $t_{\alpha/2}$(자유도)의 값과 같다.

$t$ 통계량$=t_0=-0.5986>-1.833113=-t$ 기각치 단측검정 [또는 $P(T<=t)$ 단측검정$=0.282098>0.05=\alpha$]이므로, 5.5.2절에서와 같

이 유의수준 $\alpha = 0.05$에서 $H_0 : \mu_1 = \mu_2$를 기각하지 못함을 알 수 있다.

그리고 신뢰수준의 값 $t_{\alpha/2}(n_1 + n_2 - 2)s_p\sqrt{\frac{1}{n_1} + \frac{1}{n_2}}$ 을 D16셀에 수식으로 입력하면, 신뢰구간은 [그림 4]와 같이 구할 수 있다.

| 신뢰수준 | 9.426712 | TINV(0.02,9)*SQRT(D7)*SQRT(1/5+1/6) |
|---|---|---|
| 상한 | 7.426712 | (D4-E4)+D16 |
| 하한 | -11.4267 | (D4-E4)-D16 |

**|그림 4|** 신뢰구간의 입력과 결과

5.5.2절에서 구한 신뢰구간과 비교해보면 동일하다는 것을 알 수 있다.

## R을 이용한 검정

**예 5.7** 계속

동일한 화초가 심어진 5개의 화분에는 인산염 비료를 주고, 다른 6개의 화분에는 질소 비료를 주어, 3개월 후 화초의 길이를 재었다. (단위: cm)

| 비료 종류 | 화초의 길이 |
|---|---|
| 인산염 비료 | 40, 49, 38, 48, 40 |
| 질소 비료 | 50, 41, 53, 39, 40, 47 |

인산염 비료를 준 화초 길이의 모평균을 $\mu_1$이라 하고, 질소 비료를 준 화초 길이의 모평균을 $\mu_2$라 할 때, $H_0 : \mu_1 - \mu_2 = 0$ versus $H_1 : \mu_1 - \mu_2 < 0$을 유의수준 $\alpha = 0.05$에서 점검하고, $\mu_1 - \mu_2$의 98% 신뢰구간을 구하라. 단, 화초 길이의 모분산은 비료 종류에 따라 차이가 없다고 가정한다.

**풀이** 이 문제의 자료는 모두 11개의 소표본이고 등분산을 가정하고 있으므로 5.5.2절의 등분산 가정하에서의 모평균 차이에 대한 t-검정을 하여야 한다. R에서 등분산 가정하의 모평균 차이에 대한 검정을 위한 R 프로그램은 [그림 1]과 같다.

```
X<-c(40,49,38,48,40)
Y<-c(50,41,53,39,40,47)
t.test(X, Y, alternative = "less", paired = FALSE, var.equal =
TRUE,conf.level = 0.95)
```

**|그림 1|** 예제 5.7 자료에 대한 등분산 가정하의 모평균 차이 검정을 위한 R 프로그램

먼저 두 집단의 자료를 벡터 형태로 [그림 1]과 같이 두 개의 변수(예제 프로그램에서는 X와 Y)에 나누어 입력하여야 한다. 그 뒤 t.test라는 R 기본 내장함수를 사용하여 두 집단의 모평균 차이 검정을 실시하면 된다. t.test 함수의 인자와 인자의 option의 의미는 [표 1]과 같다.

| 표 1 | t.test 함수의 인자와 각 option의 의미

| 인자 | option | option의 의미 |
|---|---|---|
| alternative | "two.sided" | 대립가설을 $H_1 : \mu_1 - \mu_2 \neq 0$으로 설정 |
| | "less" | 대립가설을 $H_1 : \mu_1 - \mu_2 < 0$으로 설정 |
| | "greater" | 대립가설을 $H_1 : \mu_1 - \mu_2 > 0$으로 설정 |
| paired | TRUE | 짝표본에서 모평균 차이 검정 |
| | FALSE | 독립표본에서 모평균 차이 검정 |
| var.equal | TRUE | 등분산 가정하에서 모평균 차이 검정 |
| | FALSE | 이분산 가정하에서 모평균 차이 검정 |
| conf.level | 0.95 | 가설검정의 유의수준을 0.05(=1-0.95)로 설정 |

우리는 등분산 가정하에 가설검정을 하려고 하기 때문에 var.equal= TRUE로 하였고, 독립표본에서 모평균 차이 검정을 하는 것이기에 paired=FALSE로 하였다. 또한, 대립가설이 $H_1 : \mu_1 - \mu_2 < 0$인 단측검정을 하려고 하기 때문에 alternative="less"로 설정하였다. 마지막으로 유의수준 $\alpha = 0.05$에서 검정하려고 하기 때문에 conf.level = 0.95로 설정하였다. 만약, 유의수준 $\alpha = 0.01$에서 검정하기 원하면 conf.level = 0.99로 설정하면 된다. [그림 1]의 R 프로그램을 R console 창에서 실행한 결과는 아래의 [그림 2]와 같이 얻어진다.

```
> X<-c(40,49,38,48,40)
> Y<-c(50,41,53,39,40,47)
> t.test(X, Y, alternative = "less", paired = FALSE, var.equal =
TRUE,conf.level = 0.95)
Two Sample t-test
data: X and Y
t = -0.5986, df = 9, p-value = 0.2821
alternative hypothesis: true difference in means is less than 0
95 percent confidence interval:
-Inf 4.124617
sample estimates:
mean of x mean of y
43 45
```

| 그림 2 | [그림 1]의 R 프로그램의 실행결과

가설검정의 결과로써 제시된 P-값이 0.2821로 우리가 설정한 유의수준 값 $\alpha=0.05$보다 크기 때문에 5.5.2절에서와 같이 유의수준 $\alpha=0.05$에서 $H_0:\mu_1-\mu_2=0$을 기각하지 못함을 알 수 있다. 이와는 별도로 모평균 차이의 신뢰구간을 구하고자 하는 경우에는 t.test의 인자 중 alternative ="two.sided"로, 구하고자 하는 신뢰구간의 신뢰수준을 conf.level에 설정하여 주면 된다. 주어진 자료의 모평균 차이 $\mu_1-\mu_2$의 98% 신뢰구간을 구하기 위한 R 프로그램과 실행결과는 [그림 3]과 같다.

```
> t.test(X, Y, alternative = "two.sided", paired = FALSE, var.equal =
TRUE,conf.level = 0.98)$conf.int
[1] -11.426712 7.426712
attr(,"conf.level")[1] 0.98
```

**|그림 3|** 예제 5.7 자료에 대한 등분산 가정하의 모평균 차이 신뢰구간을 구하는 R 프로그램

[그림 3]에서 t.test 함수 명령문 끝의 $conf.int은 t.test 함수 실행결과 중 신뢰구간에 대한 결과만 출력하기 위한 명령문이다. 프로그램 실행결과를 보면 모평균 차이의 신뢰구간의 하한을 −11.426712, 상한을 7.426712로 구한 것을 알 수 있고, 이는 5.5.2절에서 구한 신뢰구간과 동일함을 알 수 있다.

- **참고** 귀무가설을 $H_0:\mu_1-\mu_2=0$이 아닌 $H_0:\mu_1-\mu_2=\delta_0$으로 놓고 검정하고자 하는 경우에 t.test의 인자는 mu라는 인자를 $\delta_0$값으로 설정하면 된다. 예를 들어 $\delta_0=3$인 경우는 mu=3이라는 인자를 t.test 함수에 추가하면 된다.

## 연습문제

**5.1** 다음 자료는 9명의 건강한 대학생들을 대상으로 측정한 최대호흡량이다.

(단위: $ml$)

132 103 91 108 167 119 154 109 133

(1) 모집단의 표준편차를 $\sigma = 24$로 가정하고 모평균 $\mu$의 95% 신뢰구간을 구하라.

(2) 95% 확신으로 추정의 오차가 10을 넘지 않게 하려면 표본의 크기를 얼마로 하여야 하는가?

**5.2** 다음 자료는 어느 도서 지역 중학생 10명의 IQ 검사 결과이다.

87 102 94 81 75 74 116 98 114 102

(1) 우리나라 중학생 IQ가 평균이 100이고 분산이 $\sigma^2 = 100$인 정규분포를 따를 때, 이 지역 중학생의 평균 IQ가 우리나라 중학생 평균 IQ보다 낮다고 말할 수 있는지 귀무가설과 대립가설을 세우고 유의수준 $\alpha = 0.05$로 검정하라.

(2) (1)번에서 사용된 검정통계치의 유의확률 ($P$-값)을 계산하라. 이 통계치로는 유의수준 얼마까지 귀무가설을 기각할 수 있는가?

**5.3** A 질병에 걸린 환자 10명의 혈장포타시움 농도(%)를 측정하여 표본평균 3.4와 표본표준편차 0.5를 얻었다.

(1) 건강한 사람의 포타시움 농도가 평균 4.5인 정규분포를 따른다면, A 질병에 걸린 환자의 포타시움 평균 농도는 유의수준 $\alpha = 0.01$에서 정상인의 평균보다 낮다고 할 수 있는가?

(2) A 질병에 걸린 환자의 포타시움 농도의 모평균에 대한 99% 신뢰구간을 구하라.

**5.4** 어느 대학에서 400명의 졸업생들을 임의로 추출하여 이 대학의 교육과정에 만족했는지를 물어 보았더니 336명의 졸업생이 만족했다고 대답하였다.

(1) 이 대학 졸업생 전체의 만족률 $p$의 점추정치와 90% 신뢰구간을 구하라.

(2) 95%의 확신으로 추정의 오차가 0.02 이하가 되게 하는 표본의 크기를 정하라.

**5.5** 작년 한 해 동안 우리나라 가구 중 20%가 1주일 이상 휴가를 다녀왔다. 어느 여행사가 금년에 조사를 해보니 200가구 중 30가구가 1주일 이상 휴가를 다녀왔다고 답을 했다.

(1) 올해 1주일 이상 휴가를 다녀온 가구의 비율이 작년과 달라졌는지 귀무가설과 대립가설을 세우고 유의수준 $\alpha = 0.05$로 검정하라.

(2) (1)번에서 사용된 검정통계치의 유의확률 ($P$-값)을 구하고, 이 통계치로는 유의수준 얼마까지에서 귀무가설을 기각할 수 있는지 밝혀라.

**5.6** 도시에 거주하는 사람이 농촌에 거주하는 사람보다 혈액 내 납성분이 더 많은지를 알아보고자 도시 거주자 35명과 농촌 거주자 30명을 임의로 추출하여 다음 표를 얻었다. (단위: $\mu g/dl$)

| 거주지 | 표본크기 | 표본평균 | 모집단표준편차 |
|---|---|---|---|
| 도시 | 35 | 14.7 | 7.0 |
| 농촌 | 30 | 9.9 | 4.9 |

(1) 귀무가설과 대립가설을 세우고 유의수준 $\alpha = 0.01$로 검정하라.

(2) 도시에 거주하는 사람과 농촌에 거주하는 사람의 혈액 내 납성분 모평균의 차이에 대한 99% 신뢰구간을 구하라.

**5.7** 벼의 시험재배구역 10구역 중 4곳은 재래종을 6곳은 개량종을 심어서 수확량을 조사하였다. (단위: $kg$)

| 재래종 | 30 34 29 27 |
|---|---|
| 개량종 | 23 25 28 29 30 27 |

(1) 합동표본분산 $s_p^2$을 구하라.

(2) 모집단 평균 수확량의 차이의 90% 신뢰구간을 구하라.

**5.8** 시판중인 어느 해열제의 효과를 알아보기 위해서 9명의 고열 환자를 대상으로 해열제 복용 전후의 체온을 측정하였다. (단위: ℃)

| 환 자 | 1 | 2 | 3 | 4 | 5 | 6 | 7 | 8 | 9 |
|---|---|---|---|---|---|---|---|---|---|
| 복용 전 체온 | 38.5 | 40.2 | 39.3 | 39.5 | 38.9 | 40.5 | 39.9 | 38.7 | 40.0 |
| 복용 후 체온 | 36.7 | 37.9 | 39.5 | 38.8 | 36.5 | 38.3 | 37.4 | 38.6 | 38.1 |

(1) 이 해열제가 고열 환자에게 1℃를 초과하는 체온 강하 효과를 주는지 귀무가설과 대립가설을 세우고 유의수준 $\alpha = 0.05$에서 검정하라.

(2) 유의수준을 $\alpha = 0.1$로 바꾸면 결론이 달라지는가? 달라진다면 통계적 추론을 공부한 학생으로서 어떻게 처리하는 것이 바람직한지 말해보라.

**5.9** 어느 도시의 도심 지역과 외곽 지역의 성인들을 대상으로 문맹률이 차이를 보이는지 조사하였다.

| 지 역 | 조사 대상 수 | 문맹인의 수 |
|---|---|---|
| 도 심 | 300 | 24 |
| 외 곽 | 500 | 15 |

(1) 도심 지역과 외곽 지역의 문맹률 차이의 90% 신뢰구간을 구하라.

(2) 도심 지역이 외곽 지역보다 문맹률이 낮은지 귀무가설과 대립가설을 세우고 유의수준 $\alpha = 0.1$로 검정하라.

# 06

# 실험계획과 분산분석

5.5절에서는 두 모집단 또는 두 개의 처리를 비교하기 위한 통계적 방법을 공부하였다. 본 장에서는 이러한 개념을 확장하여 3개 이상의 모집단이나 처리를 비교하기 위한 방법을 공부한다. 일반적으로 이러한 자료는 연구 목적에 적합한 실험계획하에서 수집된 자료이다. 실험계획(experimental design)에서는 최소의 비용으로 가장 효율적인 자료를 구하기 위해 적용되는 절차를 연구한다. 본 장에서는 실험계획에서 가장 자주 사용되는 두 가지 설계법과 분석방법을 공부한다.

## 6.1 실험설계

실험계획법의 예와 분석을 위해 다음의 예제를 사용한다.

**예 6.1**

젖소의 우유 내 담백질량에 대한 사료의 효과를 연구하기 위해 16마리의 젖소를 대상으로 4가지 종류의 사료(A, B, C, D)를 비교하고자 한다. 이를 위해서 16마리의 젖소가 랜덤하게 4개의 서로 다른 사료에 배치된 후 한 달간 식이요법 후 채집된 우유의 단백질량이 측정되었다.

**예 6.2**

유기농 사업의 일환으로 천적을 이용한 해충 박멸을 연구하는 실험을 고려한다. 천적의 성장을 알아보기 위해 12마리의 천적 곤충에게 각각 4가지 다른 온도(15C, 20C, 25C, 30C)와 3가지 종류(P, S, PS)의 먹이가 주어졌다. 실험 4주 후 천적의 무게를 측정한다. 특정 온도와 특정 먹이가 천적의 성장에 서로 다른 영향을 주는지 알고자 한다.

위 예를 이용하여 실험계획에서 사용되는 용어를 소개하고자 한다. **실험단위** experimental unit는 실험이 적용될 대상이며, **반응치** response는 관심 있는 결과값으로 [예 6.1]에서는 젖소의 우유 내 담백질 함량이며, [예 6.2]에서는 천적의 무게이다. 이러한 반응치에 영향을 주는 조건을 **요인** factor이라 하며 각 요인의 여러 가지 값을 **수준** level이라고 한다. [예 6.1]에서는 비료가 요인이며 그 요인은 4가지 수준(A, B, C, D)을 가진다. 한편 [예 6.2]에서는 2가지 요인(온도와 먹이)이 있으며 각각 4개의 수준(15C, 20C, 25C, 30C)과 3개의 수준(P, S, PS)을 가진다. 또한 실험단위에게 주어지는 요인의 수준을 **처리** treatment라고 한다.

위 예에서 보다시피 어떤 현상의 변화에 대한 원인을 규명하기 위해 실험이 시행된다. 정확하고 신뢰할 수 있는 실험 결과를 위해 여러 가지 조건이 고려되어야 한다. 특히 R.A Fisher가 제안한 실험의 3대 원칙(랜덤화, 반복화, 블록화)은 다음과 같이 설명될 수 있다.

(1) 랜덤화: 실험개체에 대한 처리의 배치는 랜덤하게 시행되어야 한다. [예 6.1]에서 4가지 사료에 대해 각각 4마리의 젖소가 배치될 때 그들의 배치 순서는 독립적이어야 한다.
(2) 반복화: 각 수준에서 반복수는 적절하게 주어져야 한다. 반복은 특이한 자료의 치우침 효과를 방지하기 위해 반드시 필요하다. 이때, 수준은 서로 다른 반복수를 가질 수 있다. 일반적으로 반복수는 10을 넘을 필요는 없다.
(3) 블록화: 처리의 효과를 정확하게 구하기 위해 실험개체들은 처리를 제외하고 모든 조건에 대해 동일한 상태이어여 한다. 하지만 이러한 조건을 만족하는 실험을 시행하는 것은 현실적으로 어려울 경우가 있다. 예를 들어 고혈압 환자를 대상으로 여러 약물의 효과를 비교하기 위한 임상 실험에서 나이, 몸무게, 식이습관, 운동량 모든 조건이 동일한 환자군을 모집하기는 현실적으로 불가능하다. 이러한 경우 블록화를 통해 블록 내에 있는 실험 개체들은 서로 비슷한 조건을 가지게 한 후 이들에게 비교하고자 하는 처리를 배치하게 된다.

이제 가장 기본이 되는 두 가지 실험설계법(일원 배치법, 이원 배치법)에 대해서 살펴보기로 한다.

### 6.1.1 일원 배치법

관심 있는 요인이 한 개인 경우, 시행되는 실험계획법을 일원 배치법 또는 **완전 랜덤화 계획** completely randomized design이라 한다. [예 6.1]의 자료는 4가지 수준(4가지 종류의 사료)에 대해 각 수준별 4번의 반복을 시행한 것이다. 즉 이를 얻기 위해 동질적인 건강 상태와 환경을 가진 16마리의 젖소에 대해 번호를 부여한 후 난수표 등을 사용하여 나온 순서대로 각 처리에 배치하도록 한다. 여기서 가장 중요하게 고려되어야 할 사항은 16마리 젖소의 동질성 여부가 된다. [표 6.1]은 $I$ 개의 수준에서 반복이 같은 경우를 [표 6.2]에서는 반복수가 다른 자료 구조를 보여준다. 모든 반응치는 $y_{ij}$로 표현되며 $i$는 수준($i=1,\cdots,I$)을 $j(=1,\cdots,n_i)$는 각 수준별 반복수를 표현한다. 따라서 반복수가 같은 경우는 $n_1=n_2=\cdots=n_I$ 가 된다. 완전 랜덤화 계획에서는 실험 단위들이 동질적이어야 한다는 가정이 만족되지 못할 경우가 종종 발생한다. 예를 들어 사료의 예에서 젖소의 나이가 우유의 단백질 함량에 중요한 영향을 미칠 때, 16 마리의 젖소 나이가 동일하지 못하다면 같은 연령대로 일단 나눈 후 4가지 사료를 배치하는 것이 바람직하다. 이때 같은 연령대로 나누는 것을 블록화라 하며 이런 설계 방법을 "랜덤화 블록 설계(Randomized block design)"라고 한다.

| 표 6.1 | 반복수가 같은 일원 배치법

| | 처리1 | 처리 2 | … | 처리 $I$ |
|---|---|---|---|---|
| 반복 | $y_{11}$ | $y_{21}$ | … | $y_{I1}$ |
| | ⋮ | ⋮ | … | ⋮ |
| | $y_{1n}$ | $y_{2n}$ | … | $y_{In}$ |
| 평균 | $\bar{y}_1$ | $\bar{y}_2$ | … | $\bar{y}_I$ |

| 표 6.2 | 반복수가 다른 일원 배치법

| | 처리1 | 처리 2 | … | 처리 $I$ |
|---|---|---|---|---|
| 반복 | $y_{11}$ | $y_{21}$ | … | $y_{I1}$ |
| | ⋮ | ⋮ | … | $y_{In_I}$ |
| | | $y_{2n_2}$ | | |
| | $y_{1n_1}$ | | … | |
| 평균 | $\bar{y}_1$ | $\bar{y}_2$ | … | $\bar{y}_I$ |

위 자료의 통계분석은 6.2절에서 논의한다.

### 6.1.2 이원 배치법

반응치에 대해 두 가지 요인의 효과를 알아보기 위해 사용되는 실험계획법이다. 설명을 위해 두 요인을 각각 A와 B라고 하자. 그리고 요인 A는 p개의 수준을 가지고 있으며 요인 B는 q개의 수준을 가지고 있다고 가정하자. 여기서 처리는 요인 A의 한 수준과 요인 B의 한 수준의 조합으로 구성된다. 즉 p ×q

개의 처리가 존재하게 된다. 따라서 $p \times q$ 개의 처리에 실험개체를 랜덤하게 배치한다. 만약 각 처리에 단 한 개의 실험개체가 주어진다면 이는 **반복이 없는 이원 배치법**이라고 하며 두 개 이상의 실험개체가 있다면 **반복이 있는 이원 배치법**이라고 한다. [예 6.2]는 4가지 온도와 3가지 종류의 먹이가 적용되어 12개의 처리가 가능하게 된다. 이 예에서는 각 처리당 1마리의 곤충이 배치되었기 때문에 반복이 없는 이원 배치법이 된다. 만약 여유가 있어 24마리의 곤충이 있다면 각 처리에 2마리의 곤충이 배치됨으로 반복수가 2인 반복이 있는 이원 배치법이 된다.

[표 6.3]은 반복이 없는 이원 배치법의 자료 구조를 보여준다. 여기서 반응치를 표현하기 위해 $y_{ij}$가 사용된다. $i$는 요인 A의 수준($i=1,\cdots,p$)을 $j$는 요인 B의 수준($j=1,\cdots,q$)을 나타낸다. [표 6.4]는 반복이 있는 이원 배치법의 경우를 보여주며 반응치는 $y_{ijk}$로 표현된다. 여기서 $i,j$ 는 위의 정의와 동일하며 $k$은 반복수를 보여준다. 만약 반복수가 동일할 경우는 $n_{11}=n_{12}=\cdots=n_{pq-1}=n_{pq}$이며 반복 수가 하나인 경우는 [표 6.3]으로 축소된다.

**|표 6.3| 반복이 없는 이원 배치법**

| 요인 A \ 요인 B | $B_1$ | $B_2$ | | $B_q$ |
|---|---|---|---|---|
| $A_1$ | $y_{11}$ | $y_{12}$ | $\cdots$ | $y_{1q}$ |
| $A_i$ | $\vdots$ | $y_{i2}$ | $\cdots$ | $y_{iq}$ |
| $A_p$ | $y_{p1}$ | $y_{p2}$ | $\cdots$ | $y_{pq}$ |

**|표 6.4| 반복이 있는 이원 배치법**

| 요인 A \ 요인 B | $B_1$ | $B_2$ | | $B_q$ |
|---|---|---|---|---|
| $A_1$ | $y_{111},y_{112},\cdots,y_{11n_{11}}$ | $y_{121},y_{122},\cdots,y_{12n_{12}}$ | $\cdots$ | $y_{1J1},y_{1J2},\cdots,y_{1Jn_{1J}}$ |
| $A_i$ | $\vdots$ | | $\cdots$ | $\vdots$ |
| $A_p$ | $y_{p11},y_{p12},\cdots,y_{p1n_{p1}}$ | $y_{p21},y_{p22},\cdots,y_{p2n_{p2}}$ | $\cdots$ | $y_{pq1},y_{pq2},\cdots,y_{pqn_{pq}}$ |

6.3절에서는 반복이 없는 이원 분산분석방법을 공부한다.

### 6.1.3 $F$ 분포와 $\chi^2$분포

분산분석에서 사용되는 검정통계량은 $F$ 분포를 따르며 이때 $F$ 분포는 $\chi^2$분포를 이용하여 유도된다. 따라서 본 절에서는 $F$ 분포와 $\chi^2$분포에 대한 정의와 성질에 대해 간략하게 소개하고자 한다.

■ $\chi^2$ 분포(카이제곱 분포)

정규 모집단에서 추출된 표본을 이용하여 모수 $\mu$와 $\sigma^2$에 대해 추론을 할 경우, 표본평균과 표본분산이 각각 사용된다. 5장에서 공부한 것처럼 분산이 알려져 있는지 여부에 따라 서로 다른 검정통계량이 적용되었다. 특히 분산이 알려져 있지 않을 경우, 표본분산이 사용되며 그 때 유도된 검정통계량은 정규분포가 아닌 t-분포를 가진다. $\chi^2$분포는 표본분산의 추론에 사용되는 분포이며 자유도($k$)에 따라 그 분포의 모양이 결정된다. [부록 표 5]는 $\Pr[\chi^2(k) > x] = \alpha$를 만족하는 분위수값을 제공한다. 이 값은 8장 범주형 자료에서 자주 사용될 것이다.

• $\chi^2$ 분포의 성질

- $X$ 가 $\chi^2(k)$ 분포를 따를 때,
  (i) $X$ 는 언제나 양의 값을 가진다.
  (ii) 기댓값과 분산은 $E(X)=k$, $Var(X)=2k$이다.
- $y_1, \cdots, y_n \sim N(\mu, \sigma^2)$일 때, $\sigma^2$의 추정량으로 표본분산 $s^2 = \frac{\sum_{i=1}^{n}(y_i-\bar{y})^2}{n-1}$ 이 사용된다. 이때 $s^2$은 다음의 분포를 가진다.

$$\frac{(n-1)s^2}{\sigma^2} = \frac{\sum_{i=1}^{n}(y_i-\bar{y})^2}{\sigma^2} \sim \chi^2(n-1)$$

■ $F$ 분포

$F$ 분포는 $\chi^2$ 분포를 따르는 두 확률변수의 비로 정의된다. 따라서 이를 이용하여 $\chi^2$ 분포를 따르는 표본분산의 비에 대한 추론을 위해 $F$ 분포가 적용된

다. $F$ 분포의 모수는 분자와 분모의 자유도를 이용하며, $F(m,n)$으로 표현되며, [부록 표 6]에는 $\Pr[F(m,n) \geq x] = \alpha$가 되는 분위수값을 제공한다.

• $F$ 분포의 성질

– $\dfrac{X_1^2}{X_2^2} = \dfrac{\chi^2(m)/m}{\chi^2(n)/n} \sim F(m,n)$ 여기서 $X_1^2$과 $X_2^2$ 은 서로 독립.

– 두 표본분산 $s_1^2$과 $s_2^2$에 대해,

$$\frac{(n-1)s_1^2}{\sigma_1^2} = \frac{\sum_{i=1}^{n}(y_i-\bar{y})^2}{\sigma_1^2} \sim \chi^2(n-1),$$

$$\frac{(m-1)s_2^2}{\sigma_2^2} = \frac{\sum_{i=1}^{m}(x_i-\bar{x})^2}{\sigma_2^2} \sim \chi^2(m-1)$$

이고, 두 모집단이 서로 독립일 때, $F$ 분포의 정의에 따라

$$F = \frac{\dfrac{(n-1)s_1^2}{\sigma_1^2}/(n-1)}{\dfrac{(m-1)s_2^2}{\sigma_2^2}/(m-1)} = \frac{s_1^2/\sigma_1^2}{s_2^2/\sigma_2^2} \sim F(n-1,m-1),$$

여기서 $\sigma_1^2 = \sigma_2^2$ 일 때, $\dfrac{s_1^2}{s_2^2} \sim F(n-1,m-1)$ 이 된다.

## 6.2 분산분석: 일원 배치법(One-way ANOVA)

6.1절에서 공부했던 완전 임의화 설계를 통해 얻어진 자료는 다음의 모형을 통해 표현될 수 있다.

$$y_{ij} = \mu_i + \epsilon_{ij} = \mu_0 + \alpha_i + \epsilon_{ij},$$

여기서 $y_{ij}$는 $i(=1,\cdots,I)$번째 처리의 $j(=1,\cdots,n_i)$번째 반복치를 표현하며 $\mu_0$는 총 평균, $\alpha_i$는 $i$번째 처리에 의한 효과로 주효과main effect라 하고, $\epsilon_{ij}$는 오차를 표현한다. 본 절에서는 모든 처리들의 반복치가 동일하다고 가정하자

$(n_1 = n_2 = .. = n_I = n)$.

$$y_{ij} = \mu_0 + \alpha_i + \epsilon_{ij},$$

여기서 $\alpha_i$ 의 합인 $\sum_{i=1}^{I} \alpha_i = 0$ 이며 오차 $\epsilon_{ij} \sim N(0, \sigma^2)$를 따르고 서로 독립이다.

우리의 관심은 처리들의 효과가 동일한지가 궁금하며 이는 다음의 가설을 통해 표현된다.

$$H_0 : \mu_1 = \mu_2 = \cdots = \mu_I \qquad \text{또는} \qquad H_0 : \alpha_1 = \alpha_2 = \cdots = \alpha_I \tag{6.1}$$

위 귀무가설을 검정하기 위해 처리 평균에 대한 추정치들을 사용한다. 즉, $\mu_i$의 추정치는

$$\hat{\mu_i} = \overline{y}_{i.} = \frac{1}{n_i} \sum_{j=1}^{n} y_{ij}$$

이며 $I$ 개의 추정치들을 동시에 비교하기 위해 다음의 제곱합이 고려된다.

$$\sum_{i=1}^{I} (\overline{y}_{i.} - \overline{y}_{..})^2 \qquad \text{여기서} \ \overline{y_{..}} = \frac{1}{I \times n} \sum_{i=1}^{I} \sum_{j=1}^{n_i} y_{ij}$$

여기서 제곱합이 큰 값을 가질 때 처리 평균값들은 전체 평균으로부터 멀리 흩어져있음을 의미하며 이는 서로 매우 다른 값을 가짐을 의미한다. 이에 반해 위 제곱합이 작은 값일 때는 서로 유사한 값을 가짐을 의미한다. 이와 같은 이유에 근거하여 적절한 검정통계량을 유도하기 위해 다음의 편차공식을 이용한다.

$$y_{ij} = \quad \overline{y} \quad + \quad (\overline{y}_{i.} - \overline{y}) \quad + \quad (y_{ij} - \overline{y})$$

| 관측값 = | 총평균 | + | 처리에 의한 편차 + | 잔차 |
|---|---|---|---|---|

따라서 피타고라스 정리에 근거하여 다음의 분산분석법을 유도하게 된다.

$$\sum_{i=1}^{I} \sum_{j=1}^{n} (y_{ij} - \overline{y})^2 = \sum_{i=1}^{I} \sum_{j=1}^{n} (\overline{y}_{i.} - \overline{y}_{..})^2 + \sum_{i=1}^{I} \sum_{j=1}^{n} (y_{ij} - \overline{y}_{i.})^2$$

$$SST \qquad = \qquad SSTR \qquad + \qquad SSE$$

여기서 $SST$ sum of squared total, $SSTR$ sum of squared treatment, 그리고 $SSE$ sum of squared residual은 총제곱합, 처리제곱합 그리고 오차 제곱합을 각각 의미한다. 위 통계량들 중, 귀무가설을 검정하기 위해 두 통계량, $SSTR$과 $SSE$를 사용한다.

$$F^* = \frac{SSTR/(I-1)}{SSE/(N-I)} = \frac{MSTR}{MSE} \sim F(I-1, N-I)$$

위 통계량은 귀무가설하에서 $F$분포를 가지며 그 때 자유도 $(I-1, N-I)$가 된다. 따라서 $F^*$값이 큰 경우, 귀무가설 (6.1)을 기각한다. [표 6.5]는 위에서 유도된 통계량과 연관된 자유도, 그리고 평균제곱과 $F^*$값을 보여 주는 분산분석표이다.

**|표 6.5| 일원 설계 자료에 대한 분산분석표**

| 요인 | 자유도 | 제곱합 | 평균제곱 | $F^*$ |
|---|---|---|---|---|
| 처리 | $I-1$ | $SSTR$ | $MSTR$ | $\frac{MSTR}{MSE}$ |
| 오차 | $N-I$ | $SSE$ | $MSE$ | |
| 전체 | $N-1$ | $SST$ | | |

**예 6.1** 계속

젖소의 우유 내 단백질 함량에 대한 사료의 효과를 연구하기 위해 16마리의 젖소를 대상으로 4가지 종류의 사료를 비교하고자 한다. 4개의 처리에 대해 4번의 반복으로 이는 일원 배치법에 사용하여 랜덤하게 4마리의 젖소가 4개의 처리에 배치된 후 한 달간 식이요법 후 채집된 우유의 단백질량이 측정되었다.

**|표 6.6| 4가지 사료에 대한 우유 내 담백질 함량의 비교**

| | 사료1 | 사료2 | 사료3 | 사료4 |
|---|---|---|---|---|
| 반복 1 | 45 | 54 | 48 | 51 |
| 반복 2 | 49 | 55 | 47 | 54 |
| 반복 3 | 45 | 48 | 48 | 55 |
| 반복 4 | 48 | 49 | 50 | 56 |

$$SST = \sum_{i=1}^{4}\sum_{j=1}^{4}(y_{ij} - \overline{y}_{..})^2$$
$$= (145 - 50.125)^2 + (54 - 50.125)^2 + \cdots$$
$$+ (50 - 50.125)^2 + (56 - 50.125)^2$$
$$= 195.75$$

$$SSTR = \sum_{i=1}^{4}\sum_{j=1}^{4}(\overline{y_i} - \overline{y}_{..})^2 = 4\sum_{i=1}^{4}(\overline{y_i} - \overline{y})^2$$
$$= 4 \times [(46.75 - 50.125)^2 + (51.5 - 50.125)^2$$
$$+ (48.25 - 50.125)^2 + (54 - 50.125)^2]$$
$$= 127.25$$

$$SSE = \sum_{i=1}^{4}\sum_{j=1}^{4}(y_{ij} - \overline{y_i})^2$$
$$= (45 - 46.75)^2 + (49 - 46.75)^2 + \cdots + (55 - 54)^2 + (56 - 54)^2$$
$$= 68.5$$

을 얻을 수 있으며 분산분석표는 [표 6.7]의 분산분석표를 만들 수 있다.

**|표 6.7|** 젖소의 단백질 함량 비교를 위한 분산분석표

| 요인 | 자유도 | 제곱합 | 평균제곱 | $F^*$ |
|---|---|---|---|---|
| 처리 | 3 | 127.25 | 42.417 | 7.43 |
| 오차 | 8 | 68.5 | 5.708 | |
| 전체 | 15 | 195.75 | | |

분산분석표에서 $F^* = 7.43$은 $F_{0.05}(3,8) = 4.07$보다 크므로 귀무가설을 기각한다. 따라서 4가지 사료는 차이가 있다고 할 수 있다.

다음은 제곱합의 간편 계산식을 보여준다.

- 제곱합의 간편 계산식

$$SST = \sum_{i=1}^{I}\sum_{j=1}^{J}(y_{ij} - \overline{y})^2 = \sum_{i=1}^{I}\sum_{j=1}^{J}y_{ij}^2 - \frac{(\sum_{i=1}^{I}\sum_{j=1}^{J}y_{ij})^2}{N}$$

$$SSTR = \sum_{i=1}^{I}\sum_{j=1}^{J}(\bar{y}_i - \bar{y})^2 = J\sum_{i=1}^{I}\bar{y}_i^2 - \frac{(\sum_{i=1}^{I}\sum_{j=1}^{J} y_{ij})^2}{N}$$

$$SSE = SST - SSTR$$

## 6.3 분산분석: 이원 배치법(Two-way ANOVA)

[표 6.3]과 [표 6.4]는 이원배치법으로 구한 자료의 구조를 보여준다. 이 절에서는 반복이 없는 이원배치법만을 고려한다. 반응치는 다음과 같이 모형화된다.

$$y_{ij} = \mu_0 + \alpha_i + \beta_j + \epsilon_{ij}, \quad i = 1, \cdots, I, j = 1, \cdots, J,$$

여기서 $y_{ij}$는 요인 A의 $i$번째 수준과 요인 B의 $j$번째 수준의 조합에 대한 반응치로 $\mu_0$는 총 평균, $\alpha_i$는 $i$번째 수준의 주효과, $\beta_j$는 $j$번째 수준의 주효과이다. $\epsilon_{ij}$는 오차이며 $\epsilon_{ij} \sim N(0, \sigma^2)$이고 서로 독립이다. 또한 $\sum_{i=1}^{I}\alpha_i = 0$과 $\sum_{j=1}^{J}\beta_j = 0$의 가정이 사용된다. 여기서 우리의 관심은 각 요인별로 수준들의 효과가 동일한지를 알고자 한다. 즉 다음의 귀무가설이 고려된다.

$$H_0 : \alpha_1 = \alpha_2 = \cdots = \alpha_I = 0 \quad : \text{요인 A} \tag{6.2}$$

$$H_0 : \beta_1 = \beta_2 = \cdots = \beta_J = 0 \quad : \text{요인 B} \tag{6.3}$$

위 귀무가설을 검정하기 위해 다음의 기호가 정의된다.

$$\bar{y}_{i.} = \frac{1}{J}\sum_{j=1}^{J} y_{ij}, \quad i = 1, \cdots, I$$

$$\bar{y}_{.j} = \frac{1}{I}\sum_{i=1}^{I} y_{ij}, \quad j = 1, \cdots, J$$

$$\bar{y}_{..} = \frac{1}{IJ}\sum_{i=1}^{I}\sum_{j=1}^{J} y_{ij}$$

일원 분산분석에서처럼 편차공식을 이용하여

$$(y_{ij}-\overline{y_{..}})=(\overline{y_{i.}}-\overline{y_{..}})+(\overline{y_{.j}}-\overline{y_{..}})+(y_{ij}-\overline{y}_{i.}-\overline{y}_{.j}+\overline{y}_{..})$$

유도한다. 다시 한번 위 식의 양변을 제곱하여 정리하면 다음과 같다.

$$\sum_{i=1}^{I}\sum_{j=1}^{J}(y_{ij}-\overline{y})^2=J\sum_{i=1}^{I}(\overline{y}_{i.}-\overline{y}_{..})^2+I\sum_{j=1}(\overline{y_{.j}}-\overline{y_{..}})^2+\sum_{i=1}^{I}\sum_{j=1}^{J}(y_{ij}-\overline{y}_{i.}-\overline{y}_{.j}+\overline{y}_{..})^2$$

$$SST = SSA + SSB + SSE$$

• 제곱합의 간편식

$$SST=\sum_{i=1}^{I}\sum_{j=1}^{J}(y_{ij}-\overline{y}_{..})^2=\sum_{i=1}^{I}\sum_{j=1}^{J}y_{ij}^2-IJ\overline{y_{..}^2}$$

$$SSA=J\sum_{i=1}^{I}(\overline{y}_{i.}-\overline{y}_{..})^2=J\sum_{i=1}^{I}\overline{y}_{i.}^2-IJ\overline{y}_{..}^2$$

$$SSB=I\sum_{j=1}^{J}(\overline{y_{.j}}-\overline{y_{..}})^2=I\sum_{j=1}^{J}\overline{y_{.j}^2}-IJ\overline{y_{..}^2}$$

$$SSE=\sum_{i=1}^{I}\sum_{j=1}^{J}(y_{ij}-\overline{y_{i.}}-\overline{y_{.j}}+\overline{y_{..}})^2=\sum_{i=1}^{I}\sum_{j=1}^{J}y_{ij}^2-J\sum_{i=1}^{I}\overline{y_{i.}^2}-I\sum_{j=1}^{J}\overline{y_{.j}^2}+IJ\overline{y_{..}^2}$$

$$=SST-SSA-SSB$$

이러한 제곱합과 자유도를 이용하여 다음의 분산분석표를 작성한다.

**|표 6.8|** (반복이 없는) 이원 설계 자료에 대한 분산분석표

| 요인 | 자유도 | 제곱합 | 평균제곱 | $F^*$ |
|---|---|---|---|---|
| 요인 A | $I-1$ | $SSA$ | $MSA$ | $\frac{MSA}{MSE}$ |
| 요인 B | $J-1$ | $SSB$ | $MSB$ | $\frac{MSB}{MSE}$ |
| 오차 | $(I-1)(J-1)$ | $SSE$ | $MSE$ | |
| 전체 | $IJ-1$ | $SST$ | | |

$F^*$ 값들을 이용하여 귀무가설에 대한 다음의 검정법을 설정한다.

(1) 요인 A에 대한 귀무가설, $H_0 : \alpha_1 = \alpha_2 = \cdots = \alpha_I = 0$에 대해,

검정통계량: $F^* = \dfrac{MSA}{MSE}$

$F^* > F_\alpha(I-1,\ (I-1)(J-1))$이면 귀무가설을 기각한다.

(2) 요인 B에 대한 귀무가설, $H_0 : \beta_1 = \beta_2 = \cdots = \beta_J = 0$에 대해,

검정통계량: $F^* = \dfrac{MSB}{MSE}$

$F^* > F_\alpha(J-1, (I-1)(J-1))$이면 귀무가설을 기각한다.

**예 6.2** 계속

천적의 성장을 알아보기 위해 12마리의 천적 곤충에게 각각 4가지 다른 온도(15C, 20C, 25C, 30C)와 3가지 종류(식물성, 동물성, 혼합성)의 먹이가 주어졌다. 실험 후 4주 후 천적의 무게를 측정하여 [표 6.9]와 같이 정리하였다. 온도 효과와 먹이 종류의 차이가 존재하는지를 검정하고자 한다.

**|표 6.9|** 온도와 먹이에 따른 곤충의 몸무게 변화

| 온도 \ 먹이종류 | 식물성 | 동물성 | 혼합 | 평균 |
|---|---|---|---|---|
| 15℃ | 3.5 | 5.9 | 6.0 | 5.133 |
| 17℃ | 4.8 | 7.0 | 7.3 | 6.366 |
| 19℃ | 3.9 | 6.6 | 6.7 | 5.733 |
| 21℃ | 4.5 | 7.0 | 7.2 | 6.233 |
| 평균 | 4.175 | 6.625 | 6.8 | 5.866 |

**풀이**

$$SSA = 3\times[(5.133-5.866)^2+(6.366-5.866)^2+(5.733-5.866)^2 + (6.233-5.866)^2]$$
$$= 3\times 0.9397 = 2.819$$

$$SSB = 4\times[(4.175-5.866)^2+(6.625-5.866)^2+(6.8-5.866)^2]$$
$$= 4\times 4.308 = 17.232$$

$$SST = [(3.5-5.866)^2+(5.9-5.866)^2+\cdots+(7.0-5.866)^2 + (7.2-5.866)^2] = 20.127$$

을 이용하여 다음의 분산분석표를 작성한다.

| 요인 | 자유도 | 제곱합 | 평균제곱 | $F^*$ |
|---|---|---|---|---|
| 요인 A(온도) | 3 | 2.820 | 0.940 | 75.200 |
| 요인 B(먹이) | 2 | 17.232 | 8.616 | 689.270 |
| 오차 | 6 | 0.075 | 0.013 | |
| 전체 | 11 | 20.127 | | |

(1) $H_0$ : 성장에 대해 온도별 차이가 존재하지 않는다.

$F^* = 75.200 > F_{0.05}(3,6) = 4.76$이므로 귀무가설을 기각한다.

(2) $H_0$ : 성장에 대해 먹이 종류간에 차이가 존재하지 않는다.

$F^* = 689.270 > F_{0.05}(2,6) = 5.14$이므로 귀무가설을 기각한다.

# 엑셀을 이용한 통계분석

**[예 6.1]의 자료를 가지고 엑셀을 이용하여 분산분석을 수행하라.**

[그림 1]과 같이 자료를 입력하고, [데이터] ⇒ [데이터 분석] ⇒ [분산분석 : 일원 배치법]의 순으로 선택하면 나타나는 대화상자에 아래 [그림 2]와 같이 입력하고 [확인]을 선택한 결과가 [그림 3]에 있다.

| | A | B | C | D | E |
|---|---|---|---|---|---|
| 1 | 비료1 | 비료2 | 비료3 | 비료4 | |
| 2 | 45 | 54 | 48 | 51 | |
| 3 | 49 | 55 | 47 | 54 | |
| 4 | 45 | 48 | 48 | 55 | |
| 5 | 48 | 49 | 50 | 56 | |
| 6 | | | | | |

|그림 1| 자료의 입력방법

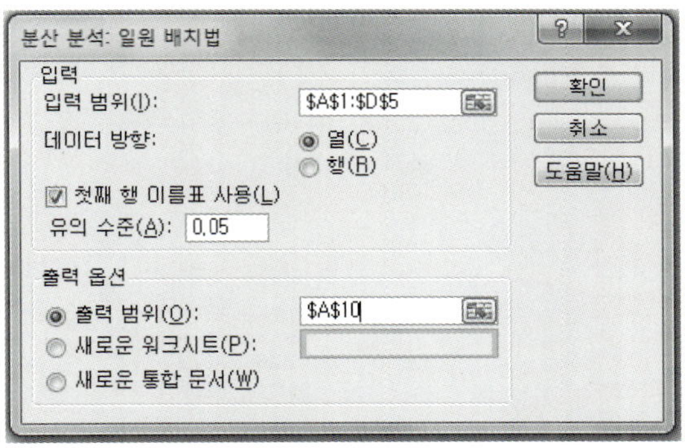


|그림 2| [분산분석 : 일원 배치법]의 대화상자

| 10 | 분산 분석: 일원 배치법 | | | | | | |
|---|---|---|---|---|---|---|---|
| 11 | | | | | | | |
| 12 | 요약표 | | | | | | |
| 13 | 인자의 수준 | 관측수 | 합 | 평균 | 분산 | | |
| 14 | 비료1 | 4 | 187 | 46.75 | 4.25 | | |
| 15 | 비료2 | 4 | 206 | 51.5 | 12.33333 | | |
| 16 | 비료3 | 4 | 193 | 48.25 | 1.583333 | | |
| 17 | 비료4 | 4 | 216 | 54 | 4.666667 | | |
| 18 | | | | | | | |
| 19 | | | | | | | |
| 20 | 분산 분석 | | | | | | |
| 21 | 변동의 요인 | 제곱합 | 자유도 | 제곱 평균 | F 비 | P-값 | F 기각치 |
| 22 | 처리 | 127.25 | 3 | 42.41667 | 7.430657 | 0.004504 | 3.490295 |
| 23 | 잔차 | 68.5 | 12 | 5.708333 | | | |
| 24 | | | | | | | |
| 25 | 계 | 195.75 | 15 | | | | |

|그림 3| 분산분석 결과

p값이 0.0045로 나와, 처리들의 효과는 유의수준 5%나 2.5%에서도 서로 같지 않다고 결론을 내릴 수 있다.

## R을 이용한 통계분석

**[예 6.1]의 자료를 가지고 엑셀을 이용하여 분산분석을 수행하라.**

다음과 같이 자료를 입력한다.

```
data <- c(45, 54, 48, 51, 49, 55, 47, 54,
          45, 48, 48, 55, 48, 49, 50, 56)

group <- rep(1:4,4)
group <- as.factor(group)

mydata <- data.frame(data, group)


result <- lm(data ~ group, data=mydata)
anova(result)

## Analysis of Variance Table
##
## Response: data
##           Df Sum Sq Mean Sq F value   Pr(>F)
## group      3 127.25  42.417  7.4307 0.004504 **
## Residuals 12  68.50   5.708
## ---
## Signif. codes:  0 '***' 0.001 '**' 0.01 '*' 0.05 '.' 0.1 ' ' 1
```

p값이 0.0045로 나와, 처리들의 효과는 유의수준 5%나 2.5%에서도 서로 같지 않다고 결론을 내릴 수 있다.

## 연습문제

**6.1** 세 종류의 다른 온도가 식물의 성장에 차이가 있는지 조사하고자 한다. 관심 있는 품종의 식물의 씨앗을 담은 화분을 랜덤하게 뽑아 세 가지 다른 온도에 배치한 후 한 달이 지난 후 키를 측정하였다. 여기서 사용된 화분은 15개이고 다음 표는 실험 결과를 보여준다.

| | 온도1 | 온도2 | 온도3 |
|---|---|---|---|
| 반복 1 | 10 | 14 | 17 |
| 반복 2 | 12 | 19 | 19 |
| 반복 3 | 15 | 21 | 25 |
| 반복 4 | 14 | 20 | 27 |
| 반복 5 | 10 | 23 | 28 |

(1) 이 실험에 대한 모형은? 귀무가설을 명시하라.
(2) 분산분석표를 작성하고, 유의수준 5%에서 검정하라.

**6.2** 만약 문제 [6.1]에서 온도 1의 5번째 화분과 온도 3의 4번째 화분이 관리자의 부주위로 깨져 실험에 적용될 수 없었다. 따라서 사용된 화분은 13개다. 분산분석표를 작성하고 처리 효과에 차이가 있는지 유의수준 5%에서 검정하라.

**6.3** 대학생을 대상으로 하는 새로운 교육법과 학년별 효과를 구하고자 한다. 다음의 자료는 만족도를 조사한 것이다.

| 교육법 / 학년 | 방법1 | 방법2 | 방법3 |
|---|---|---|---|
| 1 | 4 | 5 | 6 |
| 2 | 5 | 5 | 7 |
| 3 | 6 | 7 | 9 |
| 4 | 4 | 5 | 7 |

(1) 이 실험에 대한 모형은? 귀무가설을 명시하라.

(2) 이 자료에 대해 분산분석표를 만들고 유의수준 5%에서 검정하라.

**6.4** [예 6.1]에서 16마리 대신 8마리만이 이 실험에 적용되었다고 하자. 대신 근처 다른 목장에서 8마리의 젖소들도 이 실험에 포함시키고자 한다. 이 때 고려되어야 할 조건은 무엇인가?

**6.5** 다음은 대학교 입학 사정관 전형에 속한 세 가지 유형의 입학생들 중 랜덤하게 뽑아 그들의 1학년 1학기 성적 결과를 요약하였다.

$$\begin{array}{lll} n_1 = 5 & \overline{y_1} = 3.8 & (n_1-1)S_1^2 = 40 \\ n_2 = 8 & \overline{y_2} = 3.5 & (n_2-1)S_2^2 = 50 \\ n_3 = 7 & \overline{y_3} = 3.0 & (n_3-1)S_3^2 = 35 \end{array}$$

분산분석표를 작성하라.

# 07

# 상관분석과 회귀분석

다양한 학문 및 산업분야에서 복수의 변수들이 관련된 문제들을 해결하기 위하여 상관분석과 회귀분석이 많이 활용되고 있다. 상관분석에서는 두 변수 사이의 상관성을 파악하는데, 산점도를 통하여 개략적인 상관성을 알아볼 수 있고, 상관계수를 계산하여 상관성의 방향과 강약의 정도를 알 수 있다.

회귀분석은 반응변수와 설명변수들에 대한 자료를 하나의 선형모형으로 요약하기 위하여, 설명변수들과 반응변수 사이의 관계를 규명함으로써 설명변수들이 반응변수에 어떤 영향을 어느 정도 미치는지 설명하기 위하여, 설명변수가 어떤 값으로 주어질 때 반응변수의 값은 얼마나 될지 예측하기 위하여 활용된다. 선형회귀모형에 설명변수가 한 개만 포함된 경우는 **단순선형회귀분석**이며 두 개 이상인 경우는 **다중선형회귀분석**이라 한다.

## 7.1 상관분석

한 사례로서 A기업 직원들의 나이와 연봉을 조사한 자료를 [표 7.1]에 수록하였다. 일반적으로 직원들의 연봉은 나이에만 비례하지 않고 경력, 학력, 직책, 자격증 보유여부 등에 따라 결정된다. 그렇더라도 나이와 연봉 사이에는 상당한 수준의 상관성이 있다고 할 수 있다.

2가지 변수 사이에 어느 정도의 상관성이 있는지를 개략적으로 파악하기 위하여 사용하는 도표가 **산점도** scatter diagram이다. [표 7.1]의 자료에서 직원들의 나이를 가로축으로 잡고 세로축에 연봉을 표시하면 산점도가 얻어진다. 직원들의 연봉은 나이뿐만 아니라 다양한 변수의 영향을 받아 결정되므로 직선 형태로 나타나지 않고 어느 정도 흩어진 형태를 띤다. 산점도는 흩어진 형태의 관찰치들이 하나의 직선에 어느 정도 집중되었나를 나타낸다. 따라서 산점도를 통해서 두 변수 사이에 상관성이 강한지 약한지를 개략적으로 파악할 수 있으며, 양(+)의 상관성이 있는지 아니면 음(−)의 상관성이 있는지도 판단할 수 있다.

[그림 7.1]은 [표 7.1]의 자료에 대한 산점도를 보여준다. 이를 통해 나이와

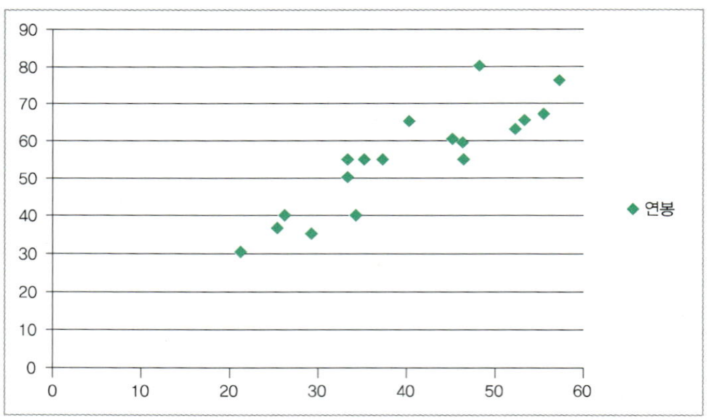


|그림 7.1| A기업 직원의 나이와 연봉의 산점도

|표 7.1| A기업 직원의 나이와 연봉에 대한 자료

| 변수 | 관찰치 | | | | | | | | | | | | | | | | | |
|---|---|---|---|---|---|---|---|---|---|---|---|---|---|---|---|---|---|---|
| 나이($X$) | 40 | 35 | 33 | 45 | 26 | 57 | 55 | 48 | 33 | 29 | 34 | 46 | 25 | 52 | 37 | 21 | 46 | 53 |
| (세) | $x_1$ | $x_2$ | $x_3$ | $x_4$ | $x_5$ | $x_6$ | $x_7$ | $x_8$ | $x_9$ | $x_{10}$ | $x_{11}$ | $x_{12}$ | $x_{13}$ | $x_{14}$ | $x_{15}$ | $x_{16}$ | $x_{17}$ | $x_{18}$ |
| 연봉($Y$) | 65 | 55 | 50 | 60 | 40 | 76 | 67 | 80 | 55 | 35 | 40 | 55 | 37 | 63 | 55 | 30 | 59 | 65 |
| (백만 원) | $y_1$ | $y_2$ | $y_3$ | $y_4$ | $y_5$ | $y_6$ | $y_7$ | $y_8$ | $y_9$ | $y_{10}$ | $y_{11}$ | $y_{12}$ | $y_{13}$ | $y_{14}$ | $y_{15}$ | $y_{16}$ | $y_{17}$ | $y_{18}$ |

연봉 사이에는 상당한 수준의 상관성이 있으며 나이에 따라 연봉이 대체로 증가하는 양의 상관성이 있음을 알 수 있다.

산점도는 두 변수 사이의 상관성의 방향과 강약을 개략적으로 나타낼 수 있으나, 상관성의 정도에 대한 객관적인 척도를 제공하지는 못한다. 그러므로 두 변수 사이의 상관계수correlation coefficient를 구하여 상관성의 정도를 알아볼 수 있다. 상관계수는 다음과 같이 정의되는데

$$\rho = \frac{Cov(X, Y)}{SD(X)SD(Y)}$$

이미 4장에서 공부하였다. 상관계수는 표본을 통해 추정되며 이를 위해 표본 상관계수가 정의된다. [표 7.1]의 자료에서 나이를 $X$ 연봉을 $Y$라고 하고 직원 $n$명에 대한 관찰치를 $(x_1, y_1), \cdots, (x_n, y_n)$라고 표기하면 표본 상관계수 $r$은 다음과 같은 식으로 구한다.

- **표본상관계수:**

$$r = \frac{\sum_{i=1}^{n}(x_i - \bar{x})(y_i - \bar{y})}{\sqrt{\sum_{i=1}^{n}(x_i - \bar{x})^2 \sum_{i=1}^{n}(y_i - \bar{y})^2}} \quad \left(\text{단, } \bar{x} = \frac{1}{n}\sum_{i=1}^{n} x_i, \quad \bar{y} = \frac{1}{n}\sum_{i=1}^{n} y_i \text{ 임}\right)$$

상관계수는 $-1.0$과 $1.0$ 사이의 값으로 얻어지는데, 부호와 크기에 따라 다음과 같은 특징을 갖는다. 즉, [그림 7.2]에서 (a)나 (b)와 같이 $r \approx 1.0$이면 두 변수는 매우 강한 양의 상관성을 가지며, (c)나 (d)와 같이 $r \approx -1.0$이면 두 변수는 매우 강한 음의 상관성을 가지고, (g)나 (h)와 같이 $r \approx 0.0$이면 두 변수는 매우 약한 상관성을 가지고 있다는 것을 의미한다. 그리고 (e)와 같이 $r = 0.888$인 경우는 두 변수 사이에 상당히 높은 수준의 상관성이 있음을 의미하며, (f)와 같이 $r = 0.56$인 경우보다 더 강한 상관성을 두 변수가 가지고 있다고 할 수 있다. 특이한 점은 산점도 (g)와 같이 두 변수 사이에 어떤 추세가 뚜렷하더라도 상관계수는 매우 작은 경우가 있다는 것이다. 이는 상관계수가 두 변수 사이의 변동추세를 반영하지 않고 다만 선형밀접도만을 나타내는 값이기 때문이다.

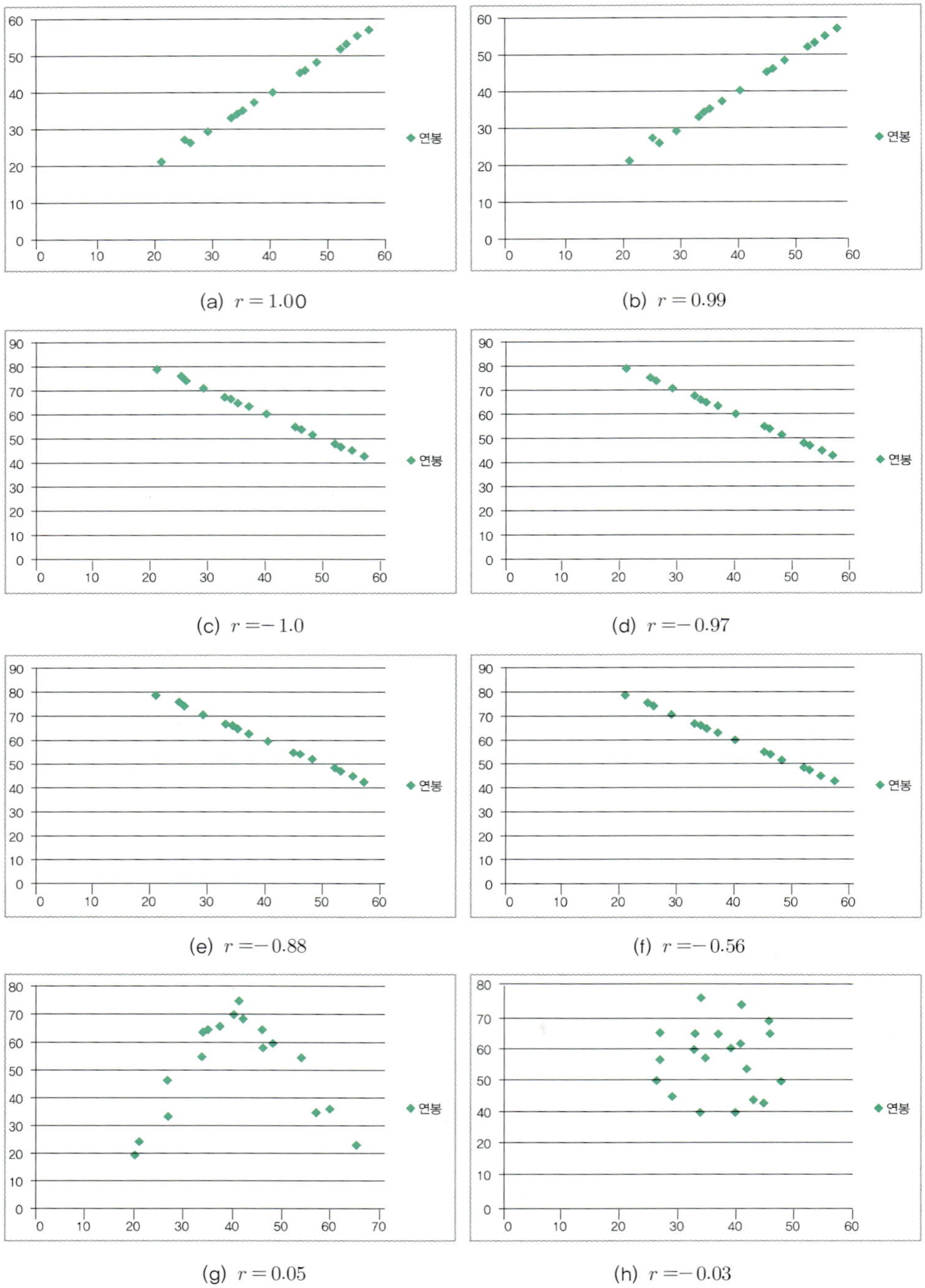


(a) $r = 1.00$ (b) $r = 0.99$

(c) $r = -1.0$ (d) $r = -0.97$

(e) $r = -0.88$ (f) $r = -0.56$

(g) $r = 0.05$ (h) $r = -0.03$

**|그림 7.2|** 다양한 형태의 산점도와 상관계수

상관계수가 갖는 다음과 같은 중요한 특성들에 유의해야 한다. 첫째, 상관계수를 계산하는 공식은 매우 크거나 작은 관찰치인 이상점의 영향을 많이 받으므로, 상관계수를 계산하기 전에 이상점의 존재 여부를 확인해야 한다. 둘째, 상관계수는 두 변수 사이의 직접적인 인과관계 cause and effect를 나타내는 것은 아니기 때문에, 상관계수가 크다고 해서 두 변수 사이에 인과관계가 있다고 해석해서는 안 된다. 인과관계를 확인하는 과정은 별도로 거쳐야 한다는 점에 유의해야 한다. 셋째, 두 변수 혹은 어느 한 변수의 측정단위가 변경되어도 상관계수의 크기는 전혀 달라지지 않는다.

**예 7.1**

[표 7.1]의 자료에 직원의 교육연수(교육과정별 연수를 합한 값)에 대한 자료가 추가로 수집되어 [표 7.2]와 같다고 하자.

**[표 7.2] A기업 직원의 나이 및 교육연수와 연봉에 대한 자료**

| 변수 | 관찰치 | | | | | | | | | | | | | | | | | |
|---|---|---|---|---|---|---|---|---|---|---|---|---|---|---|---|---|---|---|
| 나이(세) | 40 | 35 | 33 | 45 | 26 | 57 | 55 | 48 | 33 | 29 | 34 | 46 | 25 | 52 | 37 | 21 | 46 | 53 |
| 교육연수(연) | 18 | 16 | 16 | 16 | 12 | 21 | 16 | 21 | 16 | 12 | 14 | 16 | 18 | 12 | 21 | 12 | 18 | 18 |
| 연봉(백만원) | 65 | 55 | 50 | 60 | 40 | 76 | 67 | 80 | 55 | 35 | 40 | 55 | 37 | 63 | 55 | 30 | 59 | 65 |

3가지 변수 사이의 상관계수를 구하기 위해 다음의 계산과정이 적용된다.

$$r = \frac{\sum_{i=1}^{n}(x_i - \overline{x})(y_i - \overline{y})}{\sqrt{\sum_{i=1}^{n}(x_i - \overline{x})^2 \sum_{i=1}^{n}(y_i - \overline{y})^2}}$$

$$= \frac{\sum_{i=1}^{n} x_i y_i - \frac{1}{n}\sum_{i=1}^{n} x_i \sum_{i=1}^{n} y_i}{\sqrt{\sum_{i=1}^{n} x_i^2 - \frac{1}{n}(\sum_{i=1}^{n} x_i)^2}\sqrt{\sum_{i=1}^{n} y_i^2 - \frac{1}{n}(\sum_{i=1}^{n} y_i)^2}}$$

$$r_{나이,연봉} = \frac{41517 - \frac{1}{18}(715)(987)}{\sqrt{30459 - \frac{1}{18}715^2}\sqrt{57459 - \frac{1}{18}987^2}} = 0.8818$$

$$r_{교육연수,연봉} = \frac{16547 - \frac{1}{18}(293)(987)}{\sqrt{4927 - \frac{1}{18}(293)^2}\sqrt{57459 - \frac{1}{18}(987)^2}} = 0.6628$$

$$r_{나이,교육연수} = \frac{11898 - \frac{1}{18}(715)(293)}{\sqrt{30459 - \frac{1}{18}(715)^2}\sqrt{4927 - \frac{1}{18}(293)^2}} = 0.4554$$

위 결과를 통해 나이와 연봉의 상관계수가 0.8818, 교육연수와 연봉의 상관계수는 0.6628로 얻어졌다. 따라서 직원의 교육연수보다는 나이가 연봉과의 상관성이 높다고 해석할 수 있다.

## 7.2 단순선형회귀분석

두 변수 사이에 혹은 한 변수와 여러 가지의 변수 사이에 상관성이 있는 경우가 있다. 예를 들면, {나이, 교육연수, 근무기간}과 연봉, {제품가격, 국민소득수준}과 판매량, {연 강수량, 연 평균기온}과 수확량, {약물섭취량, 체중}과 심장박동수 사이에는 높은 상관성이 있다고 할 수 있다. 이와 같이 상관성이 높은 변수들 사이에 존재하는 어떤 관계를 구체적으로 규명하거나, 어느 변수의 값을 예측하기 위하여 **회귀분석** regression analysis을 이용한다. 회귀분석을 실행하려면 우선 회귀모형을 설정해야 하는데, 본 교재에서는 여러 가지 모형 중에서 직선형태의 회귀모형인 **선형회귀모형** linear regression model을 전제로 설명하고자 한다.

선형회귀모형에는 **반응변수** response variable와 **설명변수** explanatory variable가 포함된다. 앞에서 예로 든 변수들 중에서 나이, 교육연수, 근무기간, 제품가격, 국민소득수준, 연강수량, 연평균기온, 약물섭취량, 체중 등은 설명변수에 해당되는데 **독립변수** independent variable라고도 한다. 그리고 연봉, 판매량, 수확량, 심장박동수 등은 반응변수에 해당되며 **종속변수** dependent variable라고도 부른다.

한편, 선형회귀모형에 설명변수가 한 개만 포함된 경우의 회귀분석을 **단순선형회귀분석** simple linear regression analysis이라 하고, 선형회귀모형에 복수의 설명변수가 포함된 경우의 회귀분석을 **다중선형회귀분석** multiple linear regression analysis이라 하며 다음 절에서 논의된다.

설명변수 $X$의 관찰치 $x_i$와 반응변수 $Y$의 관찰치 $y_i$ 사이에 완벽한 선형관계가 성립한다면 두 변수의 관계는 직선인 $y_i = \beta_0 + \beta_1 x_i$(단, $\beta_0$와 $\beta_1$은 상수)로 나타낼 수 있다. 그러나 현실에서는 두 변수가 완벽한 선형관계를 갖지 않는 경우가 많다. 예를 들면, [표 7.1]의 자료에서 직원의 나이와 연봉이 완벽한 직선관계에 있지는 않다. 즉 나이에 비례하여 연봉이 결정되지는 않는다는 사실을 알 수 있다. 나이뿐만 아니라 그 밖의 다른 요인들이 연봉 결정에 영향을 준다고 할 수 있다. 그런데 회귀모형에 나이만 설명변수로 도입하면 미처 파악되지 않은 다른 요인들이 반응변수에 미치는 영향을 회귀모형에 별도로 포함시켜야 한다. 이 항목을 오차 error라고 하는데, 오차는 관측되지는 않지만 확률적 성질을 갖는 확률변수로 취급한다. 그래서 단순선형회귀모형은 다음과 같이 설정된다.

$$y_i = \beta_0 + \beta_1 x_i + \epsilon_i, \quad i = 1, 2, \cdots, n.$$

여기서 $\beta_0$는 절편 intercept이고 $\beta_1$은 기울기 slope를 의미한다. $\beta_0$와 $\beta_1$는 우리에게 알려지지 않은 상수로 회귀모형의 모수 또는 **회귀계수** regression coefficient라고 한다. 기울기 $\beta_1$은 설명변수가 한 단위 변동함에 따른 반응변수의 변동 크기를 나타내므로 두 변수 사이의 관계를 잘 설명해 주는 값으로 해석된다. 한편, $\epsilon_i$는 **오차**를 의미하는데 서로 독립적이며 $N(0, \sigma^2)$을 따른다고 가정한다. 따라서 선형회귀모형은 반응변수의 관찰치를 설명변수의 관찰치가 직선 $(\beta_0 + \beta_1 x_i)$에 의해 설명할 수 있는 부분과 설명하지 못하는 부분에 해당하는 오차$(\epsilon_i)$의 합으로 나타낸 것이라 할 수 있다.

### ■ 회귀계수의 점추정

설정된 단순선형회귀모형의 모수인 $\beta_0$와 $\beta_1$을 점추정 point estimation 해야 비로써 설명변수와 반응변수 사이의 관계를 규명하고 반응변수의 값을 예측할 수 있게 된다. 설명변수와 반응변수에 대한 관찰치들을 바탕으로 $\beta_0$와 $\beta_1$을 추정한다. 그런데 관찰치들을 가장 잘 나타내는 회귀모형이라 함은 오차들의 크기가 전반적으로 가장 작은 모형을 의미한다. 따라서 $\beta_0$와 $\beta_1$이 어떤 값을 가질 때 오차들이 전반적으로 가장 작아지는지 알아내는 과정이 점추정이다. 그런데 오차들은 각각 양 또는 음의 값을 가지므로 오차$(\epsilon_i = y_i - \beta_0 - \beta_1 x_i)$들의

제곱을 모두 합한 값인 **오차제곱합** error sum of squares,

$$S(\beta_0, \beta_1) = \sum_{i=1}^{n} (y_i - \beta_0 - \beta_1 x_i)^2$$

을 가장 작게 해주는 $\beta_0$와 $\beta_1$을 찾는 과정을 거친다. 이와 같은 추정방법을 **최소제곱추정법** least squares estimation method이라고 한다. $S(\beta_0, \beta_1)$을 최소가 되게 해주는 $\beta_0$와 $\beta_1$을 찾기 위해서는 우선 $S(\beta_0, \beta_1)$을 $\beta_0$와 $\beta_1$에 대해 각각 편미분하고, $\beta_0$와 $\beta_1$ 대신에 추정량인 $\widehat{\beta_0}$와 $\widehat{\beta_1}$을 대입하고 다음과 같이 0으로 놓는다.

$$\frac{\partial S(\beta_0, \beta_1)}{\partial \beta_0}\bigg|_{\beta_0 = \widehat{\beta_0},\, \beta_1 = \widehat{\beta_1}} = -2\sum_{i=1}^{n} (y_i - \widehat{\beta_0} - \widehat{\beta_1} x_i) = 0,$$

$$\frac{\partial S(\beta_0, \beta_1)}{\partial \beta_1}\bigg|_{\beta_0 = \widehat{\beta_0},\, \beta_1 = \widehat{\beta_1}} = -2\sum_{i=1}^{n} (y_i - \widehat{\beta_0} - \widehat{\beta_1} x_i) x_i = 0.$$

이 방정식들을 정리하면 다음과 같은 **정규방정식** normal equations을 얻는다.

$$n\widehat{\beta_0} + \widehat{\beta_1}\sum_{i=1}^{n} x_i = \sum_{i=1}^{n} y_i,$$

$$\widehat{\beta_0}\sum_{i=1}^{n} x_i + \widehat{\beta_1}\sum_{i=1}^{n} x_i^2 = \sum_{i=1}^{n} x_i y_i.$$

이 정규방정식은 미지수가 두 개인 연립방정식에 해당되므로 $\widehat{\beta_0}$와 $\widehat{\beta_1}$에 대하여 풀면 다음과 같은 최소제곱추정량을 얻는다.

**•단순선형회귀계수의 추정:**

$$\widehat{\beta_1} = \frac{\sum_{i=1}^{n} (y_i - \overline{y})(x_i - \overline{x})}{\sum_{i=1}^{n} (x_i - \overline{x})^2}, \quad \widehat{\beta_0} = \overline{y} - \widehat{\beta_1}\overline{x}.$$

**예 7.2**

[표 7.2]의 자료에서 연봉을 반응변수로 두고 다음과 같은 두 가지 회귀모형을 고려해 본다.

- 회귀모형1: 나이를 설명변수로 채택한 모형
- 회귀모형2: 교육연수를 설명변수로 채택한 모형

회귀모형1: $\overline{x}_{나이} = 39.722$,

$$\widehat{\beta_1} = \frac{2311.167}{2057.611} = 1.123,$$

$$\widehat{\beta_0} = 54.833 - 1.123 \times 39.722 = 10.216.$$

여기서 $\beta_0$와 $\beta_1$의 최소제곱추정치는 $\widehat{\beta_0} = 10.216$, $\widehat{\beta_1} = 1.123$임을 알 수 있다. 이 결과를 해석하면 A기업에서 나이가 1세 많은 직원은 연봉이 1.123백만 원 정도 많다는 것을 의미한다.

회귀모형2: $\overline{x}_{교육연수} = 16.277$,

$$\widehat{\beta_1} = \frac{480.833}{157.611} = 3.051,$$

$$\widehat{\beta_0} = 54.833 - 3.050 \times 16.277 = 5.174.$$

여기서 $\widehat{\beta_0} = 5.174$, $\widehat{\beta_1} = 3.051$이다. 이 결과는 A기업에서 교육연수가 1년 긴 직원은 연봉이 3.051백만 원 더 많다는 것을 의미한다. 따라서 나이보다 교육연수가 연봉에 미치는 영향이 크다는 사실을 알 수 있다. 그러나 유의할 점은 교육연수보다 나이가 연봉과의 상관계수가 높았던 것과 대조적인 결과라는 사실이다.

## ■ 적합된 회귀모형과 잔차

앞에서 구한 모수의 추정량들을 선형회귀모형에 대입하면

$$\widehat{y_i} = \widehat{\beta_0} + \widehat{\beta_1} x_i$$

가 되는데, 이것을 **적합된 회귀모형** fitted model이라 부르며 설명변수의 어떤 값에 대한 반응변수의 값을 추정하는 데 활용된다. 즉, 어떤 특정한 설명변수값을 적합된 회귀모형에 대입하면 반응변수의 값을 구할 수 있는데 이 값을 **적합치** fitted value 혹은 **예측치** predicted value라 한다. 그리고 가로축을 설명변수값으로 잡고 세로축에 적합치를 표시한 그림을 **적합도**라 한다. 그런데 적합된 회귀모형을 바탕으로 반응변수의 값을 예측할 때 주의할 점이 있다. [표 7.2]의 자료에서 나이는 26세에서 57세 사이의 값을 가지고 있다. 그러므로 나이가 그 범위에 속하는 직원에 대해서는 연봉을 예측해도 무리가 없지만, 그 범위를 벗어난 나이에 대해 연봉을 예측하는 것은 적절하지 않다는 점에 유의해야 한다.

한편, 반응변수의 값 $y_i$와 적합치인 $\hat{y}_i$과의 차이, $e_i = y_i - \hat{y}_i$을 **잔차** residual 라고 한다. 잔차는 0이나 양수 혹은 음수로 얻어지며 모든 잔차의 합은 0이 된다. 가로축을 설명변수의 값으로 잡고 세로축에 잔차를 표시하면 **잔차도** residual plot를 얻는다. 이 잔차도를 면밀히 분석함으로써 우리가 설정한 회귀모형이 선형인지 아닌지 확인할 수 있으며, 자료에 회귀이상점이 존재하는지 여부를 진단할 수 있다.

**예 7.3**

[표 7.2]의 자료에서 회귀모형1에 대한 회귀분석을 실행한 결과, 적합치와 잔차는 [표 7.3]과 같고 적합도는 [그림 7.3]과 같이 얻었다. 1번 관찰치는 나이가 40세인 직원인데 단순선형회귀모형에 의한 연봉의 적합치는 55.145백만 원이다. 이 적합치는 그 직원의 실제 연봉 65백만 원과 9.855백만 원 차이가 나는데, 이 값이 잔차에 해당된다. 한편, [그림 7.4]와 같이 잔차도를 얻었는데, 이를 바탕으로 우리가 세운 회귀모형의 선형성을 확인할 수 있으며 한 개의 관찰치가 회귀이상점으로 의심된다.

**[표 7.3]** 회귀모형1의 적합치(예측치)와 잔차

| 관측수 | Y 예측치 | 잔차 |
|---|---|---|
| 1 | 55.14534 | 9.85465 |
| 2 | 49.52920 | 5.47079 |
| 3 | 47.28274 | 2.71725 |

| | | |
|---|---|---|
| 4 | 60.76148 | −0.76148 |
| 5 | 39.42015 | 0.57985 |
| 6 | 74.24022 | 1.75978 |
| 7 | 71.99376 | −4.99376 |
| 8 | 64.13117 | 15.86883 |
| 9 | 47.28274 | 7.71725 |
| 10 | 42.78983 | −7.78983 |
| 11 | 48.40597 | −8.40597 |
| 12 | 61.88471 | −6.88471 |
| 13 | 38.29692 | −1.29692 |
| 14 | 68.62408 | −5.62408 |
| 15 | 51.77566 | 3.22434 |
| 16 | 33.80401 | −3.80401 |
| 17 | 61.88471 | −2.88471 |
| 18 | 69.74731 | −4.74731 |

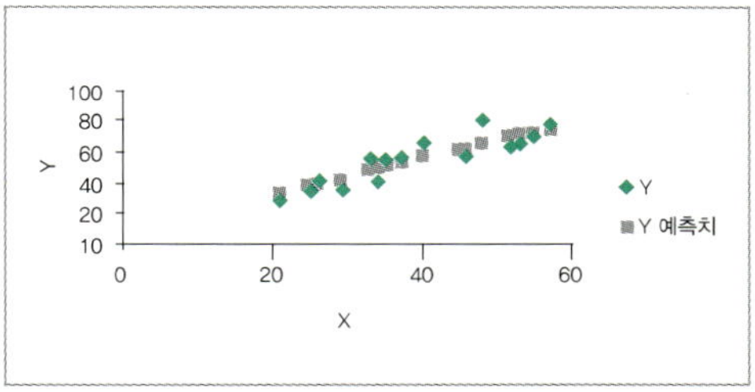


|그림 7.3| 회귀모형1의 적합도

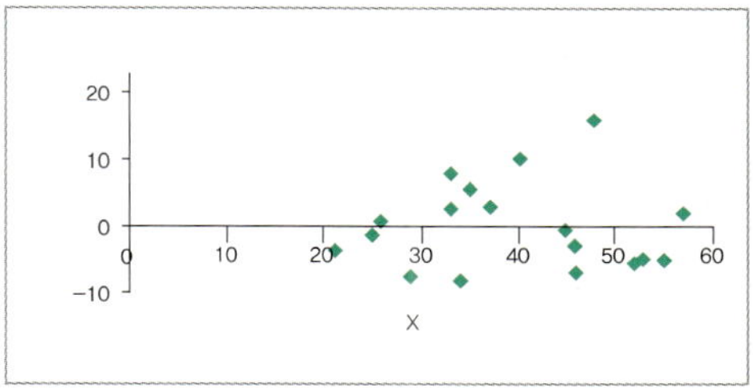


|그림 7.4| 회귀모형1의 잔차도

■ 오차의 분산추정

선형회귀모형에 포함된 오차는 분산이 $\sigma^2$인 정규분포를 따른다고 가정하였다. 따라서 $\sigma^2$ 역시 모수이며 이것을 추정해야 회귀계수에 대한 구간추정이나 가설검정에 적용할 수 있다. 오차의 분산의 추정량은 잔차들을 제곱하여 합한 값인 잔차제곱합(residual sum of squares: $SSE$)을 자유도인 $n-2$로 나누어 다음과 같이 구한다.

$$\hat{\sigma}^2 = \frac{\sum_{i=1}^{n}(y_i - \hat{y}_i)^2}{n-2} = \frac{SSE}{n-2}.$$

$\hat{\sigma}^2$은 보통 $MSE$로 표기되기도 하는데, 이것을 **잔차평균제곱** residual mean square이라 부른다.

**예 7.4**

회귀모형1의 경우, [표 7.3]의 잔차들을 제곱하여 합한 후 자유도 16 $(= n-2 = 18-2)$으로 나누면 오차의 분산은 $\hat{\sigma}^2 = 742.532/16 = 46.408$로 추정된다.

### ■ 최소제곱추정량의 특성

회귀계수 $\beta_0$와 $\beta_1$에 대한 구간추정과 가설검정은 최소제곱추정량 $\hat{\beta}_0$와 $\hat{\beta}_1$에 바탕을 둔다. 따라서 최소제곱추정량들의 통계적 특성을 파악할 필요가 있다. 우선 추정량 $\hat{\beta}_0$와 $\hat{\beta}_1$의 기댓값은 다음과 같다.

$$E(\hat{\beta}_0) = \beta_0, \; E(\hat{\beta}_1) = \beta_1.$$

이 결과는 최소제곱추정량 $\hat{\beta}_0$와 $\hat{\beta}_1$이 불편추정량 unbiased estimator이라는 바람직한 특성을 가지고 있음을 의미한다. 한편, $\hat{\beta}_0$와 $\hat{\beta}_1$의 분산은 각각 다음과 같다.

$$Var(\hat{\beta}_0) = \sigma^2\left(\frac{1}{n} + \frac{\overline{X}^2}{\sum_{i=1}^{n}(X_i - \overline{X})^2}\right), \; Var(\hat{\beta}_1) = \frac{\sigma^2}{\sum_{i=1}^{n}(X_i - \overline{X})^2}.$$

여기서 모수인 $\sigma^2$의 추정량으로는 $\hat{\sigma}^2$이 사용된다. 따라서 추정된 회귀계수의 표준오차는 $se(\hat{\beta}_0) = \sqrt{\widehat{Var}(\hat{\beta}_0)}$, $se(\hat{\beta}_1) = \sqrt{\widehat{Var}(\hat{\beta}_1)}$이다. 앞으로 논의될 회귀계수 $\beta_0$와 $\beta_1$에 대한 통계적 추론들은 이와 같은 추정량의 통계적 특성을 기반으로 설명된다.

**예 7.5**

회귀모형1의 경우, $\widehat{\beta_0}$과 $\widehat{\beta_1}$의 분산을 추정하고 표준오차를 구하여라.

$$\widehat{Var}(\widehat{\beta_0}) = 46.408(\frac{1}{18} + \frac{39.722^2}{2057.611}) = 38.165,$$
$$se(\widehat{\beta_0}) = \sqrt{\widehat{Var}(\widehat{\beta_0})} = 6.177,$$
$$\widehat{Var}(\widehat{\beta_1}) = \frac{46.408}{2057.611} = 0.022,$$
$$se(\widehat{\beta_1}) = \sqrt{\widehat{Var}(\widehat{\beta_1})} = 0.150.$$

### ■ 회귀계수의 구간추정

앞에서 $\hat{\beta}_0$와 $\hat{\beta}_1$의 통계적 특성을 파악하였는데, 이 결과와 함께 최소제곱 추정량이 정규분포를 따른다는 가정을 바탕으로 회귀계수 $\beta_0$와 $\beta_1$의 구간추정량interval estimator을 구할 수 있다. 우선 $\beta_1$의 구간추정량은 다음과 같은 이론을 근거로 얻는다. 확률변수 $T$를 나타내는 식의 분모의 제곱근안에 $\hat{\beta}_1$의 분산의 추정량이 사용되었는데, 이는 5장에서 분산이 알려져 있지 않을 때 분산의 추정량이 사용되고 $t$분포가 적용된 것과 비슷한 원리이다.

$$T = \frac{\widehat{\beta_1} - \beta_1}{\sqrt{\frac{\hat{\sigma}^2}{\sum_{i=1}^{n}(X_i - \overline{X})^2}}} \sim t(n-2).$$

이것은 확률변수 $T$가 자유도 $n-2$인 $t$-분포를 따른다는 것을 의미한다. 그런데 신뢰수준이 $\alpha$인 경우 다음과 같은 표현이 가능하므로

$$P[-t_{\frac{\alpha}{2}}(n-2) \leq \frac{\widehat{\beta_1} - \beta_1}{\sqrt{\frac{\widehat{\sigma^2}}{\sum_{i=1}^{n}(X_i - \overline{X})^2}}} \leq t_{\frac{\alpha}{2}}(n-2)] = 1-\alpha,$$

이를 이용하여 다음과 같이 신뢰구간을 구할 수 있다.

$\beta_1$의 100$(1-\alpha)$% 신뢰구간:

$$\hat{\beta}_1 \pm t_{\alpha/2}(n-2).\hat{\sigma}\sqrt{\frac{1}{\sum_{i=1}^{n}(X_i-\overline{X})^2}}.$$

$\beta_0$의 100$(1-\alpha)$% 신뢰구간:

$$\hat{\beta}_0 \pm t_{\alpha/2}(n-2).\hat{\sigma}\sqrt{\frac{1}{n}+\frac{\overline{X^2}}{\sum_{i=1}^{n}(X_i-\overline{X})^2}}.$$

**예 7.6**

회귀모형1과 회귀모형2에서 $\beta_1$의 95% 신뢰구간을 구하라.

회귀모형1:

$$\begin{aligned}1.123 \pm t_{0.025}(16)\times 0.150 &= 1.123 \pm (2.120)(0.150)\\ &= (0.805, 1.442)\end{aligned}$$

회귀모형2:

$$\begin{aligned}3.050 \pm t_{0.025}(16)\times 0.861 &= 3.050 \pm (2.120)(0.861)\\ &= (1.224, 4.877)\end{aligned}$$

이 결과를 해석하면, 직원의 나이가 1세 많으면 연봉의 증가는 0.805백만 원과 1.442백만 원 사이의 한 값이고, 반면에 교육연수가 1년 많으면 연봉의 증가는 1.224백만 원과 4.877백만 원 사이의 한 값이라고 신뢰수준 95%에서 말할 수 있다는 것이다.

## ■ 회귀계수에 대한 가설검정

회귀모형1의 $\beta_1$에 대한 점추정치를 1.123으로 얻었지만 이 값은 모집단이 아닌 일부 표본에서 얻은 자료를 바탕으로 구한 추정치이다. 그런데 모집단에서 $\beta_1$이 0이라면, 이것은 설명변수가 반응변수를 전혀 설명하지 못하는 상황을 의미하고, 따라서 회귀분석을 실행할 필요가 없는 것이다. 그러므로 우리가 설정한 선형회귀모형에서 혹시 $\beta_1$이 0인지 아닌지 가설검정 hypothesis test을 할 필요가 있다. 그래서 다음과 같은 통계적 가설

$$H_0: \ \beta_1 = 0, \ H_1: \ \beta_1 \neq 0$$

을 설정하고, 이론적으로 분포가 잘 알려진 검정통계량인

$$T_0 = \frac{\widehat{\beta_1}}{\sqrt{\dfrac{\hat{\sigma}^2}{\sum_{i=1}^{n}(X_i - \overline{X})^2}}} \sim t(n-2)$$

을 바탕으로 가설검정을 실행한다. 여기서 검정통계량 $T_0$는 귀무가설이 옳을 때 자유도가 $n-2$인 $t$-분포를 따른다는 것이다. 점추정치인 $\hat{\beta}_1$과 $\hat{\sigma}^2$ 그리고 설명변수의 값들을 대입하여 검정통계량 $T_0$을 계산하고, 유의수준 $\alpha$에서 $|T_0| > t_{\alpha/2}(n-2)$이면 귀무가설을 기각한다. 귀무가설이 기각되면 선형회귀모형이 유의적이라는 결론을 내린다. 유사한 방식으로 $\beta_0$에 대한 가설검정을 할 수 있으나, 별 의미가 없는 일이므로 보통은 실행하지 않는다.

**예 7.7**

회귀모형1에서 $\beta_1$에 대한 가설검정을 위한 검정통계량값과 유의확률($p$-값)를 계산하고 가설검정하라.

$$T_0 = \frac{1.123}{0.150} = 7.479$$

검정통계량값 7.479는 임계치 $t_{0.025}(16) = 2.119$보다 크므로 귀무가설을 기각할 수 있다. 한편, 유의확률($p$-값)을 기준으로 가설검정을 할 수도 있는데, $p$-값은 0.0001 보다 작은 값이므로 유의수준 0.05에서 귀무가

설을 기각하게 된다. 두 가지 검정방법 중에서 어느 것을 적용해도 결론은 동일하게 얻어지는데 $p$-값을 기준으로 검정하는 것이 용이하다. 한편, $\beta_0$에 대한 가설검정을 위한 검정통계량값은

$$T_0 = \frac{10.216}{6.177} = 1.653$$

이고 $p$-값은 $0.117$이므로 유의수준인 $0.05$에서 귀무가설 $H_0 : \beta_0 = 0$을 기각하지 못한다.

### ■ 분산분석

앞에서 설명한 회귀계수 $\beta_1$에 대한 통계적 가설

$$H_0: \ \beta_1 = 0 \ \ H_1: \ \beta_1 \neq 0$$

을 검정할 수 있는 다른 검정방법이 있는데 이 검정방법을 분산분석(analysis of variance: ANOVA)이라고 한다. 선형회귀모형의 모수가 추정되면 다음과 같은 관계식을 표현할 수 있다.

$$\sum_{i=1}^{n}(y_i - \overline{y})^2 = \sum_{i=1}^{n}(\hat{y_i} - \overline{y})^2 + \sum_{i=1}^{n}(y_i - \hat{y_i})^2.$$

여기서 $\sum_{i=1}^{n}(y_i - \overline{y})^2$은 총제곱합(total sum of squares: $SST$), $\sum_{i=1}^{n}(\hat{y_i} - \overline{y})^2$은 회귀제곱합(regression sum of squares: $SSR$), $\sum_{i=1}^{n}(y_i - \hat{y_i})^2$은 잔차제곱합(residual sum of squares: $SSE$)라고 하고, $SSR$과 $SSE$를 각각의 자유도로 나눈 것을 $MSR$과 $MSE$라고 한다. 즉, $MSR = SSR/(p-1)$, $MSE = SSE/(n-p)$ (단, 단순선형회귀분석에서 $p=2$)이다. 그런데 $MSR$이 $MSE$보다 상대적으로 작으면, 이것은 설명변수의 설명력이 매우 작다는 것을 의미하므로 귀무가설이 옳다는 것이고, 반면에 $MSR$이 $MSE$보다 상대적으로 크다면 설명변수가 반응변수를 잘 설명해 준다는 것을 의미하므로 귀무가설을 기각하게 된다. 그러므로 회귀계수 $\beta_1$에 대한 가설을 검정하기 위한

검정통계량으로 $F^* = MSR/MSE$을 적용하는데, $F^*$는 자유도 $(p-1, n-p)$인 $F$-분포를 따르는 것으로 알려져 있다. 이러한 검정 절차를 일목요연하게 정리한 것이 다음과 같은 분산분석표 ANOVA table이다.

**|표 7.4| 회귀모형에서의 분산분석표**

| 변인 | 자유도 | 제곱합 | 제곱평균 | 검정통계량(F*) |
|---|---|---|---|---|
| 회귀 | $p-1$ | $SSR$ | $MSR$ | $\frac{MSR}{MSE}$ |
| 잔차 | $n-p$ | $SSE$ | $MSE$ | |
| 합계 | $n-1$ | $SST$ | | |

분산분석표를 구한 다음에 $F^* > F_\alpha(p-1, n-p)$이면 귀무가설을 기각한다. 귀무가설을 기각할 수 없는 경우에는 현재의 자료를 바탕으로 한 회귀분석은 무의미하다. 특이한 점은, 앞에서 설명한 $t$-검정통계량 $T_0$와 분산분석에서의 검정통계량 $F^*$는 $F^* = T_0^2$의 관계를 가진다는 것이다. 그러므로 단순선형회귀분석의 경우, $\beta_1$에 대한 가설검정은 어느 검정통계량을 적용하든 결과가 동일하게 얻어지므로 둘 중에서 어느 한 방법을 적용하면 된다.

**예 7.8**

회귀모형1에 대한 회귀분석을 실행하면 [표 7.5]와 같은 분산분석표를 얻는다. 검정통계량 값($F$비)은 55.938이고 통계표로부터 얻은 임계치는 $F_{0.05}(1, 16) = 4.49$이므로 5% 유의수준에서 귀무가설은 기각할 수 있다. 다른 방법으로, $p$-값은 매우 작기 때문에 5% 유의수준에서 귀무가설을 기각할 수 있다. 한편, [예제 7.7]에서 $T_0 = 7.479$이므로 $F^* = T_0^2$의 관계임을 알 수 있다.

**|표 7.5| 회귀모형1에 의한 분산분석표**

| 변인 | 자유도 | 제곱합 | 제곱평균 | F 비 | 유의확률 |
|---|---|---|---|---|---|
| 회귀 | 1 | 2595.967 | 2595.967 | 55.937 | 1.03E-06 |
| 잔차 | 16 | 742.533 | 46.408 | | |
| 합계 | 17 | 3338.500 | | | |

■ 결정계수

회귀분석에서 적합된 모형이 얼마나 자료를 잘 대표하는지 확인할 필요가 있다. 적합된 모형이 자료를 얼마나 잘 대표하는지를 나타내는 척도를 적합도 goodness of fit라 하는데, 다음과 같은 결정계수 coefficient of determination의 크기로 측정할 수 있다. 결정계수는 다음과 같이 분산분석표의 값들로부터 계산할 수 있다.

$$R^2 = \frac{SSR}{SST} = 1 - \frac{SSE}{SST}.$$

결정계수는 $0 \leq R^2 \leq 1$ 범위의 값으로 얻어지는데, 1에 가까울수록 모형의 적합도는 높고 0에 가까울수록 모형의 적합도는 낮은 것으로 평가한다. 따라서 결정계수는 여러 가지 모형의 적합도를 비교 평가하기 위한 척도로 활용된다. 단순선형회귀모형의 경우, 결정계수 $R^2$와 설명변수와 반응변수의 상관계수 $r$은 $R^2 = r^2$의 관계를 가진다.

**예 7.9**

회귀모형1에서 결정계수는 $R^2 = \frac{2595.967}{3338.5} = 0.777$을 얻는다. 그런데 나이와 연봉의 상관계수는 $r = 0.881808$이므로 $R^2 = r^2$의 관계를 확인할 수 있다.

## 7.3 다중선형회귀분석

단순선형회귀분석에서는 회귀모형에 포함된 설명변수가 한 개인데, 현실에서 한 개의 설명변수가 반응변수를 충분히 설명하지 못하는 경우가 많다. 따라서 복수의 설명변수를 회귀모형에 도입해야 하는 경우가 있다. 예를 들면, 연봉에 영향을 미치는 변수로는 나이뿐만 아니라 교육연수나 근무기간 등도 있다. 자동차 판매량을 설명해주는 변수로는 국민소득수준 하나만으로는 충분하지 않고 자동차의 가격과 광고비도 판매량에 영향을 미치므로 가격과 광고비도 회귀모형에 포함시키는 것이 타당하다. 이와 같이 복수의 설명변수들을 동시에 고려하는 회귀분석을 다중선형회귀분석이라 한다.

### ■ 다중선형회귀모형

설명변수가 $k(\geq 2)$개 포함된 다중선형회귀모형은 다음과 같이 표현된다.

$$y_i = \beta_0 + \beta_1 x_{1i} + \beta_2 x_{2i} + \ldots + \beta_k x_{ki} + \epsilon_i, \quad i = 1, 2, \ldots, n.$$

단순선형회귀모형에서와 마찬가지로 $\beta_0$는 절편이고, $\beta_1, \beta_2, \ldots, \beta_k$은 모수인데 각 설명변수에 대한 회귀계수라고 한다. 회귀계수 $\beta_j (j = 1, 2, \ldots, k)$는 여타의 설명변수들이 일정하게 유지되는 상황에서 $x_j$가 한 단위 변동하면 반응변수의 기댓값이 얼마나 변동하는지를 나타낸다. 역시 $\epsilon_i$는 오차인데 $N(0, \sigma^2)$을 따른다고 가정한다. 필요한 경우에는 설명변수나 반응변수를 $x^2, 1/x, \log(x)$, $\sqrt{x}$, $1/y$, $\log(y)$ 등과 같이 변환하여 선형회귀모형에 포함시킬 수 있다.

### ■ 회귀계수의 점추정과 구간추정

단순선형회귀모형에서와 같이 다중선형회귀모형에서 회귀계수들을 점추정하기 위하여 최소제곱추정법을 적용할 수 있다. 그런데 다중선형회귀모형에서의 최소제곱추정법을 설명하기 위해서는 다중선형회귀모형을 행렬과 벡터로 표현해야 한다. 행렬과 벡터의 사용은 본 교재의 수준을 넘기 때문에 점추정과 구간추정의 이론적인 과정은 생략하고 Excel을 이용하여 구한 결과를 바탕으로 설명한다.

A기업 직원들의 근무기간에 대한 자료가 추가로 수집되어 [표 7.6]이 얻어졌다고 하자.

**|표 7.6| A기업 직원의 나이, 교육연수, 근무기간과 연봉에 대한 자료**

| 변수 | 관찰치 | | | | | | | | | | | | | | | | | |
|---|---|---|---|---|---|---|---|---|---|---|---|---|---|---|---|---|---|---|
| 나이($x_{1i}$: 세) | 40 | 35 | 33 | 45 | 26 | 57 | 55 | 48 | 33 | 29 | 34 | 46 | 25 | 52 | 37 | 21 | 46 | 53 |
| 교육연수($x_{2i}$ 연) | 18 | 16 | 16 | 16 | 12 | 21 | 16 | 21 | 16 | 12 | 14 | 16 | 18 | 12 | 21 | 12 | 18 | 18 |
| 근무기간($x_{3i}$: 연) | 20 | 10 | 5 | 15 | 2 | 30 | 21 | 18 | 4 | 2 | 4 | 15 | 1 | 15 | 17 | 1 | 20 | 25 |
| 연봉($y_i$: 백만 원) | 65 | 55 | 50 | 60 | 40 | 76 | 67 | 80 | 55 | 35 | 40 | 55 | 37 | 63 | 55 | 30 | 59 | 65 |

연봉을 반응변수로 삼는 경우 다음과 같은 네 가지의 다중선형회귀모형을 설정할 수 있다.

- 회귀모형3: 나이와 교육연수를 설명변수로 채택한 모형
- 회귀모형4: 나이와 근무기간을 설명변수로 채택한 모형
- 회귀모형5: 교육연수와 근무기간을 설명변수로 채택한 모형
- 회귀모형6: 나이와 교육연수, 근무기간을 설명변수로 채택한 모형

회귀모형3으로 회귀분석을 실행한 결과는 [표 7.7-1]과 같다. 절편의 추정치는 $\widehat{\beta_0}=-6.87982$, 나이의 회귀계수 추정치는 $\widehat{\beta_1}=0.9320$, 교육연수의 회귀계수 추정치는 $\widehat{\beta_1}=1.51691$임을 알 수 있다. 이러한 추정치는 교육연수가 동일한데 나이가 1세 많은 직원은 연봉이 0.932백만 원 높고, 나이가 같은데 교육연수가 1년 긴 직원은 연봉이 1.517백만 원 높게 추정된다는 것을 의미한다. 그리고 나이보다는 교육연수가 연봉에 더 많은 영향을 미친다고 해석할 수 있다.

회귀모형4로 회귀분석을 실행한 결과가 [표 7.7-2]인데, 절편은 21.46225, 나이의 회귀계수는 0.63687, 근무기간의 회귀계수는 0.64583으로 추정되었다. 따라서 나이가 1세 다르거나 근무기간이 1년 다른 경우에 연봉에는 별 차이가 없는 것으로 나타났다.

회귀모형5의 회귀분석 결과는 [표 7.7-3]인데, 절편은 27.84092, 교육연수의 회귀계수는 0.74950, 근무기간의 회귀계수는 1.18337로 추정되었다. 따라서 교육연수보다는 근무기간이 연봉에 미치는 영향이 크다는 것을 알 수 있다.

회귀모형6의 회귀분석을 실행한 결과는 [표 7.7-4]인데, 근무기간에 대한 회귀계수가 −0.08808로 얻어졌으므로 근무기간이 많으면 오히려 연봉이 적은 것으로 해석하는 오류를 범할 수 있다. 이러한 현상은 나이와 근무기간의 상관계수가 [표 7.8]에서 보는 바와 같이 0.9102로 매우 높기 때문에 발생한 것이다. 이러한 현상을 **다중공선성**이라고 한다. 따라서 나이와 교육연수 그리고 근무기간을 모두 설명변수로 채택한 모형은 적절하지 않다는 결론을 얻게 된다.

**|표 7.7-1|** 회귀모형3의 회귀분석 결과

| | 계수 | 표준오차 | t 통계량 | P-값 | 하위 95% | 상위 95% |
|---|---|---|---|---|---|---|
| Y 절편 | -6.87982 | 7.470215 | -0.92097 | 0.371643 | -22.8022 | 9.042566 |
| X1 나이 | 0.93200 | 0.136402 | 6.83274 | 5.67E-06 | 0.641267 | 1.222735 |
| X2 교육연수 | 1.51691 | 0.492844 | 3.07788 | 0.007655 | 0.466442 | 2.567387 |

**|표 7.7-2|** 회귀모형4의 회귀분석 결과

| | 계수 | 표준오차 | t 통계량 | P-값 | 하위 95% | 상위 95% |
|---|---|---|---|---|---|---|
| Y 절편 | 21.46225 | 9.427113 | 2.27665 | 0.037894 | 1.368835 | 41.55567 |
| X1 나이 | 0.63687 | 0.348137 | 1.82938 | 0.08729 | -0.10516 | 1.378913 |
| X2 근무기간 | 0.64583 | 0.420779 | 1.53486 | 0.145639 | -0.25103 | 1.542705 |

**|표 7.7-3|** 회귀모형5의 회귀분석 결과

| | 계수 | 표준오차 | t 통계량 | P-값 | 하위 95% | 상위 95% |
|---|---|---|---|---|---|---|
| Y절편 | 27.84092 | 10.34691 | 2.69074 | 0.016767 | 5.786991 | 49.89484 |
| X1교육연수 | 0.74950 | 0.733571 | 1.02172 | 0.323109 | -0.81406 | 2.313075 |
| X2근무기간 | 1.18337 | 0.24539 | 4.82240 | 0.000224 | 0.660333 | 1.706406 |

**|표 7.7-4|** 회귀모형6의 회귀분석 결과

| | 계수 | 표준오차 | t 통계량 | P-값 | 하위 95% | 상위 95% |
|---|---|---|---|---|---|---|
| Y 절편 | -9.29712 | 15.19162 | -0.61199 | 0.550355 | -41.8799 | 23.28566 |
| X1 나이 | 0.98845 | 0.336477 | 2.93765 | 0.010807 | 0.266781 | 1.710122 |
| X2 교육연수 | 1.59530 | 0.663015 | 2.40613 | 0.030508 | 0.173279 | 3.017331 |
| X3 근무기간 | -0.08808 | 0.476698 | -0.18478 | 0.856052 | -1.1105 | 0.934332 |

**|표 7.8|** 나이, 교육연수, 근무기간 사이의 상관계수

| | 나이 | 교육연수 | 근무기간 |
|---|---|---|---|
| 나이 | 1 | | |
| 교육연수 | 0.455487 | 1 | |
| 근무기간 | 0.910189 | 0.650517 | 1 |

■ 적합된 회귀모형과 잔차

회귀계수 점추정치를 반영하여 적합된 다중선형회귀모형,

$$\hat{y_i} = \hat{\beta_0} + \hat{\beta_1} x_{1i} + \hat{\beta_2} x_{2i} + \dots + \hat{\beta_k} x_{ki},\ i = 1, 2, \dots, n$$

을 구할 수 있으며, 단순회귀분석에서와 마찬가지로 $\hat{y_i}$을 적합치 혹은 예측치라 한다.

예 7.10

회귀모형3에서의 반응변수 적합치(예측치)와 잔차를 구하면 [표 7.9]와 같다.

|표 7.9| 회귀모형3의 적합지(예측치)와 잔차

| 관측수 | Y 예측치 | 잔차 |
|---|---|---|
| 1 | 57.70469 | 7.29531 |
| 2 | 50.01085 | 4.98914 |
| 3 | 48.14685 | 1.85315 |
| 4 | 59.33086 | 0.66913 |
| 5 | 35.55518 | 4.44481 |
| 6 | 78.09945 | −2.09945 |
| 7 | 68.65087 | −1.65087 |
| 8 | 69.71144 | 10.28856 |
| 9 | 48.14685 | 6.85315 |
| 10 | 38.35119 | −3.35119 |
| 11 | 46.04502 | −6.04502 |
| 12 | 60.26286 | −5.26286 |
| 13 | 43.72467 | −6.72467 |
| 14 | 59.78721 | 3.21278 |
| 15 | 59.45943 | −4.45943 |
| 16 | 30.89518 | −0.89518 |
| 17 | 63.29669 | −4.29669 |
| 18 | 69.82070 | −4.82070 |

■ 회귀계수에 대한 가설검정

회귀계수에 대한 점추정치를 얻었지만, 혹시 모집단에서 $\beta_1$이나 $\beta_2$의 값이

0인지 아닌지 각각 검정할 수 있다. 즉 다음과 같은 가설들이 검정된다.

$$H_0:\ \beta_1 = 0\ \ H_1:\ \beta_1 \neq 0,$$
$$H_0:\ \beta_2 = 0\ \ H_1:\ \beta_2 \neq 0.$$

**예 7.11**

회귀모형4에서 $\beta_1$과 $\beta_2$에 대한 가설검정을 위한 검정통계량값($t$-통계량)과 유의확률($p$-값)은 [표 7.7-2]에 주어져 있다. 귀무가설 $H_0:\ \beta_1 = 0$에 대한 검정통계량값은 1.829으로 얻어졌고 $p$-값은 0.087이므로 5% 유의수준에서 귀무가설을 기각할 수 없다. 그리고 $H_0:\ \beta_2 = 0$에 대한 검정통계량값은 1.535이고 $p$-값은 0.146이므로 이 귀무가설 역시 5% 유의수준에서 기각할 수 없다.

### ■ 회귀모형의 유의성 검정

앞에서와 같이 어느 회귀계수에 대한 개별적인 가설검정은 다른 설명변수가 일정하게 유지된다는 상황에서 가능한 검정이다. 따라서 회귀모형의 유의성을 검정하기 위해서는 모든 설명변수가 설명력이 없는지 아니면 하나의 설명변수라도 설명력을 가지고 있는지 검정해야 한다. 즉 다음과 같은 가설,

$$H_0:\ \beta_1 = \beta_2 = \ldots = \beta_k = 0$$
$$H_1:\ \text{적어도 하나의 } \beta_j\text{는 0이 아니다.}$$

을 설정하고 앞에서 설명한 분산분석을 바탕으로 검정을 실행한다.

**예 7.12**

회귀모형4에서의 분산분석 결과는 다음 [표 7.10]과 같다. 분산분석표에서 검정통계량값($F$ 비)은 $F^* = 1348.378/42.782 = 31.51669$이고 $p$-값(유의한 $F$)은 $4.25E-06$으로 유의수준 0.05보다 매우 작으므로 귀무가설을 기각하고, 추정된 회귀모형은 유의하다는 결론을 내린다. 이 결론은 각

회귀계수에 대한 개별적인 검정에서 회귀계수들 모두 유의적이지 않다($p-$값:0.087과 0.145)고 내린 결론과 다르다는 점에 유의해야 한다.

|표 7.10| 회귀모형4에서의 분산분석표

| | 자유도 | 제곱합 | 제곱평균 | F 비 | 유의한 F |
|---|---|---|---|---|---|
| 회귀 | 2 | 2696.755 | 1348.378 | 31.51669 | 4.25E-06 |
| 잔차 | 15 | 641.7446 | 42.78297 | | |
| 계 | 17 | 3338.5 | | | |

■ 조정된 결정계수

적합된 회귀모형이 얼마나 자료를 잘 나타내는지를 측정하는 척도인 결정계수에 대하여 앞에서 설명한 바 있다. 그런데 별로 설명력이 없는 설명변수가 모형에 추가되어도 결정계수는 증가하는 현상이 발생한다. 그러므로 결정계수를 바탕으로 설명변수의 개수가 상이한 회귀모형들의 적합도를 비교하는 것은 타당하지 않다. 따라서 모형에 포함된 설명변수의 개수를 반영하여 조정된 결정계수(adjusted coefficient of determination: $\overline{R^2}$)를 적용하여 회귀모형들의 적합도를 비교해야 한다. 조정된 결정계수는

$$\overline{R^2} = 1 - \frac{SSE/(n-p)}{SST/(n-1)}$$

에 의해 구한다. 한편, 조정된 결정계수와 결정계수는 다음과 같은 관계를 가지고 있다.

$$\overline{R^2} = 1 - \frac{n-1}{n-p}(1-R^2)$$

예 7.13

각 회귀모형별로 결정계수 및 조정된 결정계수를 구한 결과는 [표 7.11]과 같다. 회귀모형6의 결정계수가 0.864011로서 가장 높지만, 조정된 결정

계수는 회귀모형3의 경우 가장 높다. 이러한 결과는 두 회귀모형에 포함된 설명변수의 개수가 반영되었기 때문이다. 따라서 네 가지 회귀모형 중에서 회귀모형3이 가장 적합도가 높은 모형이고, 회귀모형5가 가장 적합도가 낮은 모형이라고 평가할 수 있다.

**|표 7.11-1| 회귀모형3의 조정된 결정계수**

| 회귀분석 통계량 | |
|---|---|
| 다중상관계수 | 0.929343 |
| 결정계수 | 0.863679 |
| 조정된 결정계수 | 0.845503 |
| 표준오차 | 5.508218 |
| 관측수 | 18 |

**|표 7.11-2| 회귀모형4의 조정된 결정계수**

| 회귀분석 통계량 | |
|---|---|
| 다중상관계수 | 0.898763 |
| 결정계수 | 0.807775 |
| 조정된 결정계수 | 0.782145 |
| 표준오차 | 6.54087 |
| 관측수 | 18 |

**|표 7.11-3| 회귀모형5의 조정된 결정계수**

| 회귀분석 통계량 | |
|---|---|
| 다중상관계수 | 0.883281 |
| 결정계수 | 0.780185 |
| 조정된 결정계수 | 0.750877 |
| 표준오차 | 6.994529 |
| 관측수 | 18 |

**|표 7.11-4| 회귀모형6의 조정된 결정계수**

| 회귀분석 통계량 | |
|---|---|
| 다중 상관계수 | 0.929522 |
| 결정계수 | 0.864011 |
| 조정된 결정계수 | 0.83487 |
| 표준오차 | 5.694607 |
| 관측수 | 18 |

# 엑셀을 이용한 분석

## 1. 상관계수

[표 7.1] 에 제시된 나이와 연봉 사이의 상관계수를 구하기 위해 Excel의 [데이터분석-상관분석] 메뉴를 이용할 수 있다. [표 7.1]의 자료에서 나이와 연봉 사이의 상관계수를 구하면 다음 표와 같다. 상관계수가 0.8818로 얻어졌으므로 나이와 연봉 사이에 상당히 강한 양의 상관성이 있다고 해석할 수 있다.

직원의 나이와 연봉간의 상관계수

| | 나이 | 연봉 |
|---|---|---|
| 나이 | 1.0 | |
| 연봉 | 0.881808 | 1.0 |

## 2. 회귀분석

[표 7.2]의 자료를 가지고 교육연수에 따른 연봉을 예측하기 위한 회귀분석을 하라.

**풀이** A열과 B열에 각각 교육연수와 연봉을 입력한 후 [데이터]⇒[데이터분석]⇒[회귀분석]⇒[확인] 순으로 클릭하면 회귀분석에 관한 대화상자가 나타난다.

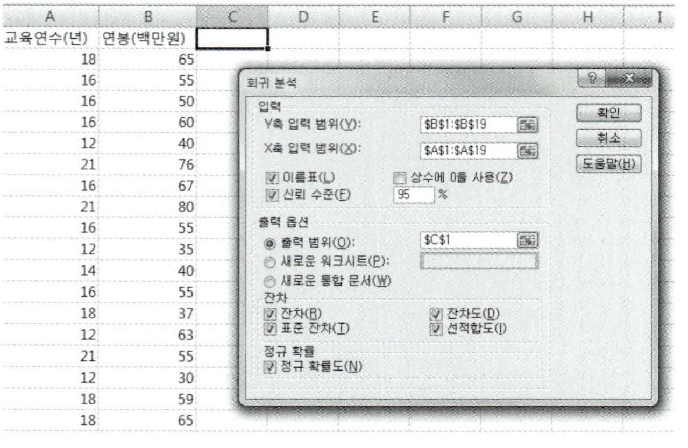


|그림 1| 회귀분석 대화상자

[그림 1]과 같이 입력하여 [확인]을 누르면 [그림 2]와 같은 결과와 [그림 3]의 잔차도, 적합도, 정규확률도를 구할 수 있다.

요약 출력

| 회귀분석 통계량 | |
|---|---|
| 다중 상관계수 | 0.662865569 |
| 결정계수 | 0.439390763 |
| 조정된 결정계수 | 0.404352686 |
| 표준 오차 | 10.81548062 |
| 관측수 | 18 |

분산 분석

| | 자유도 | 제곱합 | 제곱 평균 | F 비 | 유의한 F |
|---|---|---|---|---|---|
| 회귀 | 1 | 1466.906063 | 1466.906063 | 12.54037884 | 0.002716317 |
| 잔차 | 16 | 1871.593937 | 116.9746211 | | |
| 계 | 17 | 3338.5 | | | |

| | 계수 | 표준 오차 | t 통계량 | P-값 | 하위 95% | 상위 95% | 하위 95.0% | 상위 95.0% |
|---|---|---|---|---|---|---|---|---|
| Y 절편 | 5.173775115 | 14.25303779 | 0.362994555 | 0.721359916 | -25.04131504 | 35.38886527 | -25.04131504 | 35.38886527 |
| 교육연수(년) | 3.050757843 | 0.8614943 | 3.541239732 | 0.002716317 | 1.224471524 | 4.877044162 | 1.224471524 | 4.877044162 |

|그림 2| [그림 1]의 대화에 대한 결과의 일부

[그림 2]에서 계수는 $\beta$의 추정치인데 절편($\beta_0$)이 5.173775이고, 교육연수의 회귀계수($\beta_1$)가 3.050758로 추정되었으므로 직선의 추정식은

$$연봉=5.173775+3.050758\times 교육연수$$

이다. 결정계수가 0.43939이므로 연봉의 변동중에서 약 43.9%는 교육연수의 변동에 의하여 설명이 될 수 있다는 것을 알 수 있다. $t$**-통계량**은 가설

$$H_0 : \beta_1 = 0 \quad 대 \quad H_1 : \beta_1 \neq 0$$

에 대한 검정통계량 값이다. 즉,

$$To = \frac{3.050758}{0.861494} = 3.54124$$

이 됨을 읽을 수 있다. 이때 $p$-값은 0.002716으로서 매우 작은 값이므로 귀무가설을 기각할 수 있다. 각 $\beta_0$와 $\beta_1$에 대한 95% 신뢰구간은 하위 95%와 상위 95%의 이름으로 주어져 있는데, $\beta_1$의 신뢰구간은 (1.2245, 4.8770)이다. 회귀분석 결과로 얻은 3개의 그림을 적당히 조정하여 [그림 3]과 같이 정리하였다.

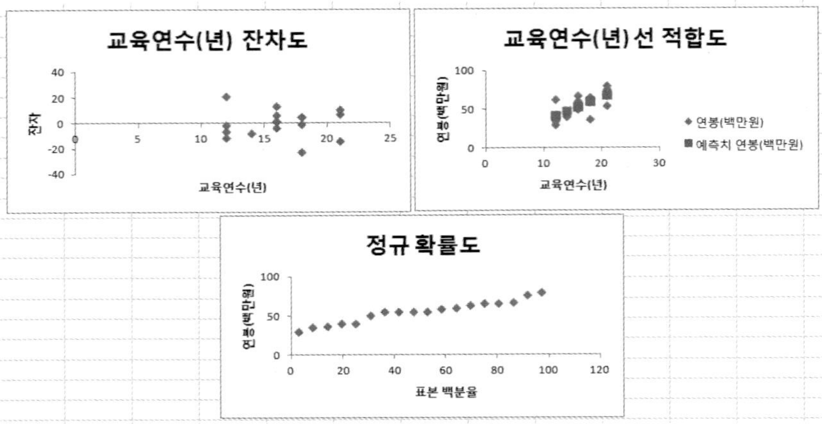


|그림 3| [그림 1]의 선택에 의한 잔차도, 적합도, 정규확률도

선적합도는 독립변수($X$)와 종속변수($Y$)의 산점도에 추정한 회귀직선을 그려 넣은 것이다. 교육연수 잔차도는 잔차와 독립변수값의 산점도인데 어떤 특별한 경향을 발견할 수 없다. 또한 오차의 정규성을 검정하기 위한 정규확률도가 주어지는데, 거의 직선의 형태를 보이므로 오차가 정규 분포를 따른다고 할 수 있다.

## R을 이용한 분석

### 1. 상관계수

[표 7.1]에 제시된 나이와 연봉 사이의 상관계수를 구하기 위해 R 프로그램을 이용할 수 있다. [표 7.1]의 자료에서 나이와 연봉 사이의 상관계수를 구하면 다음과 같다.

```
age <- c(40, 35, 33, 45, 26, 57, 55, 48, 33,
         29, 34, 46, 25, 52, 37, 21, 46, 53)

salary <- c(65, 55, 50, 60, 40, 76, 67, 80, 55,
            35, 40, 55, 37, 63, 55, 30, 59, 65)

cor(age, salary)

## [1] 0.8818078
```

상관계수가 0.8818로 얻어졌으므로 나이와 연봉 사이에 상당히 강한 양의 상관성이 있다고 해석할 수 있다.

### 2. 회귀분석

[표 7.2]의 자료를 가지고 교육연수에 따른 연봉을 예측하기 위해 회귀분석을 하라.

```
education <- c(18, 16, 16, 16, 12, 21, 16, 21, 16,
               12, 14, 16, 18, 12, 21, 12, 18, 18)
mydata <- data.frame(education, salary)
result <- lm(salary~education,data=mydata)
summary(result)

##
## Call:
## lm(formula = salary ~ education, data = mydata)
##
## Residuals:
##     Min      1Q  Median      3Q     Max
## -23.087  -6.084   1.014   5.739  21.217
##
## Coefficients:
##             Estimate Std. Error t value Pr(>|t|)
## (Intercept)   5.1738    14.2530   0.363  0.72136
## education     3.0508     0.8615   3.541  0.00272 **
## ---
## Signif. codes:  0 '***' 0.001 '**' 0.01 '*' 0.05 '.' 0.1 ' ' 1
##
```

```
## Residual standard error: 10.82 on 16 degrees of freedom
## Multiple R-squared:  0.4394,Adjusted R-squared:  0.4044
## F-statistic: 12.54 on 1 and 16 DF,  p-value: 0.002716

anova(result) # anova table

## Analysis of Variance Table
##
## Response: salary
##            Df Sum Sq Mean Sq F value   Pr(>F)
## education  1 1466.9 1466.91   12.54 0.002716 **
## Residuals 16 1871.6  116.97
## ---
## Signif. codes:  0 '***' 0.001 '**' 0.01 '*' 0.05 '.' 0.1 ' ' 1

confint(result) # confidence interval

##                  2.5 %    97.5 %
## (Intercept) -25.041315 35.388865
## education     1.224472  4.877044
```

계수는 $\beta$의 추정치인데 절편($\beta_0$)이 5.1738이고, 교육연수의 회귀계수($\beta_1$)가 3.0508로 추정되었으므로 직선의 추정식은

$$\text{연봉} = 5.1738 + 3.0508 \times \text{교육연수}$$

이다. 결정계수가 0.4394이므로 연봉의 변동 중에서 약 43.9%는 교육연수의 변동에 의하여 설명이 될 수 있다는 것을 알 수 있다. $t$-통계량은 가설

$$H_0 : \beta_1 = 0 \text{ 대 } H_1 : \beta_1 \neq 0$$

에 대한 검정통계량 값이다. 즉,

$$T_0 = \frac{3.0508}{0.8615} = 3.541$$

이 됨을 읽을 수 있다. 이때 p-값은 0.00272로서 매우 작은 값이므로 귀무가설을 기각할 수 있다. 각 $\beta_0$과 $\beta_1$에 대한 95% 신뢰구간은 하위 95%와 상위 95%의 이름으로 주어져 있는데, $\beta_1$의 신뢰구간은 (1.2245, 4.8770)이다. 회귀분석 결과로 얻은 3개의 그림을 적당히 조절하여 다음의 그림과 같이 정리하였다. 선적합도는 독립변수($X$)와 종속변수($Y$)의 산점도에 추정한 회귀직선을 그려 넣은 것이다. 교육연수 잔차도는 잔차의 독립변수 값의 산점도인데 어떤 특별한 경향을 발견할 수 없다. 또한 오차의 정규성을 검정하기 위한 정규확률도가 주어지는데, 거의 직선의 형태를 보이므로 오차가 정규분포를 따른다고 할 수 있다.

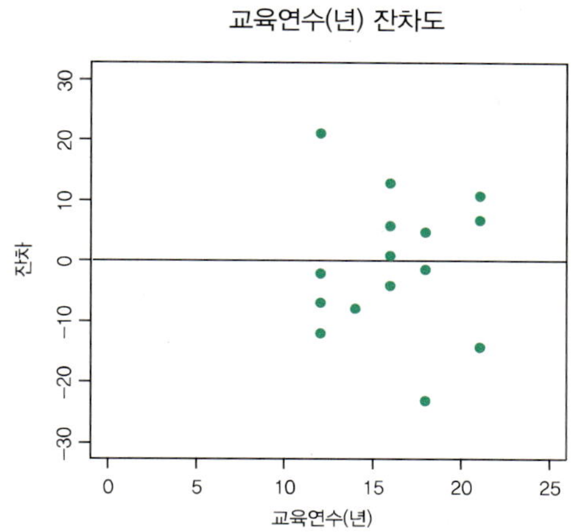
교육연수(년) 잔차도
잔차
교육연수(년)
30
20
10
0
−10
−20
−30
0
5
10
15
20
25

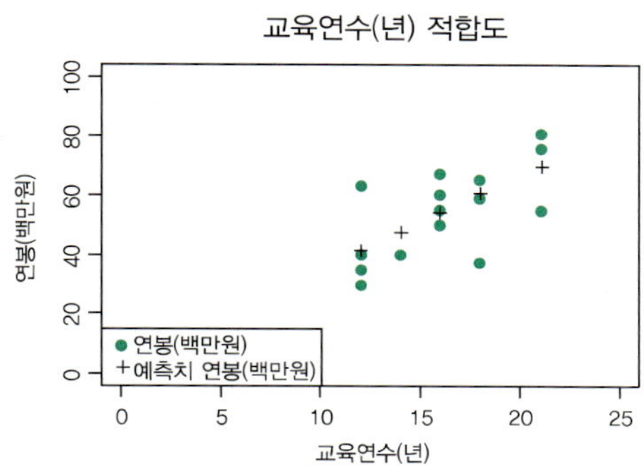
교육연수(년) 적합도
연봉(백만원)
교육연수(년)
연봉(백만원)
예측치 연봉(백만원)
100
80
60
40
20
0
0
5
10
15
20
25

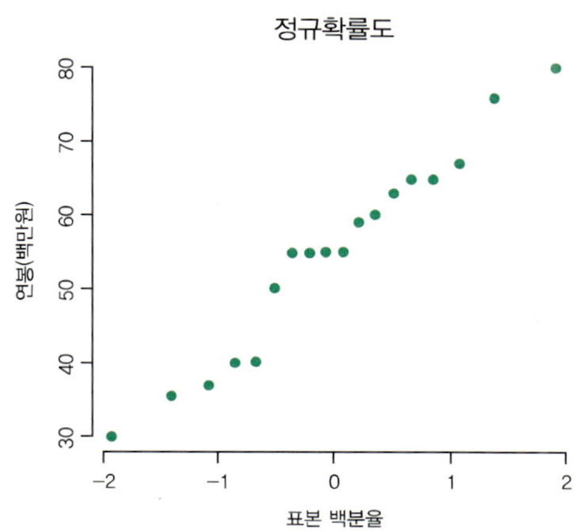
정규확률도
연봉(백만원)
표본 백분율
80
70
60
50
40
30
−2
−1
0
1
2

## 연습문제

**7.1** 금년 A대학 B학과 졸업생 30명의 대학입학수능성적, 주당학습시간, 대학재학중 학점평균에 대한 자료가 다음과 같다고 한다.

| 학생 | 수능성적 | 학습시간 | 학점평균 |
|---|---|---|---|
| 1 | 402 | 12 | 3.1 |
| 2 | 403 | 20 | 4.2 |
| 3 | 445 | 14 | 4.0 |
| 4 | 430 | 10 | 3.9 |
| 5 | 443 | 22 | 4.2 |
| 6 | 432 | 21 | 4.4 |
| 7 | 412 | 14 | 3.7 |
| 8 | 425 | 15 | 3.9 |
| 9 | 405 | 15 | 3.3 |
| 10 | 412 | 19 | 3.6 |
| 11 | 423 | 12 | 3.2 |
| 12 | 423 | 8 | 3.1 |
| 13 | 419 | 12 | 3.5 |
| 14 | 428 | 7 | 2.5 |
| 15 | 401 | 9 | 2.7 |
| 16 | 408 | 15 | 3.5 |
| 17 | 433 | 18 | 3.9 |
| 18 | 443 | 13 | 4.3 |
| 19 | 435 | 24 | 4.4 |
| 20 | 433 | 21 | 4.3 |
| 21 | 422 | 25 | 4.4 |
| 22 | 411 | 13 | 3.7 |
| 23 | 402 | 16 | 3.7 |
| 24 | 406 | 18 | 4.0 |
| 25 | 412 | 13 | 3.9 |
| 26 | 440 | 16 | 4.3 |
| 27 | 434 | 22 | 4.2 |
| 28 | 448 | 24 | 4.5 |
| 29 | 412 | 21 | 3.9 |
| 30 | 432 | 25 | 4.3 |

(1) 대학입학수능성적과 대학재학 중 학점평균의 산점도를 그려라.

(2) 대학입학수능성적과 대학재학 중 학점평균의 상관계수를 구하고 해

석하라.

(3) 주당학습시간과 대학재학 중 학점평균의 산점도를 그려라.

(4) 주당학습시간과 대학재학 중 학점평균의 상관계수를 구하고 해석하라.

(5) 대학입학수능성적과 주당학습시간 중에서 어느 것이 대학재학 중 학점평균과 상관성이 높다고 할 수 있는가?

**7.2** A기업 직원들의 나이와 연봉에 대한 자료([표 7.1])에서 나이와 연봉의 상관계수는 0.8818으로 얻어졌다. 나이의 단위인 '세'를 '개월'로 변경한 후 나이와 연봉의 상관계수를 구하라.

**7.3** [연습문제 7.1]의 자료에서 주당학습시간을 설명변수로 삼고 대학재학 중 학점평균을 반응변수로 채택하였다고 한다. 다음 문제에 답하라.

(1) 단순선형회귀모형을 표기하라.

(2) 위 회귀모형의 회귀계수를 최소제곱추정법에 의해 추정하라.

(3) 각 회귀계수의 신뢰구간을 95% 신뢰수준에서 추정하라.

(4) 기울기에 대한 검정을 하고자 한다. 통계적 가설을 세워라.

(5) 위 가설을 5% 유의수준에서 검정하라.

**7.4** [연습문제 7.1]의 자료에서 대학입학수능시험점수와 주당학습시간을 설명변수로 삼고 대학재학 중 학점평균을 반응변수로 채택하였다고 한다. 다음 문제에 답하라.

(1) 다중선형회귀모형을 표기하라.

(2) 위 회귀모형의 회귀계수들을 최소제곱추정법에 의해 추정하라.

(3) 각 회귀계수의 신뢰구간을 95% 신뢰수준에서 추정하라.

(4) 위 회귀모형의 유의성을 검정하고자 한다. 통계적 가설을 세워라.

(5) 위 가설을 5% 유의수준에서 검정하라.

(6) 위 회귀모형의 결정계수와 조정된 결정계수를 구하라.

(7) 조정된 결정계수와 결정계수가 다음과 같은 관계를 갖는지 확인하라.

$$\overline{R^2} = 1 - \frac{n-1}{n-p}(1 - R^2)$$

(8) 수능점수가 400점인 신입생이 대학재학 중에 주당 21시간씩 학습한 다면 학점평균은 얼마나 될지 예측하라.

**7.5** [연습문제 7.3]에서는 대학입학수능시험점수는 제외하고 주당학습시간만을 설명변수로 채택한 모형을 세웠다. [연습문제 7.3]에서의 모형과 [연습문제 7.4]에서의 모형 중에서 적합성이 좋은 모형은 어느 것인가? 그 근거는 무엇인가 설명하라.

**7.6** 학생-A는 회귀분석을 실행한 결과, 결정계수는 0.91로 얻었고, 조정된 결정계수는 0.85를 얻었다. 반면에 학생-B는 결정계수는 0.89, 조정된 결정계수는 0.87을 얻었다. 누구의 회귀모형이 우수하다고 생각하는가?

# 08

# 범주형 자료분석

6장과 7장에서 소개 된 통계적 분석방법들은 양적자료를 분석하는 데 적합한 방법이었다. 여기서는 측정결과가 속성에 따라 몇 개의 범주(category)로 분류되어 각 범주에 속하는 도수로 기록되는 자료의 분석에 적합한 방법을 다루기로 한다.

이러한 자료를 범주형 자료(categorical data)라고 하며 범주형으로 측정된 변수들 사이의 관계를 분석하는 통계적 분석방법을 범주형 자료분석(categorical data analysis)이라고 한다. 본 장에서는 분할표 자료에 대한 여러 가지 검정을 공부한다.

## 8.1 범주형 자료

범주형 자료의 예를 들면 사람의 성별은 2개의 범주 중 하나이고, 혈액형을 측정하는 경우 관측값은 숫자가 아니라 4가지 범주(A, B, O, AB) 중 하나의 범주가 되며, 어떤 정책에 대한 찬성여부를 조사하는 경우 관측값은 몇 가지 범주(찬성, 반대, 중립) 중의 하나에 해당 된다. 일반적으로 범주형 자료분석에서 다루게 될 전형적인 문제들을 다음의 예제에 제시하였다.

**예 8.1**

멘델의 유전법칙 중의 하나인 우열의 법칙은 양성잡종교배를 통해서 설명된다. 두 가지 대립 형질(둥글고 황색과 주름지고 녹색)의 완두콩을 교배하면 잡종 1세대에서는 둥글고 황색인 완두콩들만 나온다. 이를 다시 자가수분을 하면 잡종 2세대에서는 둥글고 황색(RY), 둥글고 녹색(Ry), 주름지고 황색(rY), 주름지고 녹색(ry)인 형질이 9:3:3:1의 비율로 완두콩들이 나온다. 이 사실을 확인해 보기 위하여 실제로 교배실험을 하여 다음의 결과를 얻었다.

| 완두콩의 형질 | RY | Ry | rY | ry | 합계 |
|---|---|---|---|---|---|
| 도수 | 125 | 52 | 47 | 18 | 242 |

위의 4가지 완두콩 형질에 대한 비율을 각각 $p_{RY}$, $p_{Ry}$, $p_{rY}$, $p_{ry}$라고 할 때 실험의 결과가 멘델의 유전법칙에 어긋난다고 할 수 있는지를 알아보기 위하여 귀무가설

$$H_0: \ p_{RY} = \frac{9}{16}; \quad p_{Ry} = \frac{3}{16}; \quad p_{rY} = \frac{3}{16}; \quad p_{ry} = \frac{1}{16}$$

을 검정할 수 있다. 이러한 검정을 **적합도 검정** goodness of fit test이라고 하며 8.2절에서 다룬다.

예 8.2

성별에 따라 대통령 후보 3명의 지지율에 차이가 있는지를 알아보기 위하여 남녀 각각 100명의 유권자를 임의로 추출하여 후보에 대한 지지도를 조사하여 다음과 같은 결과를 얻었다.

| 성별 \ 후보 | A | B | C | 합계 |
|---|---|---|---|---|
| 남 | 51 | 23 | 26 | 100 |
| 여 | 42 | 33 | 25 | 100 |
| 합계 | 93 | 56 | 51 | 200 |

이 자료에서 성별 간의 차이가 있는지를 알아보기 위하여 각 후보의 지지율이 남녀 간에 차이가 없다는 귀무가설을 검정할 수 있다. 이러한 검정을 **동질성 검정** homogeneity test이라고 하며 8.3절에서 다룬다.

예 8.3

인터넷 실명제 폐지에 대한 의견과 연령이 연관이 있는지를 알아보기 위하여 1000명을 대상으로 조사하여 다음과 같은 자료를 얻었다.

| 나이 \ 의견 | 찬성 | 중립 | 반대 | 합계 |
|---|---|---|---|---|
| 10대 | 40 | 68 | 54 | 162 |
| 20대 | 90 | 44 | 148 | 282 |
| 30대 | 67 | 45 | 133 | 245 |
| 40대 | 46 | 33 | 107 | 186 |
| 50대 이상 | 26 | 17 | 82 | 125 |
| 합계 | 269 | 207 | 524 | 1000 |

이 자료는 각각의 대상자를 두 가지 특성인 연령과 의견에 대해 조사하였다. 여기서는 인터넷 실명제 폐지에 대한 의견과 연령이 서로 독립적이라는 귀무가설을 검정할 수 있는데 이러한 검정을 **독립성 검정** independence test이라고 하며 8.4절에서 다룬다.

## 8.2 적합도 검정

범주형 변수가 하나인 경우 측정결과는 일차원표로 표현된다. 즉 자료가 몇 개의 범주에 대한 **관측도수** observed frequency 형태로 주어진다. 여기서 우리의 주된 관심은 귀무가설에서 제시한 각 범주의 비율이 실제 자료에 적합한지를 알아보는 것이다. 이러한 형태의 가설검정을 **적합도 검정** goodness of fit test이라 한다.

$n$개의 관측값을 $k$개의 범주로 분류할 때 각 범주의 관측도수를 $n_1, n_2, \ldots, n_k$라 하면 관측결과는 다음의 표와 같이 표현될 수 있다.

|표 8.1| 일차원표

| 범주 | 1 | 2 | $\cdots$ | $k$ | 합계 |
|---|---|---|---|---|---|
| 관측도수 | $n_1$ | $n_2$ | $\cdots$ | $n_k$ | $n$ |

각 범주에 대응되는 확률을 $p_1, p_2, \cdots, p_k$라 하면 귀무가설은 각각의 $p_i$가 어떤 이론이나 주장이 제시하는 값인 $p_{0i}$로 대응시킨 다음과 같은 형태가 된다.

• **적합도 검정**

$H_0$ : $p_1 = p_{01}, p_2 = p_{02}, \ldots, p_k = p_{0k}$.

$H_1$ : $k$개의 $p_i$ 중 적어도 하나의 $p_i$는 귀무가설에서 제시한 $p_{0i}$와 다르다.

귀무가설 $H_0$ 하에서 $i$번째 범주의 **기대도수** expected frequency $e_i$는 전체 관측값의 수 $n$에 귀무가설에서 제시한 확률인 $p_{0i}$를 곱한 $np_{0i}$이 된다. 즉, $e_i = np_{0i}$이다. 만약 귀무가설이 맞는다면 각 범주별로 관측도수 $n_i$와 기대도수 $e_i$의 차이는 적을 것이고 차이가 많이 난다면 귀무가설이 기각되어야 한다. 관측도수와 기대도수의 차이를 알아보는 방법으로 칼 피어슨 Karl Pearson이 제안한 다음의 검정통계량이 사용된다.

• **카이제곱통계량**

$$X^2 = \sum \frac{(\text{관측도수} - \text{기대도수})^2}{\text{기대도수}}$$

$$= \sum_{i=1}^{k} \frac{(n_i - e_i)^2}{e_i}$$

$$= \sum_{i=1}^{k} \frac{(n_i - np_{0i})^2}{np_{0i}}$$

이 검정통계량 $X^2$은 귀무가설 $H_0$하에서 자유도가 $k-1$(범주의 수–1)인 카이제곱분포를 따른다(카이제곱분포는 6.1.3절을 참고).

**예 8.4**

ABO식 혈액형을 보면 우리나라 사람은 A형 34%, B형 27%, O형 28%, AB형 11%라고 한다. 2012년도 한국프로야구 8개 구단 선수 208명(각 팀당 26명)을 대상으로 혈액형을 조사한 결과가 다음과 같다. 야구선수의 혈액형이 일반인과 같다고 볼 수 있는지를 알아보고자 한다.

| 범주 | A | B | O | AB | 합계 |
|---|---|---|---|---|---|
| 관측도수 | 62 | 58 | 70 | 18 | 208 |
| 비율(%) | (29.8) | (27.9) | (33.7) | (8.7) | (100.0) |

**풀이** 우리가 검정하고자 하는 귀무가설은

$$H_0:\ p_{01} = 0.34;\ p_{02} = 0.27;\ p_{03} = 0.28;\ p_{04} = 0.11$$

이며 이것은 프로야구 선수의 혈액형의 분포가 일반인과 차이가 없다는 것이고 대립가설은 프로야구 선수와 일반인의 혈액형의 분포가 다르다는 것이다. 각 범주의 기대도수는

A형의 기대도수 $= 208 \times 0.34 = 70.72$

B형의 기대도수 $= 208 \times 0.27 = 56.16$

O형의 기대도수 $= 208 \times 0.28 = 58.24$

$$\text{AB형의 기대도수} \quad = 208 \times 0.11 = 22.88$$

이고 검정통계량은

$$X^2 = \frac{(n_i - np_{0i})^2}{np_{0i}}$$

$$= \frac{(62-70.72)^2}{70.72} + \frac{(58-56.16)^2}{56.16} + \frac{(70-58.24)^2}{58.24} + \frac{(18-22.88)^2}{22.88}$$

$$= 4.5509$$

이다. 귀무가설하에서 $X^2$의 분포는 자유도가 $3(=4-1)$인 카이제곱 분포를 따르며 [부록 표 5]에서 $\chi^2_{0.05}(3) = 7.81$이다. 여기서 $X^2 = 4.5509 < 7.81 = \chi^2_{0.05}(3)$이므로 유의수준 $\alpha = 0.05$에서 귀무가설 $H_0$는 기각할 수 없으므로 프로야구 선수의 혈액형의 분포도가 일반인과 차이가 없다고 할 수 있다.

## 8.3 동질성 검정

두 개 이상의 모집단으로부터 추출된 각 표본들을 범주별로 분류한다고 하자. 즉 모집단별로 자료가 몇 개의 범주에 대한 관측도수 형태로 주어진다. 이러한 자료를 표로 정리한 것을 **분할표** contingency table라고 한다. 여기서 우리는 각 범주에 대하여 모집단들이 동일한 반응을 보인다는 귀무가설을 검토하는 **동질성 검정** 문제를 생각하기로 한다.

동질성 검정은 자료가 $r$개의 모집단으로부터 표본의 크기가 각각 $n_1, n_2, \ldots, n_r$인 표본자료를 $c$개의 범주로 분류하였을 때 각 범주에 속하는 확률들이 $r$개의 모집단들에 대해서 서로 같은지를 검정하는 것이다. $r$개의 모집단으로부터 추출한 각 표본자료들을 $c$개의 범주로 분류하였을 때에 각 세분화된 범주에 속하는 관측도수를 표로 나타내면 다음의 [표 8.2]와 같은 **2차원 분할표**가 된다.

**|표 8.2|** 2차원 분할표

| 모집단 \ 범주 | 1 | 2 | $\cdots$ | $c$ | 합계 |
|---|---|---|---|---|---|
| 1 | $n_{11}$ | $n_{12}$ | $\cdots$ | $n_{1c}$ | $n_1$ |
| 2 | $n_{21}$ | $n_{22}$ | $\cdots$ | $n_{2c}$ | $n_2$ |
| $\vdots$ | $\vdots$ | $\vdots$ | | $\vdots$ | $\vdots$ |
| $r$ | $n_{r1}$ | $n_{r2}$ | $\cdots$ | $n_{rc}$ | $n_r$ |
| 합계 | $n_{.1}$ | $n_{.2}$ | $\cdots$ | $n_{.c}$ | $n$ |

여기서

$$n_i = \sum_{j=1}^{c} n_{ij},\ \ i = 1,2,\ldots,r\ \ (i\,\text{번째 행의 합})$$

$$n_{.j} = \sum_{i=1}^{r} n_{ij},\ \ j = 1,2,\ldots,c\ \ (j\,\text{번째 행의 합})$$

이다. 이때 $i$번째 모집단의 $j$번째 범주에 속하는 확률을 $p_{ij}$라고 하면 아래 [표 8.3]과 같은 표를 생각할 수 있다.

**|표 8.3|** 각 모집단별 범주의 비율

| 모집단 \ 범주 | 1 | 2 | $\cdots$ | $c$ | 합계 |
|---|---|---|---|---|---|
| 1 | $p_{11}$ | $p_{12}$ | $\cdots$ | $p_{1c}$ | 1 |
| 2 | $p_{21}$ | $p_{22}$ | $\cdots$ | $p_{2c}$ | 1 |
| $\vdots$ | $\vdots$ | $\vdots$ | | $\vdots$ | 1 |
| $r$ | $p_{r1}$ | $p_{r2}$ | $\cdots$ | $p_{rc}$ | 1 |

여기서 각 모집단에서 속성확률의 합은 당연히 1이 된다. 즉

$$p_{i1} + p_{i2} + \ldots + p_{ic} = \sum_{j=1}^{c} p_{ij} = 1,\ \ i = 1,2,\ldots,r$$

이다. 이제 동질성 검정에서 각 모집단이 차이가 없다는 귀무가설과 차이가 있다는 대립가설은 다음과 같이 표현할 수 있다.

• **동질성 검정**

$H_0$ : $p_{1j} = p_{2j} = \ldots = p_{rj} = p_j,\ j = 1,2,\ldots,c$
(특정 범주에 속하는 확률은 모든 모집단에서 동일하다.)

$H_1$ : 적어도 하나의 $i$에 대해 $p_{ij} \neq p_j$이다.
(특정 범주에 속하는 확률이 모든 모집단에서 동일하지는 않다.)

귀무가설하에서 $i$번째 모집단의 $j$번째 범주의 기대도수는 $n_i p_j$이다. 하지만 공통비율 $p_j$는 우리가 알 수 없기 때문에 합동표본 비율인

$$\hat{p}_j = \frac{n_{1j} + n_{2j} + \cdots + n_{rj}}{n_1 + n_2 + \cdots + n_r} = \frac{n_{.j}}{n}$$

로 추정할 수 있고 기대도수는

$$e_{ij} = n_i \hat{p}_j = n_i \frac{n_{.j}}{n} = \frac{n_i n_{.j}}{n}$$

이다. 여기서 기대도수 $e_{ij}$와 관측도수 $n_{ij}$가 크게 차이가 나지 않는다면 귀무가설의 주장은 유효하다고 할 수 있으며 검정통계량은 기대도수와 관측도수 간의 차이를 표준화시켜 다음과 같이 정의된다.

• **카이제곱통계량**

$$X^2 = \sum \frac{(\text{관측도수} - \text{기대도수})^2}{\text{기대도수}}$$

$$= \sum_{i=1}^{r} \sum_{j=1}^{c} \frac{(n_{ij} - e_{ij})^2}{e_{ij}}$$

이 검정통계량 $X^2$은 귀무가설 $H_0$하에서 자유도가 $(r-1)(c-1)$인 카이제곱분포를 따른다.

**예 8.5**

구단별로 혈액형의 분포에 차이가 있는지를 알아보기 위하여 서울을 연고로 하는 프로야구 3개 구단에서 각각 26명의 혈액형을 조사한 결과가 다음과 같다.

| 구단 \ 혈액형 | A | B | O | AB | 합계 |
|---|---|---|---|---|---|
| D | 9 | 7 | 6 | 4 | 26 |
| L | 6 | 9 | 11 | 0 | 26 |
| N | 10 | 5 | 10 | 1 | 26 |
| 합계 | 25 | 21 | 27 | 5 | 78 |

**풀이** 이 문제에 대한 귀무가설과 대립가설은 다음과 같다.

$H_0$ : 구단에 따라 혈액형의 분포가 같다.

$H_1$ : 구단에 따라 혈액형의 분포가 다르다.

세 구단 78명의 선수 중 A형, B형, O형, AB형은 각각 25명, 21명, 27명, 5명으로 세 구단 선수의 혈액형의 비율을 각각 $P(A\text{형}) = p_1$, $P(B\text{형}) = p_2$, $P(O\text{형}) = p_3$, $P(AB\text{형}) = p_4$라고 하면 그들의 추정값은

$$\hat{p}_1 = 25/78; \quad \hat{p}_2 = 21/78; \quad \hat{p}_3 = 27/78; \quad \hat{p}_4 = 5/78$$

이다. 귀무가설과 같이 각 구단별로 혈액형의 분포에 차이가 없다면 기대도수는 $e_{ij} = n_i \widehat{p_j} = n_i n_{\cdot j}/n$이 된다. 따라서

$$e_{11} = \frac{n_1 n_{\cdot 1}}{n} = \frac{26 \cdot 25}{78} = 8.33; \quad e_{12} = \frac{n_1 n_{\cdot 2}}{n} = \frac{26 \cdot 21}{78} = 7$$

이고 나머지 기대도수의 추정값도 유사한 방법으로 구하면 다음 표와 같다.

| 구단 \ 혈액형 | A | B | O | AB | 합계 |
|---|---|---|---|---|---|
| D | 8.333 | 7 | 9 | 1.667 | 26 |
| L | 8.333 | 7 | 9 | 1.667 | 26 |
| N | 8.333 | 7 | 9 | 1.667 | 26 |
| 합계 | 25 | 21 | 27 | 5 | 78 |

따라서 검정통계량의 값은

$$X^2 = \frac{(9-8.333)^2}{8.333} + \frac{(7-7)^2}{7} + \frac{(6-9)^2}{9} + \frac{(4-1.667)^2}{1.667}$$
$$+ \frac{(6-8.333)^2}{8.333} + \frac{(9-7)^2}{7} + \frac{(11-9)^2}{9} + \frac{(0-1.667)^2}{1.667}$$
$$+ \frac{(10-8.333)^2}{8.333} + \frac{(5-7)^2}{7} + \frac{(10-9)^2}{9} + \frac{(1-1.667)^2}{1.667}$$
$$= 0.053 + 0 + 1 + 3.265 + 0.653 + 0.571$$
$$+ 0.444 + 1.667 + 0.333 + 0.571 + 0.111 + 0.267$$
$$= 8.935$$

이고 귀무가설이 맞는다면 자유도가 $(3-1)(4-1) = 6$인 카이제곱분포를 따른다. [부록 표 5]에서 $\chi^2_{0.05}(6) = 12.59 > 8.935$이므로 유의수준 0.05에서 귀무가설을 기각할 수 없다. 따라서 구단에 따라 혈액형의 분포가 다르다고 할 수 없다.

## 8.4 독립성 검정

하나의 모집단으로부터 추출한 표본에서 두 가지 특성을 관찰할 수 있다면 두 개의 범주형 변수에 의하여 분류될 수 있을 것이다. 이러한 자료를 표로 정리하면 [표 8.2]와 유사한 2차원 분할표를 얻을 수 있다. 여기서 우리는 두 가지 특성 또는 변수들 사이에 어떤 연관성이 있는지를 검정하는 문제를 생각해 볼 수 있다. 이와 같은 검정 문제를 **독립성 검정**이라고 한다.

같은 모집단으로부터 추출한 $n$개의 표본이 어떤 특성(변수 1)에 따른 $r$개의 범주와 다른 특성(변수 2)에 따른 $c$개의 범주에 의해서 분류되었다고 하자. $n$개의 표본 중에서 변수 1의 $i$번째 범주와 변수 2의 $j$번째 범주에 동시에 속하는 표본의 개수, 즉 $(i,j)$번째 범주의 관측도수를 $n_{ij}$라고 하면 $n$개의 표본은 아래 [표 8.4]와 같이 분류된다. 이러한 분류된 표를 **2차원 분할표** 또는 **$r \times c$ 분할표**라고 부른다.

**|표 8.4|** 2차원 분할표 ($r \times c$ 분할표)

| 변수1 \ 변수2 | 1 | 2 | $\cdots$ | $c$ | 합계 |
|---|---|---|---|---|---|
| 1 | $n_{11}$ | $n_{12}$ | $\cdots$ | $n_{1c}$ | $n_{1.}$ |
| 2 | $n_{21}$ | $n_{22}$ | $\cdots$ | $n_{2c}$ | $n_{2.}$ |
| $\vdots$ | $\vdots$ | $\vdots$ | | $\vdots$ | $\vdots$ |
| $r$ | $n_{r1}$ | $n_{r2}$ | $\cdots$ | $n_{rc}$ | $n_{r.}$ |
| 합계 | $n_{.1}$ | $n_{.2}$ | $\cdots$ | $n_{.c}$ | $n$ |

여기서

$$n_{i.} = \sum_{j=1}^{c} n_{ij},\ \ i = 1,2,\ldots,r\ \ (i\text{번째 행의 합})$$

$$n_{.j} = \sum_{i=1}^{r} n_{ij},\ \ j = 1,2,\ldots,c\ \ (j\text{번째 행의 합})$$

이다. 이 경우에는 [표 8.2]와는 달리 행이나 열 어느 쪽 합도 고정되지 않은 분할표가 된다. 이때 어떤 관측값이 $(i,j)$번째 범주에 속할 확률을 $p_{ij}$라고 하면 아래 [표 8.5]와 같은 표를 얻을 수 있다.

**|표 8.5|** 각 범주의 비율

| 변수1 \ 변수2 | 1 | 2 | $\cdots$ | $c$ | 합계 |
|---|---|---|---|---|---|
| 1 | $p_{11}$ | $p_{12}$ | $\cdots$ | $p_{1c}$ | $p_{1.}$ |
| 2 | $p_{21}$ | $p_{22}$ | $\cdots$ | $p_{2c}$ | $p_{2.}$ |
| $\vdots$ | $\vdots$ | $\vdots$ | | $\vdots$ | $\vdots$ |
| $r$ | $p_{r1}$ | $p_{r2}$ | $\cdots$ | $p_{rc}$ | $p_{r.}$ |
| 합계 | $p_{.1}$ | $p_{.2}$ | $\cdots$ | $p_{.c}$ | 1 |

여기서 $p_{i.}$와 $p_{.j}$를

$$p_{i.} = \sum_{j=1}^{c} p_{ij},\ \ i = 1,2,\ldots,r$$

$$p_{.j} = \sum_{i=1}^{r} p_{ij}, \ j = 1, 2, \ldots, c$$

로 정의하면 $p_{.1} + p_{.2} + \ldots + p_{.c} = \sum p_{.j} = 1$이고 $p_{1.} + p_{2.} + \ldots + p_{r.} = \sum p_{i.} = 1$이다.

두 개 특성 사이의 독립성 검정을 위한 가설은 다음과 같이 설정된다.

**• 독립성 검정**

$H_0$ : 변수 1과 변수 2는 서로 독립적이다.
(두 특성은 아무 연관이 없다.)

$H_1$ : 변수 1과 변수 2는 서로 독립적이지 않다.
(두 특성은 서로 연관성이 있다.)

귀무가설 $H_0$에서와 같이 두 범주형 변수가 독립적인 경우에는 제4장에서 설명한 바와 같이 독립성조건에 의해 $(i, j)$항의 확률 $p_{ij}$는

$$p_{ij} = p_{i.} p_{.j}$$

이다. $p_{i.}$와 $p_{.j}$의 추정량은 다음과 같이 각각 각 행 또는 열의 관측도수의 비율이라 할 수 있다.

$$p_{i.}\text{의 추정값: } \hat{p}_{i.} = \frac{n_{i.}}{n}, \ i = 1, 2, \ldots, r$$

$$p_{.j}\text{의 추정값: } \hat{p}_{.j} = \frac{n_{.j}}{n}, \ j = 1, 2, \ldots, c$$

따라서 귀무가설이 사실이라면 $(i, j)$항의 확률 $p_{ij}$의 추정량 $\hat{p}_{ij}$은 다음과 같다.

$$\hat{p}_{ij} = \frac{n_{i.}}{n} \frac{n_{.j}}{n}$$

또한 $(i, j)$항의 기대도수는

$$e_{ij} = n\hat{p}_{ij} = n\frac{n_{i.}}{n}\frac{n_{.j}}{n} = \frac{n_{i.}n_{.j}}{n}$$

이 된다. 여기서 기대도수 $e_{ij}$와 관측도수 $n_{ij}$가 크게 차이가 나지 않는다면 귀무가설의 주장은 유효하다고 할 수 있으며 검정통계량은 다음과 같이 정의된다.

$$X^2 = \sum \frac{(\text{관측도수} - \text{기대도수})^2}{\text{기대도수}}$$

$$= \sum_{i=1}^{r}\sum_{j=1}^{c}\frac{(n_{ij} - e_{ij})^2}{e_{ij}}$$

만일 $X^2$의 값이 크다면 기대도수와 관측도수가 차이를 보이는 것이므로 귀무가설이 기각되어야 한다. 이 검정통계량 $X^2$은 귀무가설 $H_0$하에서 자유도가 $(r-1)(c-1)$인 카이제곱분포를 따른다.

**예 8.6**

2012년도 프로야구 8개 구단 선수 208명(각 팀당 26명)을 대상으로 포지션(투수/야수)과 혈액형을 조사한 결과가 다음과 같을 때 포지션(투수/야수)과 혈액형 간에 관련이 있는지를 알아보고 싶다.

| 포지션 \ 혈액형 | A | B | O | AB | 합계 |
|---|---|---|---|---|---|
| 투수 | 27 | 18 | 26 | 9 | 80 |
| 야수 | 35 | 40 | 44 | 9 | 128 |
| 합계 | 62 | 58 | 70 | 18 | 208 |

**풀이** 이 문제에서 귀무가설과 대립가설은 다음과 같다.

$H_0$ : 포지션과 혈액형은 서로 독립적이다.

$H_1$ : 포지션과 혈액형은 서로 독립적이지 않다.

전제 208명 중 투수는 80명이고 야수는 128명이다. 따라서 프로야구 선수 중 투수와 야수의 비율인 $P(\text{투수}) = p_{1.}$와 $P(\text{야수}) = p_{2.}$의 추정값은

$$\hat{p}_{1.} = 80/208; \quad \hat{p}_{2.} = 128/208$$

이다. 또한 프로야구 선수의 혈액형의 비율을 각각 $P(A\text{형}) = p_{.1}$, $P(B\text{형}) = p_{.2}$, $P(O\text{형}) = p_{.3}$, $P(AB\text{형}) = p_{.4}$라고 하면 그들의 추정 값은

$$\hat{p}_{.1} = 62/208; \quad \hat{p}_{.2} = 58/208; \quad \hat{p}_{.3} = 70/208; \quad \hat{p}_{.4} = 18/208$$

이다. 귀무가설과 같이 두 가지 특성인 포지션과 혈액형이 서로 독립적이라면 $p_{ij} = p_{i.}p_{.j}$이고 $p_{ij}$의 추정량은 $\hat{p}_{ij} = \hat{p}_{i.}\hat{p}_{.j}$이고 $(i,j)$항의 기대도수는 $e_{ij} = n_{i.}n_{.j}/n$이 된다. 따라서

$$e_{11} = \frac{n_{1.}n_{.1}}{n} = \frac{80 \cdot 62}{208} = 23.85;$$

$$e_{12} = \frac{n_{1.}n_{.2}}{n} = \frac{80 \cdot 58}{208} = 22.31$$

이고 나머지 기대도수의 추정값도 유사한 방법으로 구하면 다음 표와 같다.

| 포지션 \ 혈액형 | A | B | O | AB | 합계 |
|---|---|---|---|---|---|
| 투수 | 23.85 | 22.31 | 26.92 | 6.92 | 80 |
| 야수 | 38.15 | 35.69 | 43.08 | 11.08 | 128 |
| 합계 | 62 | 58 | 70 | 18 | 208 |

따라서 검정통계량의 값은

$$\begin{aligned} X^2 &= \frac{(27-23.85)^2}{23.85} + \frac{(18-22.31)^2}{22.31} + \frac{(26-26.92)^2}{26.92} + \frac{(9-6.92)^2}{6.92} \\ &\quad + \frac{(35-38.15)^2}{38.15} + \frac{(40-35.69)^2}{35.69} + \frac{(44-43.08)^2}{43.08} + \frac{(9-11.08))^2}{11.08} \\ &= 0.416 + 0.833 + 0.031 + 0.625 + 0.260 + 0.520 + 0.020 + 0.390 \\ &= 3.095 \end{aligned}$$

이고 귀무가설이 맞는다면 자유도가 $(2-1)(4-1) = 3$인 카이제곱분포를 따른다. [부록 표 5]에서 $\chi^2_{0.05}(3) = 7.81 > 3.095$이므로 유의수준 0.05에서 귀무가설을 기각할 수 없다. 따라서 포지션과 혈액형은 서로 독립적이고 서로 영향을 주지 않는다고 볼 수 있다.

# 엑셀을 이용한 분석

엑셀의 함수 CHITEST를 이용하면 범주형 자료에 대한 분석을 할 수 있다.

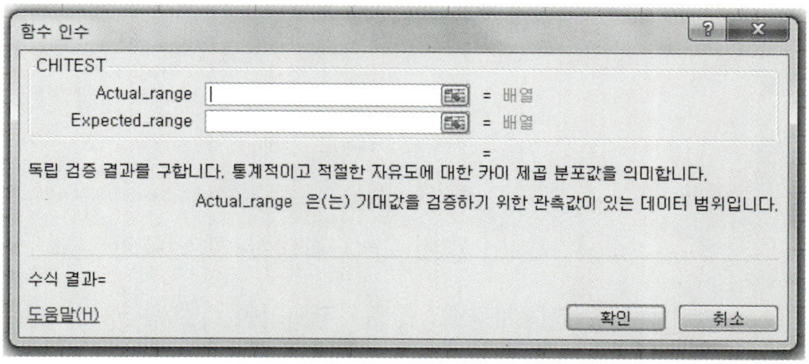


8.2의 적합도 검정을 하기 위해서는 Actual_range에 관측도수, Expected_range에 기대도수를 입력하고 [확인]을 선택하면 된다. 8.3에서 다른 두 집단의 동질성 검정을 하기 위해서는 한 집단의 자료를 Actual_range에 다른 집단의 자료를 Expected_range에 입력하고 [확인]을 선택하면 $\chi^2$-검정통계량의 관측값을 계산하여 $P$-값을 구하여 준다. 따라서 함수 CHITEST의 결과값이 유의수준보다 작으면 귀무가설을 기각할 수 있다.

**예 1**

엑셀을 이용하여 [예 8.4]의 자료를 분석하라.

**풀이** 아래의 [그림 1]과 같이 자료를 입력한다.

| A | B | C | D |
|---|---|---|---|
| 62 | 58 | 70 | 18 |
| 70.72 | 56.16 | 58.24 | 22.88 |

| 그림 1 | 자료입력

[그림 2]와 같이 [함수] ⇒ [통계] ⇒ [CHITEST]를 선택하여 범위를 입력하고 [확인]을 누르면 $P$-값 0.207791을 얻는다. 이 값은 유의수준 5%,

10%보다도 큰 값이므로 프로야구 선수의 혈액형의 분포가 일반인과 차이가 없다는 귀무가설을 기각할 수 없다.

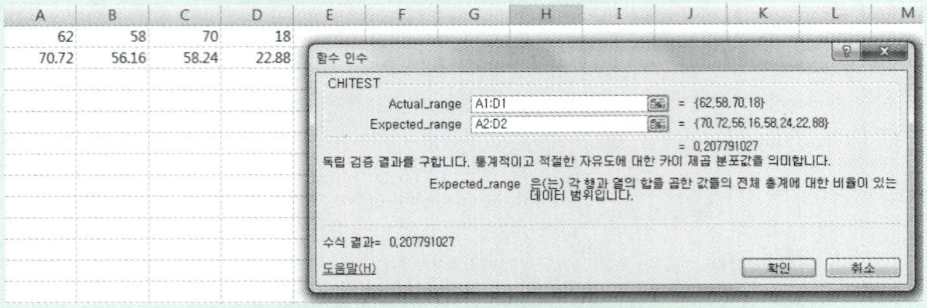


**|그림 2|** 함수 CHITEST에서의 입력의 결과

참고로 $\chi^2$-검정통계량의 값을 구하려면 [그림 3]과 같이 A4셀에 "((a1−a2)^2)/a2"를 입력 하고 자동채우기를 이용하여 나머지 오른쪽 두 셀을 채운 후, E5셀에 "=sum(a4:d4)를 입력하면 $\chi^2$값=4.5509을 구할 수 있다.

| A | B | C | D | E |
|---|---|---|---|---|
| 62 | 58 | 70 | 18 | |
| 70.72 | 56.16 | 58.24 | 22.88 | |
| | | | | |
| 1.075204 | 0.060285 | 2.374615 | 1.040839 | 4.550943 |

**|그림 3|** $\chi^2$-검정통계량의 계산

**예 2**

엑셀을 이용하여 [예 8.2]를 분석하라.

**풀이** 먼저 자료를 입력하고, 다음과 같이 행과 열의 합을 계산한다.

| | A | B | C | D | E | F |
|---|---|---|---|---|---|---|
| 1 | | A | B | C | | |
| 2 | 남 | 51 | 23 | 26 | | 100 |
| 3 | 여 | 42 | 33 | 25 | | 100 |
| 4 | | | | | | |
| 5 | | =SUM(B2:B3) | 56 | 51 | | 200 |

**|그림 1|** 자료입력과 주변합의 계산

이제 기대도수를 구하기 위해 B7셀에 “=B$5*$F2/$F$5”를 입력하고(절대 주소를 뜻하는 $기호의 위치에 조심할 것) D7셀까지 자동 채우기를 한 후, 계속하여 선택된 3개의 셀을 D8까지 자동 채우기 한다.([그림 2]에서는 자동채우기를 두 번 하였다.)

|그림 2| 기댓값 계산

B2:D3영역에 관측도수가 입력되었고, B7:D8영역에 기대도수가 계산되었으면, [수식]⇒[함수삽입]⇒[통계]⇒[CHITEST]를 선택하고 Actual_range 부분에는 “B2:D3"을 Expected_range 부분에는 " B7:D8"를 입력하고 [확인]을 누르면 다음 [그림 3]과 같은 결과를 얻는다.

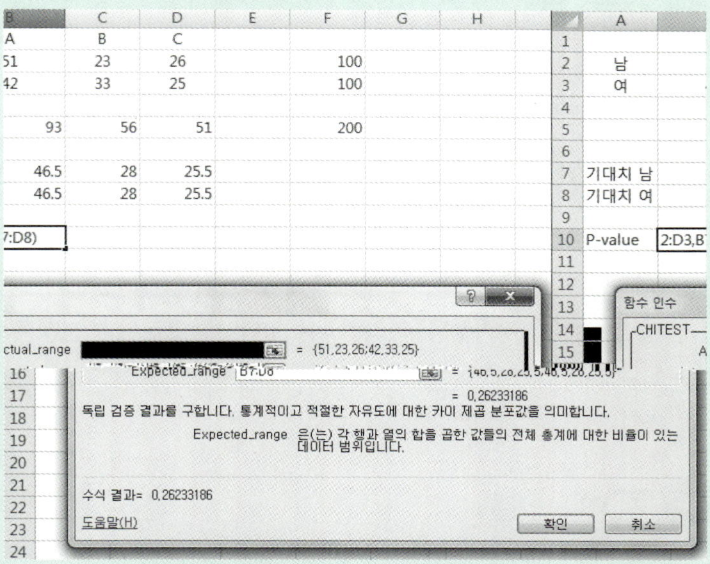


|그림 3| 동질성 검정결과

$P$-값이 0.2623으로 비교적 큰 것을 알 수 있다. 따라서 남과 여 사이의 지지도에 차이가 없다는 귀무가설을 기각할 수 없다.

## R을 이용한 분석

**예 1**

R을 이용하여 [예 8.4]의 자료를 분석하라.

**풀이** R에서 8.2절의 적합도 검정을 위해 사용하는 함수는 chisq.test이다. chisq.test의 x라는 인자에 각 범주의 관측도수로 만든 벡터를 입력하여 주고 p라는 인자에 귀무가설하에서 각 범주의 비율로 만든 벡터를 입력하여 주면 된다. [그림 1]은 예제 8.4의 자료에 대한 적합도 검정을 R로 실시한 결과이다.

```
>chisq.test(x = c(62,58,70,18), p = c(0.34,0.27,0.28,0.11))
                    Chi-squared test for given probabilities
data: c(62, 58, 70, 18)
X-squared = 4.5509, df = 3, p-value = 0.2078
```

|그림 1| 예제 8.4의 자료의 R 프로그램을 이용한 적합도 검정 결과

검정결과 P-값이 0.2078이 나온 것을 알 수 있다. 이 값은 유의수준 5%, 10%보다도 큰 값이므로 프로야구 선수의 혈액형의 분포가 일반인과 차이가 없다는 귀무가설을 기각할 수 없다. 참고로 $\chi^2$-검정통계량의 값은 4.5509가 나온 것을 알 수 있다.

**예 2**

R을 이용하여 [예 8.2]를 분석하라.

**풀이** 8.3절의 동질성 검정도 R의 chisq.test함수를 사용하여 할 수 있다. 다만, 적합도 검정할 때와 달리 x 인자, p 인자의 형태가 아닌 행렬 형태의 인자를 입력하여 주어야 한다. [그림 2] 또는 [그림 3]과 같이 예 8.2의 자료를 R 프로그램에서 입력할 수 있다.

```
> men <- c(51,  23, 26)
> women <- c(42, 33, 25)
> data_matrix <- rbind(men,women)
> data_matrix
 [,1] [,2] [,3]
men 51 23 26
women 42 33 25
```

|그림 2| 예 8.2의 자료의 R 프로그램상의 입력(rbind 함수 이용)

```
> raw_data <- c(51, 23, 26, 42, 33, 25)
> data_matrix <- matrix(raw_data, byrow=TRUE, nrow=2)
> data_matrix
[,1] [,2] [,3]
[1,] 51 23 26
[2,] 42 33 25
```

|그림 3| 예 8.2의 자료의 R 프로그램상의 입력(matrix 함수 이용)

자료의 입력이 끝나면 chisq.test 함수를 사용하여 동질성 검정을 하면 된다. [그림 2] 또는 [그림 3]의 프로그램을 통해 자료가 data_matrix라는 변수에 입력되어 있다고 가정했을 때 R 프로그램을 이용하여 동질성 검정을 수행한 결과는 [그림 4]와 같이 주어진다.

```
> chisq.test(data_matrix)
                    Pearson's Chi-squared test
data: data_matrix
X-squared = 2.6763, df = 2, p-value = 0.2623
```

|그림 4| R 프로그램을 이용한 예 8.2의 동질성 검정 결과

[그림 4]를 보면 동질성 검정 결과의 P-값이 0.2623으로 비교적 큰 것을 알 수 있다. 따라서 남과 여 사이의 지지도에 차이가 없다는 귀무가설을 기각할 수 없다.

## 연습문제

**8.1** [예 8.1]의 자료를 이용하여 멘델의 우열의 법칙과 같이 둥글고 황색(RY), 둥글고 녹색(Ry), 주름지고 황색(rY), 주름지고 녹색(ry)인 완두콩이 9:3:3:1의 비율로 나온다고 볼 수 있는지를 검정하라.

**8.2** [예 8.2]의 자료를 이용하여 성별에 따른 대통령 후보 3명의 지지율에 차이가 있는지를 검정하라.

**8.3** [예 8.3]의 자료를 이용하여 인터넷 실명제 폐지에 대한 의견과 연령이 연관이 있는지를 검정하라.

**8.4** 경찰청이 발표한 교통사고 발생 현황에 의하면 2008년부터 3년간 전국에서 발생한 요일별 교통사고 사망자 수는 다음과 같다.

| 연도 \ 요일 | 일 | 월 | 화 | 수 | 목 | 금 | 토 | 합계 |
|---|---|---|---|---|---|---|---|---|
| 2008년 | 790 | 816 | 819 | 846 | 784 | 908 | 907 | 5,870 |
| 2009년 | 759 | 801 | 818 | 830 | 864 | 856 | 910 | 5,838 |
| 2010년 | 702 | 842 | 729 | 786 | 751 | 844 | 851 | 5,505 |

(1) 2010년의 경우 요일별로 교통사고 사망자의 수가 차이가 난다고 할 수 있는지를 검정하라.

(2) 교통사고 사망자의 요일별 사망자의 비율이 연도별로 차이가 있는지를 검정하라.

**8.5** 미취학 자녀에 대한 양육의 형태와 부모의 소득 수준의 관계를 알아보기 위하여 만 6세 이하 자녀를 둔 1,771가구의 소득계층과 이용하는 보육 및 교육 서비스의 이용 유형을 조사한 결과가 다음과 같다. 소득계층은 소득 하위 30%, 소득 상위 30%, 그 외 중간 소득계층으로 나누어 구분하였다

고 양육 유형은 가정 내 보육, 어린이집, 유치원, 사교육의 4종류로 분류하였다. 이 자료에 의하면 부모의 소득과 양육형태가 관계가 있다고 할 수 있는지를 검정하라.

| 보육유형 \ 소득수준 | 하 | 중 | 상 | 합계 |
|---|---|---|---|---|
| 가정내 보육 | 23 | 30 | 75 | 128 |
| 어린이집 | 228 | 244 | 192 | 664 |
| 유치원 | 121 | 262 | 214 | 597 |
| 사교육 | 70 | 157 | 155 | 382 |
| 합계 | 442 | 693 | 636 | 1771 |

**8.6** 3장의 [표 3.4]의 자료에 대해 적절한 가설을 설정하고 검정하라.

**8.7** 3장의 [표 3.5]의 자료에 대해 적절한 가설을 설정하고 검정하라.

# 부록

표 1 이항분포표

표 2 포아송분포표

표 3 정규분포표

표 4 $t$분포의 상위 $\alpha$의 확률을 주는 값

표 5 $\chi^2$분포의 상위 $\alpha$의 확률을 주는 값

표 6 $F$분포의 상위 $\alpha$의 확률을 주는 값

## |표 1| 이항분포표

$$P[X \le c] = \sum_{x=0}^{c} {}_nC_x p^x (1-p)^{n-x}$$

| | | p | | | | | | | | | | |
|---|---|---|---|---|---|---|---|---|---|---|---|---|
| | c | .05 | .10 | .20 | .30 | .40 | .50 | .60 | .70 | .80 | .90 | .95 |
| n = 1 | 0 | .950 | .900 | .800 | .700 | .600 | .500 | .400 | .300 | .200 | .100 | .050 |
| | 1 | 1.000 | 1.000 | 1.000 | 1.000 | 1.000 | 1.000 | 1.000 | 1.000 | 1.000 | 1.000 | 1.000 |
| n = 2 | 0 | .902 | .810 | .640 | .490 | .360 | .250 | .160 | .090 | .040 | .010 | .002 |
| | 1 | .997 | .990 | .960 | .910 | .840 | .750 | .640 | .510 | .360 | .190 | .097 |
| | 2 | 1.000 | 1.000 | 1.000 | 1.000 | 1.000 | 1.000 | 1.000 | 1.000 | 1.000 | 1.000 | 1.000 |
| n = 3 | 0 | .857 | .729 | .512 | .343 | .216 | .125 | .064 | .027 | .008 | .001 | .000 |
| | 1 | .993 | .972 | .896 | .784 | .648 | .500 | .352 | .216 | .104 | .028 | .007 |
| | 2 | 1.000 | .999 | .992 | .973 | .936 | .875 | .784 | .657 | .488 | .271 | .143 |
| | 3 | 1.000 | 1.000 | 1.000 | 1.000 | 1.000 | 1.000 | 1.000 | 1.000 | 1.000 | 1.000 | 1.000 |
| n = 4 | 0 | .815 | .656 | .410 | .240 | .130 | .063 | .026 | .008 | .002 | .000 | .000 |
| | 1 | .986 | .948 | .819 | .652 | .475 | .313 | .179 | .084 | .027 | .004 | .000 |
| | 2 | 1.000 | .996 | .973 | .916 | .821 | .688 | .525 | .348 | .181 | .052 | .014 |
| | 3 | 1.000 | 1.000 | .998 | .992 | .974 | .938 | .870 | .760 | .590 | .344 | .185 |
| | 4 | 1.000 | 1.000 | 1.000 | 1.000 | 1.000 | 1.000 | 1.000 | 1.000 | 1.000 | 1.000 | 1.000 |
| n = 5 | 0 | .774 | .590 | .328 | .168 | .078 | .031 | .010 | .002 | .000 | .000 | .000 |
| | 1 | .977 | .919 | .737 | .528 | .337 | .188 | .087 | .031 | .007 | .000 | .000 |
| | 2 | .999 | .991 | .942 | .837 | .683 | .500 | .317 | .163 | .058 | .009 | .001 |
| | 3 | 1.000 | 1.000 | .993 | .969 | .913 | .813 | .663 | .472 | .263 | .081 | .023 |
| | 4 | 1.000 | 1.000 | 1.000 | .998 | .990 | .969 | .922 | .832 | .672 | .410 | .226 |
| | 5 | 1.000 | 1.000 | 1.000 | 1.000 | 1.000 | 1.000 | 1.000 | 1.000 | 1.000 | 1.000 | 1.000 |
| n = 6 | 0 | .735 | .531 | .262 | .118 | .047 | .016 | .004 | .001 | .000 | .000 | .000 |
| | 1 | .967 | .886 | .655 | .420 | .233 | .109 | .041 | .011 | .002 | .000 | .000 |
| | 2 | .998 | .984 | .901 | .744 | .544 | .344 | .179 | .070 | .017 | .001 | .000 |
| | 3 | 1.000 | .999 | .983 | .930 | .821 | .656 | .456 | .256 | .099 | .016 | .002 |
| | 4 | 1.000 | 1.000 | .998 | .989 | .959 | .891 | .767 | .580 | .345 | .114 | .033 |
| | 5 | 1.000 | 1.000 | 1.000 | .999 | .996 | .984 | .953 | .882 | .738 | .469 | .265 |
| | 6 | 1.000 | 1.000 | 1.000 | 1.000 | 1.000 | 1.000 | 1.000 | 1.000 | 1.000 | 1.000 | 1.000 |
| n = 7 | 0 | .698 | .478 | .210 | .082 | .028 | .008 | .002 | .000 | .000 | .000 | .000 |
| | 1 | .956 | .850 | .577 | .329 | .159 | .063 | .019 | .004 | .000 | .000 | .000 |
| | 2 | .996 | .974 | .852 | .647 | .420 | .227 | .096 | .029 | .005 | .000 | .000 |
| | 3 | 1.000 | .997 | .967 | .874 | .710 | .500 | .290 | .126 | .033 | .003 | .000 |
| | 4 | 1.000 | 1.000 | .995 | .971 | .904 | .773 | .580 | .353 | .148 | .026 | .004 |
| | 5 | 1.000 | 1.000 | 1.000 | .996 | .981 | .938 | .841 | .671 | .423 | .150 | .044 |
| | 6 | 1.000 | 1.000 | 1.000 | 1.000 | .998 | .992 | .972 | .918 | .790 | .522 | .302 |
| | 7 | 1.000 | 1.000 | 1.000 | 1.000 | 1.000 | 1.000 | 1.000 | 1.000 | 1.000 | 1.000 | 1.000 |

|표 1| 계속

| | c | p | | | | | | | | | | |
|---|---|---|---|---|---|---|---|---|---|---|---|---|
| | | .05 | .10 | .20 | .30 | .40 | .50 | .60 | .70 | .80 | .90 | .95 |
| $n = 8$ | 0 | .663 | .430 | .168 | .058 | .017 | .004 | .001 | .000 | .000 | .000 | .000 |
| | 1 | .943 | .813 | .503 | .255 | .106 | .035 | .009 | .001 | .000 | .000 | .000 |
| | 2 | .994 | .962 | .797 | .552 | .315 | .145 | .050 | .011 | .001 | .000 | .000 |
| | 3 | 1.000 | .995 | .944 | .806 | .594 | .363 | .174 | .058 | .010 | .000 | .000 |
| | 4 | 1.000 | 1.000 | .990 | .942 | .826 | .637 | .406 | .194 | .056 | .005 | .000 |
| | 5 | 1.000 | 1.000 | .999 | .989 | .950 | .855 | .685 | .448 | .203 | .038 | .006 |
| | 6 | 1.000 | 1.000 | 1.000 | .999 | .991 | .965 | .894 | .745 | .497 | .187 | .057 |
| | 7 | 1.000 | 1.000 | 1.000 | 1.000 | .999 | .996 | .983 | .942 | .832 | .570 | .337 |
| | 8 | 1.000 | 1.000 | 1.000 | 1.000 | 1.000 | 1.000 | 1.000 | 1.000 | 1.000 | 1.000 | 1.000 |
| $n = 9$ | 0 | .630 | .387 | .134 | .040 | .010 | .002 | .000 | .000 | .000 | .000 | .000 |
| | 1 | .929 | .775 | .436 | .196 | .071 | .020 | .004 | .000 | .000 | .000 | .000 |
| | 2 | .992 | .947 | .738 | .463 | .232 | .090 | .025 | .004 | .000 | .000 | .000 |
| | 3 | .999 | .992 | .914 | .730 | .483 | .254 | .099 | .025 | .003 | .000 | .000 |
| | 4 | 1.000 | .999 | .980 | .901 | .733 | .500 | .267 | .099 | .020 | .001 | .000 |
| | 5 | 1.000 | 1.000 | .997 | .975 | .901 | .746 | .517 | .270 | .086 | .008 | .001 |
| | 6 | 1.000 | 1.000 | 1.000 | .996 | .975 | .910 | .768 | .537 | .262 | .053 | .008 |
| | 7 | 1.000 | 1.000 | 1.000 | 1.000 | .996 | .980 | .929 | .804 | .564 | .225 | .071 |
| | 8 | 1.000 | 1.000 | 1.000 | 1.000 | 1.000 | .998 | .990 | .960 | .866 | .613 | .370 |
| | 9 | 1.000 | 1.000 | 1.000 | 1.000 | 1.000 | 1.000 | 1.000 | 1.000 | 1.000 | 1.000 | 1.000 |
| $n = 10$ | 0 | .599 | .349 | .107 | .028 | .006 | .001 | .000 | .000 | .000 | .000 | .000 |
| | 1 | .914 | .736 | .376 | .149 | .046 | .011 | .002 | .000 | .000 | .000 | .000 |
| | 2 | .988 | .930 | .678 | .383 | .167 | .055 | .012 | .002 | .000 | .000 | .000 |
| | 3 | .999 | .987 | .879 | .650 | .382 | .172 | .055 | .011 | .001 | .000 | .000 |
| | 4 | 1.000 | .998 | .967 | .850 | .633 | .377 | .166 | .047 | .006 | .000 | .000 |
| | 5 | 1.000 | 1.000 | .994 | .953 | .834 | .623 | .367 | .150 | .033 | .002 | .000 |
| | 6 | 1.000 | 1.000 | .999 | .989 | .945 | .828 | .618 | .350 | .121 | .013 | .001 |
| | 7 | 1.000 | 1.000 | 1.000 | .998 | .988 | .945 | .833 | .617 | .322 | .070 | .012 |
| | 8 | 1.000 | 1.000 | 1.000 | 1.000 | .998 | .989 | .954 | .851 | .624 | .264 | .086 |
| | 9 | 1.000 | 1.000 | 1.000 | 1.000 | 1.000 | .999 | .994 | .972 | .893 | .651 | .401 |
| | 10 | 1.000 | 1.000 | 1.000 | 1.000 | 1.000 | 1.000 | 1.000 | 1.000 | 1.000 | 1.000 | 1.000 |
| $n = 11$ | 0 | .569 | .314 | .086 | .020 | .004 | .000 | .000 | .000 | .000 | .000 | .000 |
| | 1 | .898 | .697 | .322 | .113 | .030 | .006 | .001 | .000 | .000 | .000 | .000 |
| | 2 | .985 | .910 | .617 | .313 | .119 | .033 | .006 | .001 | .000 | .000 | .000 |
| | 3 | .998 | .981 | .839 | .570 | .296 | .113 | .029 | .004 | .000 | .000 | .000 |
| | 4 | 1.000 | .997 | .950 | .790 | .533 | .274 | .099 | .022 | .002 | .000 | .000 |
| | 5 | 1.000 | 1.000 | .988 | .922 | .753 | .500 | .247 | .078 | .012 | .000 | .000 |
| | 6 | 1.000 | 1.000 | .998 | .978 | .901 | .726 | .467 | .210 | .050 | .003 | .000 |
| | 7 | 1.000 | 1.000 | 1.000 | .996 | .971 | .887 | .704 | .430 | .161 | .019 | .002 |
| | 8 | 1.000 | 1.000 | 1.000 | .999 | .994 | .967 | .881 | .687 | .383 | .090 | .015 |
| | 9 | 1.000 | 1.000 | 1.000 | 1.000 | .999 | .994 | .970 | .887 | .678 | .303 | .102 |
| | 10 | 1.000 | 1.000 | 1.000 | 1.000 | 1.000 | 1.000 | .996 | .980 | .914 | .686 | .431 |
| | 11 | 1.000 | 1.000 | 1.000 | 1.000 | 1.000 | 1.000 | 1.000 | 1.000 | 1.000 | 1.000 | 1.000 |

| | c | .05 | .10 | .20 | .30 | .40 | .50 | .60 | .70 | .80 | .90 | .95 |
|---|---|---|---|---|---|---|---|---|---|---|---|---|
| | | | | | | | *p* | | | | | |
| $n = 12$ | 0 | .540 | .282 | .069 | .014 | .002 | .000 | .000 | .000 | .000 | .000 | .000 |
| | 1 | .882 | .659 | .275 | .085 | .020 | .003 | .000 | .000 | .000 | .000 | .000 |
| | 2 | .980 | .889 | .558 | .253 | .083 | .019 | .003 | .000 | .000 | .000 | .000 |
| | 3 | .998 | .974 | .795 | .493 | .225 | .073 | .015 | .002 | .000 | .000 | .000 |
| | 4 | 1.000 | .996 | .927 | .724 | .438 | .194 | .057 | .009 | .001 | .000 | .000 |
| | 5 | 1.000 | .999 | .981 | .882 | .665 | .387 | .158 | .039 | .004 | .000 | .000 |
| | 6 | 1.000 | 1.000 | .996 | .961 | .842 | .613 | .335 | .118 | .019 | .001 | .000 |
| | 7 | 1.000 | 1.000 | .999 | .991 | .943 | .806 | .562 | .276 | .073 | .004 | .000 |
| | 8 | 1.000 | 1.000 | 1.000 | .998 | .985 | .927 | .775 | .507 | .205 | .026 | .002 |
| | 9 | 1.000 | 1.000 | 1.000 | 1.000 | .997 | .981 | .917 | .747 | .442 | .111 | .020 |
| | 10 | 1.000 | 1.000 | 1.000 | 1.000 | 1.000 | .977 | .980 | .915 | .725 | .341 | .118 |
| | 11 | 1.000 | 1.000 | 1.000 | 1.000 | 1.000 | 1.000 | .998 | .986 | .931 | .718 | .460 |
| | 12 | 1.000 | 1.000 | 1.000 | 1.000 | 1.000 | 1.000 | 1.000 | 1.000 | 1.000 | 1.000 | 1.000 |
| $n = 13$ | 0 | .513 | .254 | .055 | .010 | .001 | .000 | .000 | .000 | .000 | .000 | .000 |
| | 1 | .865 | .621 | .234 | .064 | .013 | .002 | .000 | .000 | .000 | .000 | .000 |
| | 2 | .975 | .866 | .502 | .202 | .058 | .011 | .001 | .000 | .000 | .000 | .000 |
| | 3 | .997 | .966 | .747 | .421 | .169 | .046 | .008 | .001 | .000 | .000 | .000 |
| | 4 | 1.000 | .994 | .901 | .654 | .353 | .133 | .032 | .004 | .000 | .000 | .000 |
| | 5 | 1.000 | .999 | .970 | .835 | .574 | .291 | .098 | .018 | .001 | .000 | .000 |
| | 6 | 1.000 | 1.000 | .993 | .938 | .771 | .500 | .229 | .062 | .007 | .000 | .000 |
| | 7 | 1.000 | 1.000 | .999 | .982 | .902 | .709 | .426 | .165 | .030 | .001 | .000 |
| | 8 | 1.000 | 1.000 | 1.000 | .996 | .968 | .867 | .647 | .346 | .099 | .006 | .000 |
| | 9 | 1.000 | 1.000 | 1.000 | .999 | .992 | .954 | .831 | .579 | .253 | .034 | .003 |
| | 10 | 1.000 | 1.000 | 1.000 | 1.000 | .999 | .989 | .942 | .798 | .498 | .134 | .025 |
| | 11 | 1.000 | 1.000 | 1.000 | 1.000 | 1.000 | .998 | .987 | .936 | .766 | .379 | .135 |
| | 12 | 1.000 | 1.000 | 1.000 | 1.000 | 1.000 | 1.000 | .999 | .990 | .945 | .746 | .487 |
| | 13 | 1.000 | 1.000 | 1.000 | 1.000 | 1.000 | 1.000 | 1.000 | 1.000 | 1.000 | 1.000 | 1.000 |
| $n = 14$ | 0 | .488 | .229 | .044 | .007 | .001 | .000 | .000 | .000 | .000 | .000 | .000 |
| | 1 | .847 | .585 | .198 | .047 | .008 | .001 | .000 | .000 | .000 | .000 | .000 |
| | 2 | .970 | .842 | .448 | .161 | .040 | .006 | .001 | .000 | .000 | .000 | .000 |
| | 3 | .996 | .956 | .698 | .355 | .124 | .029 | .004 | .000 | .000 | .000 | .000 |
| | 4 | 1.000 | .991 | .870 | .584 | .279 | .090 | .018 | .002 | .000 | .000 | .000 |
| | 5 | 1.000 | .999 | .956 | .781 | .486 | .212 | .058 | .008 | .000 | .000 | .000 |
| | 6 | 1.000 | 1.000 | .988 | .907 | .692 | .395 | .150 | .031 | .002 | .000 | .000 |
| | 7 | 1.000 | 1.000 | .998 | .969 | .850 | .605 | .308 | .093 | .012 | .000 | .000 |
| | 8 | 1.000 | 1.000 | 1.000 | .992 | .942 | .788 | .514 | .219 | .044 | .001 | .000 |
| | 9 | 1.000 | 1.000 | 1.000 | .998 | .982 | .910 | .721 | .416 | .130 | .009 | .000 |
| | 10 | 1.000 | 1.000 | 1.000 | 1.000 | .996 | .971 | .876 | .645 | .302 | .044 | .004 |
| | 11 | 1.000 | 1.000 | 1.000 | 1.000 | .999 | .994 | .960 | .839 | .552 | .158 | .030 |
| | 12 | 1.000 | 1.000 | 1.000 | 1.000 | 1.000 | .999 | .992 | .953 | .802 | .415 | .153 |
| | 13 | 1.000 | 1.000 | 1.000 | 1.000 | 1.000 | 1.000 | .999 | .993 | .956 | .771 | .512 |
| | 14 | 1.000 | 1.080 | 1.000 | 1.000 | 1.000 | 1.000 | 1.000 | 1.000 | 1.000 | 1.000 | 1.000 |

|표 1| 계속

| | | *p* | | | | | | | | | | |
|---|---|---|---|---|---|---|---|---|---|---|---|---|
| | *c* | .05 | .10 | .20 | .30 | .40 | .50 | .60 | .70 | .80 | .90 | .95 |
| $n = 15$ | 0 | .463 | .206 | .035 | .005 | .000 | .000 | .000 | .000 | .000 | .000 | .000 |
| | 1 | .829 | .549 | .167 | .035 | .005 | .000 | .000 | .000 | .000 | .000 | .000 |
| | 2 | .964 | .816 | .398 | .127 | .027 | .004 | .000 | .000 | .000 | .000 | .000 |
| | 3 | .995 | .944 | .648 | .297 | .091 | .018 | .002 | .000 | .000 | .000 | .000 |
| | 4 | .999 | .987 | .836 | .515 | .217 | .059 | .009 | .001 | .000 | .000 | .000 |
| | 5 | 1.000 | .998 | .939 | .722 | .403 | .151 | .034 | .004 | .000 | .000 | .000 |
| | 6 | 1.000 | 1.000 | .982 | .869 | .610 | .304 | .095 | .015 | .001 | .000 | .000 |
| | 7 | 1.000 | 1.000 | .996 | .950 | .787 | .500 | .213 | .050 | .004 | .000 | .000 |
| | 8 | 1.000 | 1.000 | .999 | .985 | .905 | .696 | .390 | .131 | .018 | .000 | .000 |
| | 9 | 1.000 | 1.000 | 1.000 | .996 | .966 | .849 | .597 | .278 | .061 | .002 | .000 |
| | 10 | 1.000 | 1.000 | 1.000 | .999 | .991 | .941 | .783 | .485 | .164 | .013 | .001 |
| | 11 | 1.000 | 1.000 | 1.000 | 1.000 | .998 | .982 | .909 | .703 | .352 | .056 | .005 |
| | 12 | 1.000 | 1.000 | 1.000 | 1.000 | 1.000 | .996 | .973 | .873 | .602 | .184 | .036 |
| | 13 | 1.000 | 1.000 | 1.000 | 1.000 | 1.000 | 1.000 | .995 | .965 | .833 | .451 | .171 |
| | 14 | 1.000 | 1.000 | 1.000 | 1.000 | 1.000 | 1.000 | 1.000 | .995 | .965 | .794 | .537 |
| | 15 | 1.000 | 1.000 | 1.000 | 1.000 | 1.000 | 1.000 | 1.000 | 1.000 | 1.000 | 1.000 | 1.000 |
| $n = 16$ | 0 | .440 | .185 | .028 | .003 | .000 | .000 | .000 | .000 | .000 | .000 | .000 |
| | 1 | .811 | .515 | .141 | .026 | .003 | .000 | .000 | .000 | .000 | .000 | .000 |
| | 2 | .957 | .789 | .352 | .099 | .018 | .002 | .000 | .000 | .000 | .000 | .000 |
| | 3 | .993 | .932 | .598 | .246 | .065 | .011 | .001 | .000 | .000 | .000 | .000 |
| | 4 | .999 | .983 | .798 | .450 | .167 | .038 | .005 | .000 | .000 | .000 | .000 |
| | 5 | 1.000 | .997 | .918 | .660 | .329 | .105 | .019 | .002 | .000 | .000 | .000 |
| | 6 | 1.000 | .999 | .973 | .825 | .527 | .227 | .058 | .007 | .000 | .000 | .000 |
| | 7 | 1.000 | 1.000 | .993 | .926 | .716 | .402 | .142 | .026 | .001 | .000 | .000 |
| | 8 | 1.000 | 1.000 | .999 | .974 | .858 | .598 | .284 | .074 | .007 | .000 | .000 |
| | 9 | 1.000 | 1.000 | 1.000 | .993 | .942 | .773 | .473 | .175 | .027 | .001 | .000 |
| | 10 | 1.000 | 1.000 | 1.000 | .998 | .981 | .895 | .671 | .340 | .082 | .003 | .000 |
| | 11 | 1.000 | 1.000 | 1.000 | 1.000 | .995 | .962 | .833 | .550 | .202 | .017 | .001 |
| | 12 | 1.000 | 1.000 | 1.000 | 1.000 | .999 | .989 | .935 | .754 | .402 | .068 | .007 |
| | 13 | 1.000 | 1.000 | 1.000 | 1.000 | 1.000 | .998 | .982 | .901 | .648 | .211 | .043 |
| | 14 | 1.000 | 1.000 | 1.000 | 1.000 | 1.000 | 1.000 | .997 | .974 | .859 | .485 | .189 |
| | 15 | 1.000 | 1.000 | 1.000 | 1.000 | 1.000 | 1.000 | 1.000 | .997 | .972 | .815 | .560 |
| | 16 | 1.000 | 1.000 | 1.000 | 1.000 | 1.000 | 1.000 | 1.000 | 1.000 | 1.000 | 1.000 | 1.000 |

| | | p | | | | | | | | | | |
|---|---|---|---|---|---|---|---|---|---|---|---|---|
| | c | .05 | .10 | .20 | .30 | .40 | .50 | .60 | .70 | .80 | .90 | .95 |
| $n = 17$ | 0 | .418 | .167 | .023 | .002 | .000 | .000 | .000 | .000 | .000 | .000 | .000 |
| | 1 | .792 | .482 | .118 | .019 | .002 | .000 | .000 | .000 | .000 | .000 | .000 |
| | 2 | .950 | .762 | .310 | .077 | .012 | .001 | .000 | .000 | .000 | .000 | .000 |
| | 3 | .991 | .917 | .549 | .202 | .046 | .006 | .000 | .000 | .000 | .000 | .000 |
| | 4 | .999 | .978 | .758 | .389 | .126 | .025 | .003 | .000 | .000 | .000 | .000 |
| | 5 | 1.000 | .995 | .894 | .597 | .264 | .072 | .011 | .001 | .000 | .000 | .000 |
| | 6 | 1.000 | .999 | .962 | .775 | .448 | .166 | .035 | .003 | .000 | .000 | .000 |
| | 7 | 1.000 | 1.000 | .989 | .895 | .641 | .315 | .092 | .013 | .000 | .000 | .000 |
| | 8 | 1.000 | 1.000 | .997 | .960 | .801 | .500 | .199 | .040 | .003 | .000 | .000 |
| | 9 | 1.000 | 1.000 | 1.000 | .987 | .908 | .685 | .359 | .105 | .011 | .000 | .000 |
| | 10 | 1.000 | 1.000 | 1.000 | .997 | .965 | .834 | .552 | .225 | .038 | .001 | .000 |
| | 11 | 1.000 | 1.000 | 1.000 | .999 | .989 | .928 | .736 | .403 | .106 | .005 | .000 |
| | 12 | 1.000 | 1.000 | 1.000 | 1.000 | .997 | .975 | .874 | .611 | .242 | .022 | .001 |
| | 13 | 1.000 | 1.000 | 1.000 | 1.000 | 1.000 | .994 | .954 | .798 | .451 | .083 | .009 |
| | 14 | 1.000 | 1.000 | 1.000 | 1.000 | 1.000 | .999 | .988 | .923 | .690 | .238 | .050 |
| | 15 | 1.000 | 1.000 | 1.000 | 1.000 | 1.000 | 1.000 | .998 | .981 | .882 | .518 | .208 |
| | 16 | 1.000 | 1.000 | 1.000 | 1.000 | 1.000 | 1.000 | 1.000 | .998 | .977 | .833 | .582 |
| | 17 | 1.000 | 1.000 | 1.000 | 1.000 | 1.000 | 1.000 | 1.000 | 1.000 | 1.000 | 1.000 | 1.000 |
| $n = 18$ | 0 | .397 | .150 | .018 | .002 | .000 | .000 | .000 | .000 | .000 | .000 | .000 |
| | 1 | .774 | .450 | .099 | .014 | .001 | .000 | .000 | .000 | .000 | .000 | .000 |
| | 2 | .942 | .734 | .271 | .060 | .008 | .001 | .000 | .000 | .000 | .000 | .000 |
| | 3 | .989 | .902 | .501 | .165 | .033 | .004 | .000 | .000 | .000 | .000 | .000 |
| | 4 | .998 | .972 | .716 | .333 | .094 | .015 | .001 | .000 | .000 | .000 | .000 |
| | 5 | 1.000 | .994 | .867 | .534 | .209 | .048 | .006 | .000 | .000 | .000 | .000 |
| | 6 | 1.000 | .999 | .949 | .722 | .374 | .119 | .020 | .001 | .000 | .000 | .000 |
| | 7 | 1.000 | 1.000 | .984 | .859 | .563 | .240 | 058 | .006 | .000 | .000 | .000 |
| | 8 | 1.000 | 1.000 | .996 | .940 | .737 | .407 | .135 | .021 | .001 | .000 | .000 |
| | 9 | 1.000 | 1.000 | .999 | .979 | .865 | .593 | .263 | .060 | .004 | .000 | .000 |
| | 10 | 1.000 | 1.000 | 1.000 | .994 | .942 | .760 | .437 | .141 | .016 | .000 | .000 |
| | 11 | 1.000 | 1.000 | 1.000 | .999 | .980 | .881 | .626 | .278 | .051 | .001 | .000 |
| | 12 | 1.000 | 1.000 | 1.000 | 1.000 | .994 | .952 | .791 | .466 | .133 | .006 | .000 |
| | 13 | 1.000 | 1.000 | 1.000 | 1.000 | .999 | .985 | .906 | .667 | .284 | .028 | .002 |
| | 14 | 1.000 | 1.000 | 1.000 | 1.000 | 1.000 | .996 | .967 | .835 | .499 | .098 | .011 |
| | 15 | 1.000 | 1.000 | 1.000 | 1.000 | 1.000 | .999 | .992 | .940 | .729 | .266 | .058 |
| | 16 | 1.000 | 1.000 | 1.000 | 1.000 | 1.000 | 1.000 | .999 | .986 | .901 | .550 | .226 |
| | 17 | 1.000 | 1.000 | 1.000 | 1.000 | 1.000 | 1.000 | 1.000 | .998 | .982 | .850 | .603 |
| | 18 | 1.000 | 1.000 | 1.000 | 1.000 | 1.000 | 1.000 | 1.000 | 1.000 | 1.000 | 1.000 | 1.000 |

|표 1| 계속

| | | *p* | | | | | | | | | | |
|---|---|---|---|---|---|---|---|---|---|---|---|---|
| | *c* | .05 | .10 | .20 | .30 | .40 | .50 | .60 | .70 | .80 | .90 | .95 |
| *n* = 19 | 0 | .377 | .135 | .014 | .001 | .000 | .000 | .000 | .000 | .000 | .000 | .000 |
| | 1 | .755 | .420 | .083 | .010 | .001 | .000 | .000 | .000 | .000 | .000 | .000 |
| | 2 | .933 | .705 | .237 | .046 | .005 | .000 | .000 | .000 | .000 | .000 | .000 |
| | 3 | .987 | .885 | .455 | .133 | .023 | .002 | .000 | .000 | .000 | .000 | .000 |
| | 4 | .998 | .965 | .673 | .282 | .070 | .010 | .001 | .000 | .000 | .000 | .000 |
| | 5 | 1.000 | .991 | .837 | .474 | .163 | .032 | .003 | .000 | .000 | .000 | .000 |
| | 6 | 1.000 | .998 | .932 | .666 | .308 | .084 | .012 | .001 | .000 | .000 | .000 |
| | 7 | 1.000 | 1.000 | .977 | .818 | .488 | .180 | .035 | .003 | .000 | .000 | .000 |
| | 8 | 1.000 | 1.000 | .993 | .916 | .667 | .324 | .088 | .011 | .000 | .000 | .000 |
| | 9 | 1.000 | 1.000 | .998 | .967 | .814 | .500 | .186 | .033 | .002 | .000 | .000 |
| | 10 | 1.000 | 1.000 | 1.000 | .989 | .912 | .676 | .333 | .084 | .007 | .000 | .000 |
| | 11 | 1.000 | 1.000 | 1.000 | .997 | .965 | .820 | .512 | .182 | .023 | .000 | .000 |
| | 12 | 1.000 | 1.000 | 1.000 | .999 | .988 | .916 | .692 | .334 | .068 | .002 | .000 |
| | 13 | 1.000 | 1.000 | 1.000 | 1.000 | .997 | .968 | .837 | .526 | .163 | .009 | .000 |
| | 14 | 1.000 | 1.000 | 1.000 | 1.000 | .999 | .990 | .930 | .718 | .327 | .035 | .002 |
| | 15 | 1.000 | 1.000 | 1.000 | 1.000 | 1.000 | .998 | .977 | .867 | .545 | .115 | .013 |
| | 16 | 1.000 | 1.000 | 1.000 | 1.000 | 1.000 | 1.000 | .995 | .954 | .763 | .295 | .067 |
| | 17 | 1.000 | 1.000 | 1.000 | 1.000 | 1.000 | 1.000 | .999 | .990 | .917 | .580 | .245 |
| | 18 | 1.000 | 1.000 | 1.000 | 1.000 | 1.000 | 1.000 | 1.000 | .999 | .986 | .865 | .623 |
| | 19 | 1.000 | 1.000 | 1.000 | 1.000 | 1.000 | 1.000 | 1.000 | 1.000 | 1.000 | 1.000 | 1.000 |
| *n* = 20 | 0 | .358 | .122 | .012 | .001 | .000 | .000 | .000 | .000 | .000 | .000 | .000 |
| | 1 | .736 | .392 | .069 | .008 | .001 | .000 | .000 | .000 | .000 | .000 | .000 |
| | 2 | .925 | .677 | .206 | .035 | .004 | .000 | .000 | .000 | .000 | .000 | .000 |
| | 3 | .984 | .867 | .411 | .107 | .016 | .001 | .000 | .000 | .000 | .000 | .000 |
| | 4 | .997 | .957 | .630 | .238 | .051 | .006 | .000 | .000 | .000 | .000 | .000 |
| | 5 | 1.000 | .989 | .804 | .416 | .126 | .021 | .002 | .000 | .000 | .000 | .000 |
| | 6 | 1.000 | .998 | .913 | .608 | .250 | .058 | .006 | .000 | .000 | .000 | .000 |
| | 7 | 1.000 | 1.000 | .968 | .772 | .416 | .132 | .021 | .001 | .000 | .000 | .000 |
| | 8 | 1.000 | 1.000 | .990 | .887 | .596 | .252 | .057 | .005 | .000 | .000 | .000 |
| | 9 | 1.000 | 1.000 | .997 | .952 | .755 | .412 | .128 | .017 | .001 | .000 | .000 |
| | 10 | 1.000 | 1.000 | .999 | .983 | .872 | .588 | .245 | .048 | .003 | .000 | .000 |
| | 11 | 1.000 | 1.000 | 1.000 | .995 | .943 | .748 | .404 | .113 | .010 | .000 | .000 |
| | 12 | 1.000 | 1.000 | 1.000 | .999 | .979 | .868 | .584 | .228 | .032 | .000 | .000 |
| | 13 | 1.000 | 1.000 | 1.000 | 1.000 | .994 | .942 | .750 | .392 | .087 | .002 | .000 |
| | 14 | 1.000 | 1.000 | 1.000 | 1.000 | .998 | .979 | .874 | .584 | .196 | .011 | .000 |
| | 15 | 1.000 | 1.000 | 1.000 | 1.000 | 1.000 | .994 | .949 | .762 | .370 | .043 | .003 |
| | 16 | 1.000 | 1.000 | 1.000 | 1.000 | 1.000 | .999 | .984 | .893 | .589 | .133 | .016 |
| | 17 | 1.000 | 1.000 | 1.000 | 1.000 | 1.000 | 1.000 | .996 | .965 | .794 | .323 | .075 |
| | 18 | 1.000 | 1.000 | 1.000 | 1.000 | 1.000 | 1.000 | .999 | .992 | .931 | .608 | .264 |
| | 19 | 1.000 | 1.000 | 1.000 | 1.000 | 1.000 | 1.000 | 1.000 | .999 | .988 | .878 | .642 |
| | 20 | 1.000 | 1.000 | 1.000 | 1.000 | 1.000 | 1.000 | 1.000 | 1.000 | 1.000 | 1.000 | 1.000 |

|표 1| 계속

| | c | .05 | .10 | .20 | .30 | .40 | .50 | .60 | .70 | .80 | .90 | .95 |
|---|---|---|---|---|---|---|---|---|---|---|---|---|
| $n = 25$ | 0 | .277 | .072 | .004 | .000 | .000 | .000 | .000 | .000 | .000 | .000 | .000 |
| | 1 | .642 | .271 | .027 | .002 | .000 | .000 | .000 | .000 | .000 | .000 | .000 |
| | 2 | .873 | .537 | .098 | .009 | .000 | .000 | .000 | .000 | .000 | .000 | .000 |
| | 3 | .966 | .764 | .234 | .033 | .002 | .000 | .000 | .000 | .000 | .000 | .000 |
| | 4 | .993 | .902 | .421 | .090 | .009 | .000 | .000 | .000 | .000 | .000 | .000 |
| | 5 | .999 | .967 | .617 | .193 | .029 | .002 | .000 | .000 | .000 | .000 | .000 |
| | 6 | 1.000 | .991 | .780 | .341 | .074 | .007 | .000 | .000 | .000 | .000 | .000 |
| | 7 | 1.000 | .998 | .891 | .512 | .154 | .022 | .001 | .000 | .000 | .000 | .000 |
| | 8 | 1.000 | 1.000 | .953 | .677 | .274 | .054 | .004 | .000 | .000 | .000 | .000 |
| | 9 | 1.000 | 1.000 | .983 | .811 | .425 | .115 | .013 | .000 | .000 | .000 | .000 |
| | 10 | 1.000 | 1.000 | .994 | .902 | .586 | .212 | .034 | .002 | .000 | .000 | .000 |
| | 11 | 1.000 | 1.000 | .998 | .956 | .732 | .345 | .078 | .006 | .000 | .000 | .000 |
| | 12 | 1.000 | 1.000 | 1.000 | .983 | .846 | .500 | .154 | .017 | .000 | .000 | .000 |
| | 13 | 1.000 | 1.000 | 1.000 | .994 | .922 | .655 | .268 | .044 | .002 | .000 | .000 |
| | 14 | 1.000 | 1.000 | 1.000 | .998 | .966 | .788 | .414 | .098 | .006 | .000 | .000 |
| | 15 | 1.000 | 1.000 | 1.000 | 1.000 | .987 | .885 | .575 | .189 | .017 | .000 | .000 |
| | 16 | 1.000 | 1.000 | 1.000 | 1.000 | .996 | .946 | .726 | .323 | .047 | .000 | .000 |
| | 17 | 1.000 | 1.000 | 1.000 | 1.000 | .999 | .978 | .846 | .488 | .109 | .002 | .000 |
| | 18 | 1.000 | 1.000 | 1.000 | 1.000 | 1.000 | .993 | .926 | .659 | .220 | .009 | .000 |
| | 19 | 1.000 | 1.000 | 1.000 | 1.000 | 1.000 | .998 | .971 | .807 | .383 | .033 | .001 |
| | 20 | 1.000 | 1.000 | 1.000 | 1.000 | 1.000 | 1.000 | .991 | .910 | .579 | .098 | .007 |
| | 21 | 1.000 | 1.000 | 1.000 | 1.000 | 1.000 | 1.000 | .998 | .967 | .766 | .236 | .034 |
| | 22 | 1.000 | 1.000 | 1.000 | 1.000 | 1.000 | 1.000 | 1.000 | .991 | .902 | .463 | .127 |
| | 23 | 1.000 | 1.000 | 1.000 | 1.000 | 1.000 | 1.000 | 1.000 | .998 | .973 | .729 | .358 |
| | 24 | 1.000 | 1.000 | 1.000 | 1.000 | 1.000 | 1.000 | 1.000 | 1.000 | .996 | .928 | .723 |
| | 25 | 1.000 | 1.000 | 1.000 | 1.000 | 1.000 | 1.000 | 1.000 | 1.000 | 1.000 | 1.000 | 1.000 |

**|표 2| 포아송분포표**

$$P[X \le c] = \sum_{x=0}^{c} \frac{e^{-\lambda}\lambda^x}{x!}$$

| c \ λ | .02 | .04 | .06 | .08 | .10 | .15 | .20 | .25 |
|---|---|---|---|---|---|---|---|---|
| 0 | 980 | 961 | 942 | 923 | 905 | 861 | 819 | 779 |
| 1 | 1000 | 999 | 998 | 997 | 995 | 990 | 982 | 974 |
| 2 | | 1000 | 1000 | 1000 | 1000 | 999 | 999 | 998 |
| 3 | | | | | | 1000 | 1000 | 1000 |

| c \ λ | .30 | .35 | .40 | .45 | .50 | .55 | .60 | .65 |
|---|---|---|---|---|---|---|---|---|
| 0 | 741 | 705 | 670 | 638 | 607 | 577 | 549 | 522 |
| 1 | 963 | 951 | 938 | 925 | 910 | 894 | 878 | 861 |
| 2 | 996 | 994 | 992 | 989 | 986 | 982 | 977 | 972 |
| 3 | 1000 | 1000 | 999 | 999 | 998 | 998 | 997 | 996 |
| 4 | | | 1000 | 1000 | 1000 | 1000 | 1000 | 999 |
| 5 | | | | | | | | 1000 |

| c \ λ | .70 | .75 | .80 | .85 | .90 | .95 | 1.0 | 1.1 |
|---|---|---|---|---|---|---|---|---|
| 0 | 497 | 472 | 449 | 427 | 407 | 387 | 368 | 333 |
| 1 | 844 | 827 | 809 | 791 | 772 | 754 | 736 | 699 |
| 2 | 966 | 959 | 953 | 945 | 937 | 929 | 920 | 900 |
| 3 | 994 | 993 | 991 | 989 | 987 | 984 | 981 | 974 |
| 4 | 999 | 999 | 999 | 998 | 998 | 997 | 996 | 995 |
| 5 | 1000 | 1000 | 1000 | 1000 | 1000 | 1000 | 999 | 999 |
| 6 | | | | | | | 1000 | 1000 |

|표 2| 계속

| c \ λ | 1.2 | 1.3 | 1.4 | 1.5 | 1.6 | 1.7 | 1.8 | 1.9 |
|---|---|---|---|---|---|---|---|---|
| 0 | 301 | 273 | 247 | 223 | 202 | 183 | 165 | 150 |
| 1 | 663 | 627 | 592 | 558 | 525 | 493 | 463 | 434 |
| 2 | 879 | 857 | 833 | 809 | 783 | 757 | 731 | 704 |
| 3 | 966 | 957 | 946 | 934 | 921 | 907 | 891 | 875 |
| 4 | 992 | 989 | 986 | 981 | 976 | 970 | 964 | 956 |
| 5 | 998 | 998 | 997 | 996 | 994 | 992 | 990 | 987 |
| 6 | 1000 | 1000 | 999 | 999 | 999 | 998 | 997 | 997 |
| 7 | | | 1000 | 1000 | 1000 | 1000 | 999 | 999 |
| 8 | | | | | | | 1000 | 1000 |

| c \ λ | 2.0 | 2.2 | 2.4 | 2.6 | 2.8 | 3.0 | 3.2 | 3.4 |
|---|---|---|---|---|---|---|---|---|
| 0 | 135 | 111 | 091 | 074 | 061 | 050 | 041 | 033 |
| 1 | 406 | 355 | 308 | 267 | 231 | 199 | 171 | 147 |
| 2 | 677 | 623 | 570 | 518 | 469 | 423 | 380 | 340 |
| 3 | 857 | 819 | 779 | 736 | 692 | 647 | 603 | 558 |
| 4 | 947 | 928 | 904 | 877 | 848 | 815 | 781 | 744 |
| 5 | 983 | 975 | 964 | 951 | 935 | 916 | 895 | 871 |
| 6 | 995 | 993 | 988 | 983 | 976 | 966 | 955 | 942 |
| 7 | 999 | 998 | 997 | 995 | 992 | 988 | 983 | 977 |
| 8 | 1000 | 1000 | 999 | 999 | 998 | 997 | 994 | 992 |
| 9 | | | 1000 | 1000 | 999 | 999 | 998 | 997 |
| 10 | | | | | 1000 | 1000 | 1000 | 999 |
| 11 | | | | | | | | 1000 |

| c \ λ | 3.6 | 3.8 | 4.0 | 4.2 | 4.4 | 4.6 | 4.8 | 5.0 |
|---|---|---|---|---|---|---|---|---|
| 0 | 027 | 022 | 018 | 015 | 012 | 010 | 008 | 007 |
| 1 | 126 | 107 | 092 | 078 | 066 | 056 | 048 | 040 |
| 2 | 303 | 269 | 238 | 210 | 185 | 163 | 143 | 125 |
| 3 | 515 | 473 | 433 | 395 | 359 | 326 | 294 | 265 |
| 4 | 706 | 668 | 629 | 590 | 551 | 513 | 476 | 440 |
| 5 | 844 | 816 | 785 | 753 | 720 | 686 | 651 | 616 |
| 6 | 927 | 909 | 889 | 867 | 844 | 818 | 791 | 762 |
| 7 | 969 | 960 | 949 | 936 | 921 | 905 | 887 | 867 |
| 8 | 988 | 984 | 979 | 972 | 964 | 955 | 944 | 932 |
| 9 | 996 | 994 | 992 | 989 | 985 | 980 | 975 | 968 |
| 10 | 999 | 998 | 997 | 996 | 994 | 992 | 990 | 986 |
| 11 | 1000 | 999 | 999 | 999 | 998 | 997 | 996 | 995 |
| 12 | | 1000 | 1000 | 1000 | 999 | 999 | 999 | 998 |
| 13 | | | | | 1000 | 1000 | 1000 | 999 |
| 14 | | | | | | | | 1000 |

|표 2| 계속

| c \ λ | 5.2 | 5.4 | 5.6 | 5.8 | 6.0 | 6.2 | 6.4 | 6.6 |
|---|---|---|---|---|---|---|---|---|
| 0 | 006 | 005 | 004 | 003 | 002 | 002 | 002 | 001 |
| 1 | 034 | 029 | 024 | 021 | 017 | 015 | 012 | 010 |
| 2 | 109 | 095 | 082 | 072 | 062 | 054 | 046 | 040 |
| 3 | 238 | 213 | 191 | 170 | 151 | 134 | 119 | 105 |
| 4 | 406 | 373 | 342 | 313 | 285 | 259 | 235 | 213 |
| 5 | 581 | 546 | 512 | 478 | 446 | 414 | 384 | 355 |
| 6 | 732 | 702 | 670 | 638 | 606 | 574 | 542 | 511 |
| 7 | 845 | 822 | 797 | 771 | 744 | 716 | 687 | 658 |
| 8 | 918 | 903 | 886 | 867 | 847 | 826 | 803 | 780 |
| 9 | 960 | 951 | 941 | 929 | 916 | 902 | 886 | 869 |
| 10 | 982 | 977 | 972 | 965 | 957 | 949 | 939 | 927 |
| 11 | 993 | 990 | 988 | 984 | 980 | 975 | 969 | 963 |
| 12 | 997 | 996 | 995 | 993 | 991 | 989 | 986 | 982 |
| 13 | 999 | 999 | 998 | 997 | 996 | 995 | 994 | 992 |
| 14 | 1000 | 999 | 999 | 999 | 999 | 998 | 997 | 997 |
| 15 | | 1000 | 1000 | 1000 | 999 | 999 | 999 | 999 |
| 16 | | | | | 1000 | 1000 | 1000 | 999 |
| 17 | | | | | | | | 1000 |

| c \ λ | 6.8 | 7.0 | 7.2 | 7.4 | 7.6 | 7.8 | 8.0 | 8.5 |
|---|---|---|---|---|---|---|---|---|
| 0 | 001 | 001 | 001 | 001 | 001 | 000 | 000 | 000 |
| 1 | 009 | 007 | 006 | 005 | 004 | 004 | 003 | 002 |
| 2 | 034 | 030 | 025 | 022 | 019 | 016 | 014 | 009 |
| 3 | 093 | 082 | 072 | 063 | 055 | 048 | 042 | 030 |
| 4 | 192 | 173 | 156 | 140 | 125 | 112 | 100 | 074 |
| 5 | 327 | 301 | 276 | 253 | 231 | 210 | 191 | 150 |
| 6 | 480 | 450 | 420 | 392 | 365 | 338 | 313 | 256 |
| 7 | 628 | 599 | 569 | 539 | 510 | 481 | 453 | 386 |
| 8 | 755 | 729 | 703 | 676 | 648 | 620 | 593 | 523 |
| 9 | 850 | 830 | 810 | 788 | 765 | 741 | 717 | 653 |
| 10 | 915 | 901 | 887 | 871 | 854 | 835 | 816 | 763 |
| 11 | 955 | 947 | 937 | 926 | 915 | 902 | 888 | 849 |
| 12 | 978 | 973 | 967 | 961 | 954 | 945 | 936 | 909 |
| 13 | 990 | 987 | 984 | 980 | 976 | 971 | 966 | 949 |
| 14 | 996 | 994 | 993 | 991 | 989 | 986 | 983 | 973 |
| 15 | 998 | 998 | 997 | 996 | 995 | 993 | 992 | 986 |
| 16 | 999 | 999 | 999 | 998 | 998 | 997 | 996 | 993 |
| 17 | 1000 | 1000 | 999 | 999 | 999 | 999 | 998 | 997 |
| 18 | | | 1000 | 1000 | 1000 | 1000 | 999 | 999 |
| 19 | | | | | | | 1000 | 999 |
| 20 | | | | | | | | 1000 |

|표 2| 계속

| c \ λ | 9.0 | 9.5 | 10.0 | 10.5 | 11.0 | 11.5 | 12.0 | 12.5 |
|---|---|---|---|---|---|---|---|---|
| 1 | 001 | 001 | 000 | 000 | 000 | 000 | 000 | 000 |
| 2 | 006 | 004 | 003 | 002 | 001 | 001 | 001 | 000 |
| 3 | 021 | 015 | 010 | 007 | 005 | 003 | 002 | 002 |
| 4 | 055 | 040 | 029 | 021 | 015 | 011 | 008 | 005 |
| 5 | 116 | 089 | 067 | 050 | 038 | 028 | 020 | 015 |
| 6 | 207 | 165 | 130 | 102 | 079 | 060 | 046 | 035 |
| 7 | 324 | 269 | 220 | 179 | 143 | 114 | 090 | 070 |
| 8 | 456 | 392 | 333 | 279 | 232 | 191 | 155 | 125 |
| 9 | 587 | 522 | 458 | 397 | 341 | 289 | 242 | 201 |
| 10 | 706 | 645 | 583 | 521 | 460 | 402 | 347 | 297 |
| 11 | 803 | 752 | 697 | 639 | 579 | 520 | 462 | 406 |
| 12 | 876 | 836 | 792 | 742 | 689 | 633 | 576 | 519 |
| 13 | 926 | 898 | 864 | 825 | 781 | 733 | 682 | 628 |
| 14 | 959 | 940 | 917 | 888 | 854 | 815 | 772 | 725 |
| 15 | 978 | 967 | 951 | 932 | 907 | 878 | 844 | 806 |
| 16 | 989 | 982 | 973 | 960 | 944 | 924 | 899 | 869 |
| 17 | 995 | 991 | 986 | 978 | 968 | 954 | 937 | 916 |
| 18 | 998 | 996 | 993 | 988 | 982 | 974 | 963 | 948 |
| 19 | 999 | 998 | 997 | 994 | 991 | 986 | 979 | 969 |
| 20 | 1000 | 999 | 998 | 997 | 995 | 992 | 988 | 983 |
| 21 |  | 1000 | 999 | 999 | 998 | 996 | 994 | 991 |
| 22 |  |  | 1000 | 999 | 999 | 998 | 997 | 995 |
| 23 |  |  |  | 1000 | 1000 | 999 | 999 | 998 |
| 24 |  |  |  |  |  | 1000 | 999 | 999 |
| 25 |  |  |  |  |  |  | 1000 | 999 |
| 26 |  |  |  |  |  |  |  | 1000 |

## |표 3| 정규분포표

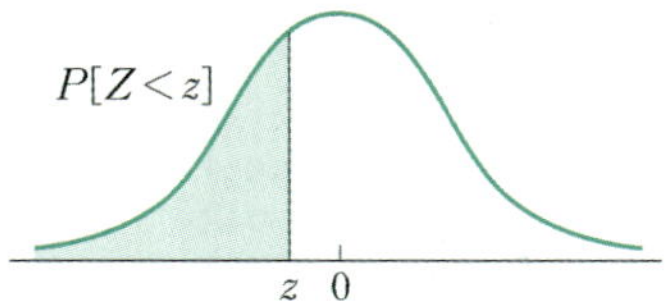


| | .00 | .01 | .02 | .03 | .04 | .05 | .06 | .07 | .08 | .09 |
|---|---|---|---|---|---|---|---|---|---|---|
| −3.5 | .0002 | .0002 | .0002 | .0002 | .0002 | .0002 | .0002 | .0002 | .0002 | .0002 |
| −3.4 | .0003 | .0003 | .0003 | .0003 | .0003 | .0003 | .0003 | .0003 | .0003 | .0002 |
| −3.3 | .0005 | .0005 | .0005 | .0004 | .0004 | .0004 | .0004 | .0004 | .0004 | .0003 |
| −3.2 | .0007 | .0007 | .0006 | .0006 | .0006 | .0006 | .0006 | .0005 | .0005 | .0005 |
| −3.1 | .0010 | .0009 | .0009 | .0009 | .0008 | .0008 | .0008 | .0008 | .0007 | .0007 |
| −3.0 | .0013 | .0013 | .0013 | .0012 | .0012 | .0011 | .0011 | .0011 | .0010 | .0010 |
| −2.9 | .0019 | .0018 | .0018 | .0017 | .0016 | .0016 | .0015 | .0015 | .0014 | .0014 |
| −2.8 | .0026 | .0025 | .0024 | .0023 | .0023 | .0022 | .0021 | .0021 | .0020 | .0019 |
| −2.7 | .0035 | .0034 | .0033 | .0032 | .0031 | .0030 | .0029 | .0028 | .0027 | .0026 |
| −2.6 | .0047 | .0045 | .0044 | .0043 | .0041 | .0040 | .0039 | .0038 | .0037 | .0036 |
| −2.5 | .0062 | .0060 | .0059 | .0057 | .0055 | .0054 | .0052 | .0051 | .0049 | .0048 |
| −2.4 | .0082 | .0080 | .0078 | .0075 | .0073 | .0071 | .0069 | .0068 | .0066 | .0064 |
| −2.3 | .0107 | .0104 | .0102 | .0099 | .0096 | .0094 | .0091 | .0089 | .0087 | .0084 |
| −2.2 | .0139 | .0136 | .0132 | .0129 | .0125 | .0122 | .0119 | .0116 | .0113 | .0110 |
| −2.1 | .0179 | .0174 | .0170 | .0166 | .0162 | .0158 | .0154 | .0150 | .0146 | .0143 |
| −2.0 | .0228 | .0222 | .0217 | .0212 | .0207 | .0202 | .0197 | .0192 | .0188 | .0183 |
| −1.9 | .0287 | .0281 | .0274 | .0268 | .0262 | .0256 | .0250 | .0244 | .0239 | .0233 |
| −1.8 | .0359 | .0351 | .0344 | .0336 | .0329 | .0322 | .0314 | .0307 | .0301 | .0294 |
| −1.7 | .0446 | .0436 | .0427 | .0418 | .0409 | .0401 | .0392 | .0384 | .0375 | .0367 |
| −1.6 | .0548 | .0537 | .0526 | .0516 | .0505 | .0495 | .0485 | .0475 | .0465 | .0455 |
| −1.5 | .0668 | .0655 | .0643 | .0630 | .0618 | .0606 | .0594 | .0582 | .0571 | .0559 |
| −1.4 | .0808 | .0793 | .0778 | .0764 | .0749 | .0735 | .0721 | .0708 | .0694 | .0681 |
| −1.3 | .0968 | .0951 | .0934 | .0918 | .0901 | .0885 | .0869 | .0853 | .0838 | .0823 |
| −1.2 | .1151 | .1131 | .1112 | .1093 | .1075 | .1056 | .1038 | .1020 | .1003 | .0985 |
| −1.1 | .1357 | .1335 | .1314 | .1292 | .1271 | .1251 | .1230 | .1210 | .1190 | .1170 |
| −1.0 | .1587 | .1562 | .1539 | .1515 | .1492 | .1469 | .1446 | .1423 | .1401 | .1379 |
| −.9 | .1841 | .1814 | .1788 | .1762 | .1736 | .1711 | .1685 | .1660 | .1635 | .1611 |
| −.8 | .2119 | .2090 | .2061 | .2033 | .2005 | .1977 | .1949 | .1922 | .1894 | .1867 |
| −.7 | .2420 | .2389 | .2358 | .2327 | .2297 | .2266 | .2236 | .2206 | .2177 | .2148 |
| −.6 | .2743 | .2709 | .2676 | .2643 | .2611 | .2578 | .2546 | .2514 | .2483 | .2451 |
| −.5 | .3085 | .3050 | .3015 | .2981 | .2946 | .2912 | .2877 | .2843 | .2810 | .2776 |
| −.4 | .3446 | .3409 | .3372 | .3336 | .3300 | .3264 | .3228 | .3192 | .3156 | .3121 |
| −.3 | .3821 | .3783 | .3745 | .3707 | .3669 | .3632 | .3594 | .3557 | .3520 | .3483 |
| −.2 | .4207 | .4168 | .4129 | .4090 | .4052 | .4013 | .3974 | .3936 | .3897 | .3859 |
| −.1 | .4602 | .4562 | .4522 | .4483 | .4443 | .4404 | .4364 | .4325 | .4286 | .4247 |
| −.0 | .5000 | .4960 | .4920 | .4880 | .4840 | .4801 | .4761 | .4721 | .4681 | .4641 |

|표 3| 계속

| | .00 | .01 | .02 | .03 | .04 | .05 | .06 | .07 | .08 | .09 |
|---|---|---|---|---|---|---|---|---|---|---|
| .0 | .5000 | .5040 | .5080 | .5120 | .5160 | .5199 | .5239 | .5279 | .5319 | .5359 |
| .1 | .5398 | .5438 | .5478 | .5517 | .5557 | .5596 | .5636 | .5675 | .5714 | .5753 |
| .2 | .5793 | .5832 | .5871 | .5910 | .5948 | .5987 | .6026 | .6064 | .6103 | .6141 |
| .3 | .6179 | .6217 | .6255 | .6293 | .6331 | .6368 | .6406 | .6443 | .6480 | .6517 |
| .4 | .6554 | .6591 | .6628 | .6664 | .6700 | .6736 | .6772 | .6808 | .6844 | .6879 |
| .5 | .6915 | .6950 | .6985 | .7019 | .7054 | .7088 | .7123 | .7157 | .7190 | .7224 |
| .6 | .7257 | .7291 | .7324 | .7357 | .7389 | .7422 | .7454 | .7486 | .7517 | .7549 |
| .7 | .7580 | .7611 | .7642 | .7673 | .7703 | .7734 | .7764 | .7794 | .7823 | .7852 |
| .8 | .7881 | .7910 | .7939 | .7967 | .7995 | .8023 | .8051 | .8078 | .8106 | .8133 |
| .9 | .8159 | .8186 | .8212 | .8238 | .8264 | .8289 | .8315 | .8340 | .8365 | .8389 |
| 1.0 | .8413 | .8438 | .8461 | .8485 | .8508 | .8531 | .8554 | .8577 | .8599 | .8621 |
| 1.1 | .8643 | .8665 | .8686 | .8708 | .8729 | .8749 | .8770 | .8790 | .8810 | .8830 |
| 1.2 | .8849 | .8869 | .8888 | .8907 | .8925 | .8944 | .8962 | .8980 | .8997 | .9015 |
| 1.3 | .9032 | .9049 | .9066 | .9082 | .9099 | .9115 | .9131 | .9147 | .9162 | .9177 |
| 1.4 | .9192 | .9207 | .9222 | .9236 | .9251 | .9265 | .9279 | .9292 | .9306 | .9319 |
| 1.5 | .9332 | .9345 | .9357 | .9370 | .9382 | .9394 | .9406 | .9418 | .9429 | .9441 |
| 1.6 | .9452 | .9463 | .9474 | .9484 | .9495 | .9505 | .9515 | .9525 | .9535 | .9545 |
| 1.7 | .9554 | .9564 | .9573 | .9582 | .9591 | .9599 | .9608 | .9616 | .9625 | .9633 |
| 1.8 | .9641 | .9649 | .9656 | .9664 | .9671 | .9678 | .9686 | .9693 | .9699 | .9706 |
| 1.9 | .9713 | .9719 | .9726 | .9732 | .9738 | .9744 | .9750 | .9756 | .9761 | .9767 |
| 2.0 | .9772 | .9778 | .9783 | .9788 | .9793 | .9798 | .9803 | .9808 | .9812 | .9817 |
| 2.1 | .9821 | .9826 | .9830 | .9834 | .9838 | .9842 | .9846 | .9850 | .9854 | .9857 |
| 2.2 | .9861 | .9864 | .9868 | .9871 | .9875 | .9878 | .9881 | .9884 | .9887 | .9890 |
| 2.3 | .9893 | .9896 | .9898 | .9901 | .9904 | .9906 | .9909 | .9911 | .9913 | .9916 |
| 2.4 | .9918 | .9920 | .9922 | .9925 | .9927 | .9929 | .9931 | .9932 | .9934 | .9936 |
| 2.5 | .9938 | .9940 | .9941 | .9943 | .9945 | .9946 | .9948 | .9949 | .9951 | .9952 |
| 2.6 | .9953 | .9955 | .9956 | .9957 | .9959 | .9960 | .9961 | .9962 | .9963 | .9964 |
| 2.7 | .9965 | .9966 | .9967 | .9968 | .9969 | .9970 | .9971 | .9972 | .9973 | .9974 |
| 2.8 | .9974 | .9975 | .9976 | .9977 | .9977 | .9978 | .9979 | .9979 | .9980 | .9981 |
| 2.9 | .9981 | .9982 | .9982 | .9983 | .9984 | .9984 | .9985 | .9985 | .9986 | .9986 |
| 3.0 | .9987 | .9987 | .9987 | .9988 | .9988 | .9989 | .9989 | .9989 | .9990 | .9990 |
| 3.1 | .9990 | .9991 | .9991 | .9991 | .9992 | .9992 | .9992 | .9992 | .9993 | .9993 |
| 3.2 | .9993 | .9993 | .9994 | .9994 | .9994 | .9994 | .9994 | .9995 | .9995 | .9995 |
| 3.3 | .9995 | .9995 | .9995 | .9996 | .9996 | .9996 | .9996 | .9996 | .9996 | .9997 |
| 3.4 | .9997 | .9997 | .9997 | .9997 | .9997 | .9997 | .9997 | .9997 | .9997 | .9998 |
| 3.5 | .9998 | .9998 | .9998 | .9998 | .9998 | .9998 | .9998 | .9998 | .9998 | .9998 |

## |표 4| $t$분포의 상위 $\alpha$의 확률을 주는 값

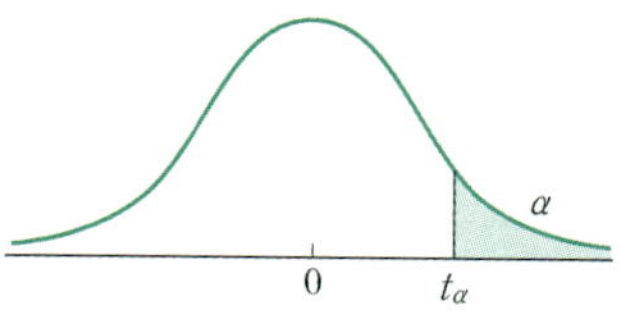


| d.f. \ $\alpha$ | .25 | .10 | .05 | .025 | .01 | .00833 | .00625 | .005 |
|---|---|---|---|---|---|---|---|---|
| 1 | 1.000 | 3.078 | 6.314 | 12.706 | 31.821 | 38.190 | 50.923 | 63.657 |
| 2 | .816 | 1.886 | 2.920 | 4.303 | 6.965 | 7.649 | 8.860 | 9.925 |
| 3 | .765 | 1.638 | 2.353 | 3.182 | 4.541 | 4.857 | 5.392 | 5.841 |
| 4 | .741 | 1.533 | 2.132 | 2.776 | 3.747 | 3.961 | 4.315 | 4.604 |
| 5 | .727 | 1.476 | 2.015 | 2.571 | 3.365 | 3.534 | 3.810 | 4.032 |
| 6 | .718 | 1.440 | 1.943 | 2.447 | 3.143 | 3.287 | 3.521 | 3.707 |
| 7 | .711 | 1.415 | 1.895 | 2.365 | 2.998 | 3.128 | 3.335 | 3.499 |
| 8 | .706 | 1.397 | 1.860 | 2.306 | 2.896 | 3.016 | 3.206 | 3.355 |
| 9 | .703 | 1.383 | 1.833 | 2.262 | 2.821 | 2.933 | 3.111 | 3.250 |
| 10 | .700 | 1.372 | 1.812 | 2.228 | 2.764 | 2.870 | 3.038 | 3.169 |
| 11 | .697 | 1.363 | 1.796 | 2.201 | 2.718 | 2.820 | 2.981 | 3.106 |
| 12 | .695 | 1.356 | 1.782 | 2.179 | 2.681 | 2.779 | 2.934 | 3.055 |
| 13 | .694 | 1.350 | 1.771 | 2.160 | 2.650 | 2.746 | 2.896 | 3.012 |
| 14 | .692 | 1.345 | 1.761 | 2.145 | 2.624 | 2.718 | 2.864 | 2.977 |
| 15 | .691 | 1.341 | 1.753 | 2.131 | 2.602 | 2.694 | 2.837 | 2.947 |
| 16 | .690 | 1.337 | 1.746 | 2.120 | 2.583 | 2.673 | 2.813 | 2.921 |
| 17 | .689 | 1.333 | 1.740 | 2.110 | 2.567 | 2.655 | 2.793 | 2.898 |
| 18 | .688 | 1.330 | 1.734 | 2.101 | 2.552 | 2.639 | 2.775 | 2.878 |
| 19 | .688 | 1.328 | 1.729 | 2.093 | 2.539 | 2.625 | 2.759 | 2.861 |
| 20 | .687 | 1.325 | 1.725 | 2.086 | 2.528 | 2.613 | 2.744 | 2.845 |
| 21 | .686 | 1.323 | 1.721 | 2.080 | 2.518 | 2.601 | 2.732 | 2.831 |
| 22 | .686 | 1.321 | 1.717 | 2.074 | 2.508 | 2.591 | 2.720 | 2.819 |
| 23 | .685 | 1.319 | 1.714 | 2.069 | 2.500 | 2.582 | 2.710 | 2.807 |
| 24 | .685 | 1.318 | 1.711 | 2.064 | 2.492 | 2.574 | 2.700 | 2.797 |
| 25 | .684 | 1.316 | 1.708 | 2.060 | 2.485 | 2.566 | 2.692 | 2.787 |
| 26 | .684 | 1.315 | 1.706 | 2.056 | 2.479 | 2.559 | 2.684 | 2.779 |
| 27 | .684 | 1.314 | 1.703 | 2.052 | 2.473 | 2.552 | 2.676 | 2.771 |
| 28 | .683 | 1.313 | 1.701 | 2.048 | 2.467 | 2.546 | 2.669 | 2.763 |
| 29 | .683 | 1.311 | 1.699 | 2.045 | 2.462 | 2.541 | 2.663 | 2.756 |
| 30 | .683 | 1.310 | 1.697 | 2.042 | 2.457 | 2.536 | 2.657 | 2.750 |
| 40 | .681 | 1.303 | 1.684 | 2.021 | 2.423 | 2.499 | 2.616 | 2.704 |
| 60 | .679 | 1.296 | 1.671 | 2.000 | 2.390 | 2.463 | 2.575 | 2.660 |
| 120 | .677 | 1.289 | 1.658 | 1.980 | 2.358 | 2.428 | 2.536 | 2.617 |
| ∞ | .674 | 1.282 | 1.645 | 1.960 | 2.326 | 2.394 | 2.498 | 2.576 |

## |표 5| $\chi^2$분포의 상위 $\alpha$의 확률을 주는 값

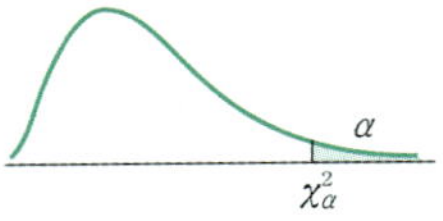


| d.f. \ $\alpha$ | .99 | .975 | .95 | .90 | .50 | .10 | .05 | .025 | .01 |
|---|---|---|---|---|---|---|---|---|---|
| 1 | .0002 | .001 | .004 | .02 | .45 | 2.71 | 3.84 | 5.02 | 6.63 |
| 2 | .02 | .05 | .10 | .21 | 1.39 | 4.61 | 5.99 | 7.38 | 9.21 |
| 3 | .11 | .22 | .35 | .58 | 2.37 | 6.25 | 7.81 | 9.35 | 11.34 |
| 4 | .30 | .48 | .71 | 1.06 | 3.36 | 7.78 | 9.49 | 11.14 | 13.28 |
| 5 | .55 | .83 | 1.15 | 1.61 | 4.35 | 9.24 | 11.07 | 12.83 | 15.09 |
| 6 | .87 | 1.24 | 1.64 | 2.20 | 5.35 | 10.64 | 12.59 | 14.45 | 16.81 |
| 7 | 1.24 | 1.69 | 2.17 | 2.83 | 6.35 | 12.02 | 14.07 | 16.01 | 18.48 |
| 8 | 1.65 | 2.18 | 2.73 | 3.49 | 7.34 | 13.36 | 15.51 | 17.53 | 20.09 |
| 9 | 2.09 | 2.70 | 3.33 | 4.17 | 8.34 | 14.68 | 16.92 | 19.02 | 21.67 |
| 10 | 2.56 | 3.24 | 3.94 | 4.87 | 9.34 | 15.99 | 18.31 | 20.48 | 23.21 |
| 11 | 3.05 | 3.81 | 4.57 | 5.58 | 10.34 | 17.28 | 19.68 | 21.92 | 24.72 |
| 12 | 3.57 | 4.40 | 5.23 | 6.30 | 11.34 | 18.55 | 21.03 | 23.34 | 26.22 |
| 13 | 4.11 | 5.01 | 5.89 | 7.04 | 12.34 | 19.81 | 22.36 | 24.74 | 27.69 |
| 14 | 4.66 | 5.62 | 6.57 | 7.79 | 13.34 | 21.06 | 23.68 | 26.12 | 29.14 |
| 15 | 5.23 | 6.26 | 7.26 | 8.55 | 14.34 | 22.31 | 25.00 | 27.49 | 30.58 |
| 16 | 5.81 | 6.90 | 7.96 | 9.31 | 15.34 | 23.54 | 26.30 | 28.85 | 32.00 |
| 17 | 6.41 | 7.56 | 8.67 | 10.09 | 16.34 | 24.77 | 27.59 | 30.19 | 33.41 |
| 18 | 7.01 | 8.23 | 9.39 | 10.86 | 17.34 | 25.99 | 28.87 | 31.53 | 34.81 |
| 19 | 7.63 | 8.90 | 10.12 | 11.65 | 18.34 | 27.20 | 30.14 | 32.85 | 36.19 |
| 20 | 8.26 | 9.59 | 10.85 | 12.44 | 19.34 | 28.41 | 31.41 | 34.17 | 37.57 |
| 21 | 8.90 | 10.28 | 11.59 | 13.24 | 20.34 | 29.62 | 32.67 | 35.48 | 38.93 |
| 22 | 9.54 | 10.98 | 12.34 | 14.04 | 21.34 | 30.81 | 33.92 | 36.78 | 40.29 |
| 23 | 10.20 | 11.69 | 13.09 | 14.85 | 22.34 | 32.01 | 35.17 | 38.08 | 41.64 |
| 24 | 10.86 | 12.40 | 13.85 | 15.66 | 23.34 | 33.20 | 36.42 | 39.36 | 42.98 |
| 25 | 11.52 | 13.11 | 14.61 | 16.47 | 24.34 | 34.38 | 37.65 | 40.65 | 44.31 |
| 26 | 12.20 | 13.84 | 15.38 | 17.29 | 25.34 | 35.56 | 38.89 | 41.92 | 45.64 |
| 27 | 12.88 | 14.57 | 16.15 | 18.11 | 26.34 | 36.74 | 40.11 | 43.19 | 46.96 |
| 28 | 13.56 | 15.30 | 16.93 | 18.94 | 27.34 | 37.92 | 41.34 | 44.46 | 48.28 |
| 29 | 14.26 | 16.04 | 17.71 | 19.77 | 28.34 | 39.09 | 42.56 | 45.72 | 49.59 |
| 30 | 14.95 | 16.78 | 18.49 | 20.60 | 29.34 | 40.26 | 43.77 | 46.98 | 50.89 |
| 40 | 22.16 | 24.42 | 26.51 | 29.05 | 39.34 | 51.81 | 55.76 | 59.34 | 63.69 |
| 50 | 29.71 | 32.35 | 34.76 | 37.69 | 49.33 | 63.17 | 67.50 | 71.42 | 76.15 |
| 60 | 37.48 | 40.47 | 43.19 | 46.46 | 59.33 | 74.40 | 79.08 | 83.30 | 88.38 |
| 70 | 45.44 | 48.75 | 51.74 | 55.33 | 69.33 | 85.53 | 90.53 | 95.02 | 100.43 |
| 80 | 53.54 | 57.15 | 60.39 | 64.28 | 79.33 | 96.58 | 101.88 | 106.63 | 112.33 |
| 90 | 61.75 | 65.64 | 69.13 | 73.29 | 89.33 | 107.57 | 113.15 | 118.14 | 124.12 |
| 100 | 70.06 | 74.22 | 77.93 | 82.36 | 99.33 | 118.50 | 124.34 | 129.56 | 135.81 |

|표 6| $F$ 분포의 상위 $\alpha$의 확률을 주는 값

$\alpha = 0.10$

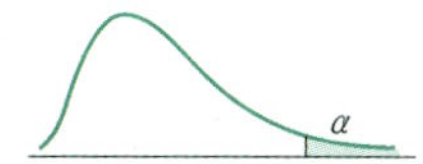


$F_{\alpha}(v_1, v_2)$

| $v_2$ \ $v_1$ | 1 | 2 | 3 | 4 | 5 | 6 | 7 | 8 | 9 | 10 | 12 | 15 | 20 | 25 | 30 | 40 | 60 |
|---|---|---|---|---|---|---|---|---|---|---|---|---|---|---|---|---|---|
| 1 | 39.86 | 49.50 | 53.59 | 55.83 | 57.24 | 58.20 | 58.91 | 59.44 | 59.86 | 60.19 | 60.71 | 61.22 | 61.74 | 62.05 | 62.26 | 62.53 | 62.79 |
| 2 | 8.53 | 9.00 | 9.16 | 9.24 | 9.29 | 9.33 | 9.35 | 9.37 | 9.38 | 9.39 | 9.41 | 9.42 | 9.44 | 9.45 | 9.46 | 9.47 | 9.47 |
| 3 | 5.54 | 5.46 | 5.39 | 5.34 | 5.31 | 5.28 | 5.27 | 5.25 | 5.24 | 5.23 | 5.22 | 5.20 | 5.18 | 5.17 | 5.17 | 5.16 | 5.15 |
| 4 | 4.54 | 4.32 | 4.19 | 4.11 | 4.05 | 4.01 | 3.98 | 3.95 | 3.94 | 3.92 | 3.90 | 3.87 | 3.84 | 3.83 | 3.82 | 3.80 | 3.79 |
| 5 | 4.06 | 3.78 | 3.62 | 3.52 | 3.45 | 3.40 | 3.37 | 3.34 | 3.32 | 3.30 | 3.27 | 3.24 | 3.21 | 3.19 | 3.17 | 3.16 | 3.14 |
| 6 | 3.78 | 3.46 | 3.29 | 3.18 | 3.11 | 3.05 | 3.01 | 2.98 | 2.96 | 2.94 | 2.90 | 2.87 | 2.84 | 2.81 | 2.80 | 2.78 | 2.76 |
| 7 | 3.59 | 3.26 | 3.07 | 2.96 | 2.88 | 2.83 | 2.78 | 2.75 | 2.72 | 2.70 | 2.67 | 2.63 | 2.59 | 2.57 | 2.56 | 2.54 | 2.51 |
| 8 | 3.46 | 3.11 | 2.92 | 2.81 | 2.73 | 2.67 | 2.62 | 2.59 | 2.56 | 2.54 | 2.50 | 2.46 | 2.42 | 2.40 | 2.38 | 2.36 | 2.34 |
| 9 | 3.36 | 3.01 | 2.81 | 2.69 | 2.61 | 2.55 | 2.51 | 2.47 | 2.44 | 2.42 | 2.38 | 2.34 | 2.30 | 2.27 | 2.25 | 2.23 | 2.21 |
| 10 | 3.29 | 2.92 | 2.73 | 2.61 | 2.52 | 2.46 | 2.41 | 2.38 | 2.35 | 2.32 | 2.28 | 2.24 | 2.20 | 2.17 | 2.16 | 2.13 | 2.11 |
| 11 | 3.23 | 2.86 | 2.66 | 2.54 | 2.45 | 2.39 | 2.34 | 2.30 | 2.27 | 2.25 | 2.21 | 2.17 | 2.12 | 2.10 | 2.08 | 2.05 | 2.03 |
| 12 | 3.18 | 2.81 | 2.61 | 2.48 | 2.39 | 2.33 | 2.28 | 2.24 | 2.21 | 2.19 | 2.15 | 2.10 | 2.06 | 2.03 | 2.01 | 1.99 | 1.96 |
| 13 | 3.14 | 2.76 | 2.56 | 2.43 | 2.35 | 2.28 | 2.23 | 2.20 | 2.16 | 2.14 | 2.10 | 2.05 | 2.01 | 1.98 | 1.96 | 1.93 | 1.90 |
| 14 | 3.10 | 2.73 | 2.52 | 2.39 | 2.31 | 2.24 | 2.19 | 2.15 | 2.12 | 2.10 | 2.05 | 2.01 | 1.96 | 1.93 | 1.91 | 1.89 | 1.86 |
| 15 | 3.07 | 2.70 | 2.49 | 2.36 | 2.27 | 2.21 | 2.16 | 2.12 | 2.09 | 2.06 | 2.02 | 1.97 | 1.92 | 1.89 | 1.87 | 1.85 | 1.82 |
| 16 | 3.05 | 2.67 | 2.46 | 2.33 | 2.24 | 2.18 | 2.13 | 2.09 | 2.06 | 2.03 | 1.99 | 1.94 | 1.89 | 1.86 | 1.84 | 1.81 | 1.78 |
| 17 | 3.03 | 2.64 | 2.44 | 2.31 | 2.22 | 2.15 | 2.10 | 2.06 | 2.03 | 2.00 | 1.96 | 1.91 | 1.86 | 1.83 | 1.81 | 1.78 | 1.75 |
| 18 | 3.01 | 2.62 | 2.42 | 2.29 | 2.20 | 2.13 | 2.08 | 2.04 | 2.00 | 1.98 | 1.93 | 1.89 | 1.84 | 1.80 | 1.78 | 1.75 | 1.72 |
| 19 | 2.99 | 2.61 | 2.40 | 2.27 | 2.18 | 2.11 | 2.06 | 2.02 | 1.98 | 1.96 | 1.91 | 1.86 | 1.81 | 1.78 | 1.76 | 1.73 | 1.70 |
| 20 | 2.97 | 2.59 | 2.38 | 2.25 | 2.16 | 2.09 | 2.04 | 2.00 | 1.96 | 1.94 | 1.89 | 1.84 | 1.79 | 1.76 | 1.74 | 1.71 | 1.68 |
| 21 | 2.96 | 2.57 | 2.36 | 2.23 | 2.14 | 2.08 | 2.02 | 1.98 | 1.95 | 1.92 | 1.87 | 1.83 | 1.78 | 1.74 | 1.72 | 1.69 | 1.66 |
| 22 | 2.95 | 2.56 | 2.35 | 2.22 | 2.13 | 2.06 | 2.01 | 1.97 | 1.93 | 1.90 | 1.86 | 1.81 | 1.76 | 1.73 | 1.70 | 1.67 | 1.64 |
| 23 | 2.94 | 2.55 | 2.34 | 2.21 | 2.11 | 2.05 | 1.99 | 1.95 | 1.92 | 1.89 | 1.84 | 1.80 | 1.74 | 1.71 | 1.69 | 1.66 | 1.62 |
| 24 | 2.93 | 2.54 | 2.33 | 2.19 | 2.10 | 2.04 | 1.98 | 1.94 | 1.91 | 1.88 | 1.83 | 1.78 | 1.73 | 1.70 | 1.67 | 1.64 | 1.61 |
| 25 | 2.92 | 2.53 | 2.32 | 2.18 | 2.09 | 2.02 | 1.97 | 1.93 | 1.89 | 1.87 | 1.82 | 1.77 | 1.72 | 1.68 | 1.66 | 1.63 | 1.59 |
| 26 | 2.91 | 2.52 | 2.31 | 2.17 | 2.08 | 2.01 | 1.96 | 1.92 | 1.88 | 1.86 | 1.81 | 1.76 | 1.71 | 1.67 | 1.65 | 1.61 | 1.58 |
| 27 | 2.90 | 2.51 | 2.30 | 2.17 | 2.07 | 2.00 | 1.95 | 1.91 | 1.87 | 1.85 | 1.80 | 1.75 | 1.70 | 1.66 | 1.64 | 1.60 | 1.57 |
| 28 | 2.89 | 2.50 | 2.29 | 2.16 | 2.06 | 2.00 | 1.94 | 1.90 | 1.87 | 1.84 | 1.79 | 1.74 | 1.69 | 1.65 | 1.63 | 1.59 | 1.56 |
| 29 | 2.89 | 2.50 | 2.28 | 2.15 | 2.06 | 1.99 | 1.93 | 1.89 | 1.86 | 1.83 | 1.78 | 1.73 | 1.68 | 1.64 | 1.62 | 1.58 | 1.55 |
| 30 | 2.88 | 2.49 | 2.28 | 2.14 | 2.05 | 1.98 | 1.93 | 1.88 | 1.85 | 1.82 | 1.77 | 1.72 | 1.67 | 1.63 | 1.61 | 1.57 | 1.54 |
| 40 | 2.84 | 2.44 | 2.23 | 2.09 | 2.00 | 1.93 | 1.87 | 1.83 | 1.79 | 1.76 | 1.71 | 1.66 | 1.61 | 1.57 | 1.54 | 1.51 | 1.47 |
| 60 | 2.79 | 2.39 | 2.18 | 2.04 | 1.95 | 1.87 | 1.82 | 1.77 | 1.74 | 1.71 | 1.66 | 1.60 | 1.54 | 1.50 | 1.48 | 1.44 | 1.40 |
| 120 | 2.75 | 2.35 | 2.13 | 1.99 | 1.90 | 1.82 | 1.77 | 1.72 | 1.68 | 1.65 | 1.60 | 1.55 | 1.48 | 1.45 | 1.41 | 1.37 | 1.32 |
| ∞ | 2.71 | 2.30 | 2.08 | 1.94 | 1.85 | 1.77 | 1.72 | 1.67 | 1.63 | 1.60 | 1.55 | 1.49 | 1.42 | 1.38 | 1.34 | 1.30 | 1.24 |

|표 6| 계속

$\alpha = 0.05$

| $\nu_2$ \ $\nu_1$ | 1 | 2 | 3 | 4 | 5 | 6 | 7 | 8 | 9 | 10 | 12 | 15 | 20 | 25 | 30 | 40 | 60 |
|---|---|---|---|---|---|---|---|---|---|---|---|---|---|---|---|---|---|
| 1 | 161.5 | 199.5 | 215.7 | 224.6 | 230.2 | 234.0 | 236.8 | 238.9 | 240.5 | 241.9 | 243.9 | 246.0 | 248.0 | 249.3 | 250.1 | 251.1 | 252.2 |
| 2 | 18.51 | 19.00 | 19.16 | 19.25 | 19.30 | 19.33 | 19.35 | 19.37 | 19.38 | 19.40 | 19.41 | 19.43 | 19.45 | 19.46 | 19.46 | 19.47 | 19.48 |
| 3 | 10.13 | 9.55 | 9.28 | 9.12 | 9.01 | 8.94 | 8.89 | 8.85 | 8.81 | 8.79 | 8.74 | 8.70 | 8.66 | 8.63 | 8.62 | 8.59 | 8.57 |
| 4 | 7.71 | 6.94 | 6.59 | 6.39 | 6.26 | 6.16 | 6.09 | 6.04 | 6.00 | 5.96 | 5.91 | 5.86 | 5.80 | 5.77 | 5.75 | 5.72 | 5.69 |
| 5 | 6.61 | 5.79 | 5.41 | 5.19 | 5.05 | 4.95 | 4.88 | 4.82 | 4.77 | 4.74 | 4.68 | 4.62 | 4.56 | 4.52 | 4.50 | 4.46 | 4.43 |
| 6 | 5.99 | 5.14 | 4.76 | 4.53 | 4.39 | 4.28 | 4.21 | 4.15 | 4.10 | 4.06 | 4.00 | 3.94 | 3.87 | 3.83 | 3.81 | 3.77 | 3.74 |
| 7 | 5.59 | 4.74 | 4.35 | 4.12 | 3.97 | 3.87 | 3.79 | 3.73 | 3.68 | 3.64 | 3.57 | 3.51 | 3.44 | 3.40 | 3.38 | 3.34 | 3.30 |
| 8 | 5.32 | 4.46 | 4.07 | 3.84 | 3.69 | 3.58 | 3.50 | 3.44 | 3.39 | 3.35 | 3.28 | 3.22 | 3.15 | 3.11 | 3.08 | 3.04 | 3.01 |
| 9 | 5.12 | 4.26 | 3.86 | 3.63 | 3.48 | 3.37 | 3.29 | 3.23 | 3.18 | 3.14 | 3.07 | 3.01 | 2.94 | 2.89 | 2.86 | 2.83 | 2.79 |
| 10 | 4.96 | 4.10 | 3.71 | 3.48 | 3.33 | 3.22 | 3.14 | 3.07 | 3.02 | 2.98 | 2.91 | 2.85 | 2.77 | 2.73 | 2.70 | 2.66 | 2.62 |
| 11 | 4.84 | 3.98 | 3.59 | 3.36 | 3.20 | 3.09 | 3.01 | 2.95 | 2.90 | 2.85 | 2.79 | 2.72 | 2.65 | 2.60 | 2.57 | 2.53 | 2.49 |
| 12 | 4.75 | 3.89 | 3.49 | 3.26 | 3.11 | 3.00 | 2.91 | 2.85 | 2.80 | 2.75 | 2.69 | 2.62 | 2.54 | 2.50 | 2.47 | 2.43 | 2.38 |
| 13 | 4.67 | 3.81 | 3.41 | 3.18 | 3.03 | 2.92 | 2.83 | 2.77 | 2.71 | 2.67 | 2.60 | 2.53 | 2.46 | 2.41 | 2.38 | 2.34 | 2.30 |
| 14 | 4.60 | 3.74 | 3.34 | 3.11 | 2.96 | 2.85 | 2.76 | 2.70 | 2.65 | 2.60 | 2.53 | 2.46 | 2.39 | 2.34 | 2.31 | 2.27 | 2.22 |
| 15 | 4.54 | 3.68 | 3.29 | 3.06 | 2.90 | 2.79 | 2.71 | 2.64 | 2.59 | 2.54 | 2.48 | 2.40 | 2.33 | 2.28 | 2.25 | 2.20 | 2.16 |
| 16 | 4.49 | 3.63 | 3.24 | 3.01 | 2.85 | 2.74 | 2.66 | 2.59 | 2.54 | 2.49 | 2.42 | 2.35 | 2.28 | 2.23 | 2.19 | 2.15 | 2.11 |
| 17 | 4.45 | 3.59 | 3.20 | 2.96 | 2.81 | 2.70 | 2.61 | 2.55 | 2.49 | 2.45 | 2.38 | 2.31 | 2.23 | 2.18 | 2.15 | 2.10 | 2.06 |
| 18 | 4.41 | 3.55 | 3.16 | 2.93 | 2.77 | 2.66 | 2.58 | 2.51 | 2.46 | 2.41 | 2.34 | 2.27 | 2.19 | 2.14 | 2.11 | 2.06 | 2.02 |
| 19 | 4.38 | 3.52 | 3.13 | 2.90 | 2.74 | 2.63 | 2.54 | 2.48 | 2.42 | 2.38 | 2.31 | 2.23 | 2.16 | 2.11 | 2.07 | 2.03 | 1.98 |
| 20 | 4.35 | 3.49 | 3.10 | 2.87 | 2.71 | 2.60 | 2.51 | 2.45 | 2.39 | 2.35 | 2.28 | 2.20 | 2.12 | 2.07 | 2.04 | 1.99 | 1.95 |
| 21 | 4.32 | 3.47 | 3.07 | 2.84 | 2.68 | 2.57 | 2.49 | 2.42 | 2.37 | 2.32 | 2.25 | 2.18 | 2.10 | 2.05 | 2.01 | 1.96 | 1.92 |
| 22 | 4.30 | 3.44 | 3.05 | 2.82 | 2.66 | 2.55 | 2.46 | 2.40 | 2.34 | 2.30 | 2.23 | 2.15 | 2.07 | 2.02 | 1.98 | 1.94 | 1.89 |
| 23 | 4.28 | 3.42 | 3.03 | 2.80 | 2.64 | 2.53 | 2.44 | 2.37 | 2.32 | 2.27 | 2.20 | 2.13 | 2.05 | 2.00 | 1.96 | 1.91 | 1.86 |
| 24 | 4.26 | 3.40 | 3.01 | 2.78 | 2.62 | 2.51 | 2.42 | 2.36 | 2.30 | 2.25 | 2.18 | 2.11 | 2.03 | 1.97 | 1.94 | 1.89 | 1.84 |
| 25 | 4.24 | 3.39 | 2.99 | 2.76 | 2.60 | 2.49 | 2.40 | 2.34 | 2.28 | 2.24 | 2.16 | 2.09 | 2.01 | 1.96 | 1.92 | 1.87 | 1.82 |
| 26 | 4.23 | 3.37 | 2.98 | 2.74 | 2.59 | 2.47 | 2.39 | 2.32 | 2.27 | 2.22 | 2.15 | 2.07 | 1.99 | 1.94 | 1.90 | 1.85 | 1.80 |
| 27 | 4.21 | 3.35 | 2.96 | 2.73 | 2.57 | 2.46 | 2.37 | 2.31 | 2.25 | 2.20 | 2.13 | 2.06 | 1.97 | 1.92 | 1.88 | 1.84 | 1.79 |
| 28 | 4.20 | 3.34 | 2.95 | 2.71 | 2.56 | 2.45 | 2.36 | 2.29 | 2.24 | 2.19 | 2.12 | 2.04 | 1.96 | 1.91 | 1.87 | 1.82 | 1.77 |
| 29 | 4.18 | 3.33 | 2.93 | 2.70 | 2.55 | 2.43 | 2.35 | 2.28 | 2.22 | 2.18 | 2.10 | 2.03 | 1.94 | 1.89 | 1.85 | 1.81 | 1.75 |
| 30 | 4.17 | 3.32 | 2.92 | 2.69 | 2.53 | 2.42 | 2.33 | 2.27 | 2.21 | 2.16 | 2.09 | 2.01 | 1.93 | 1.88 | 1.84 | 1.79 | 1.74 |
| 40 | 4.08 | 3.23 | 2.84 | 2.61 | 2.45 | 2.34 | 2.25 | 2.18 | 2.12 | 2.08 | 2.00 | 1.92 | 1.84 | 1.78 | 1.74 | 1.69 | 1.64 |
| 60 | 4.00 | 3.15 | 2.76 | 2.53 | 2.37 | 2.25 | 2.17 | 2.10 | 2.04 | 1.99 | 1.92 | 1.84 | 1.75 | 1.69 | 1.65 | 1.59 | 1.53 |
| 120 | 3.92 | 3.07 | 2.68 | 2.45 | 2.29 | 2.18 | 2.09 | 2.02 | 1.96 | 1.91 | 1.83 | 1.75 | 1.66 | 1.60 | 1.55 | 1.50 | 1.43 |
| ∞ | 3.84 | 3.00 | 2.61 | 2.37 | 2.21 | 2.10 | 2.01 | 1.94 | 1.88 | 1.83 | 1.75 | 1.67 | 1.57 | 1.51 | 1.46 | 1.39 | 1.32 |

# 연습문제 해답

## 3장

**3.1** (1)

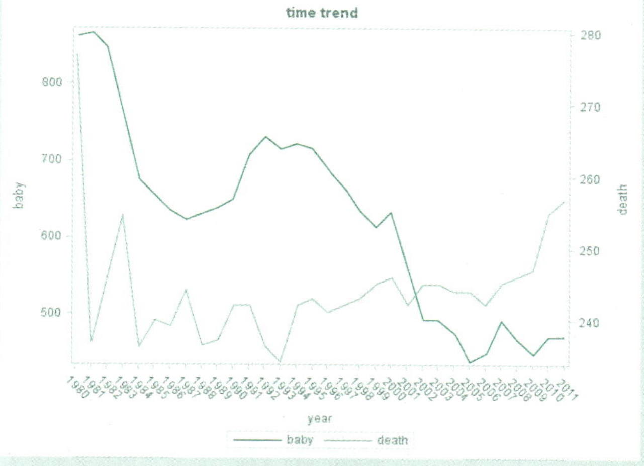


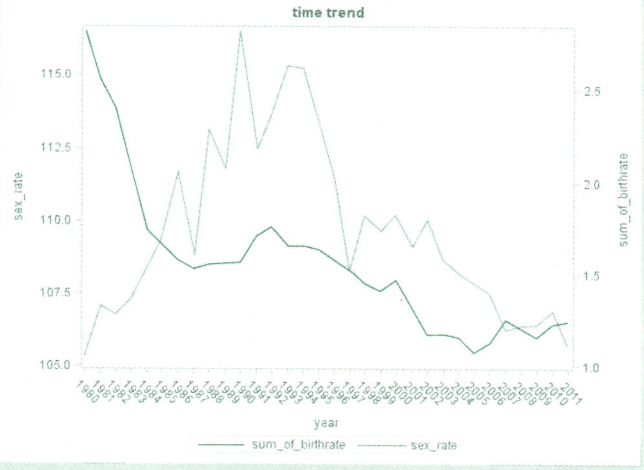

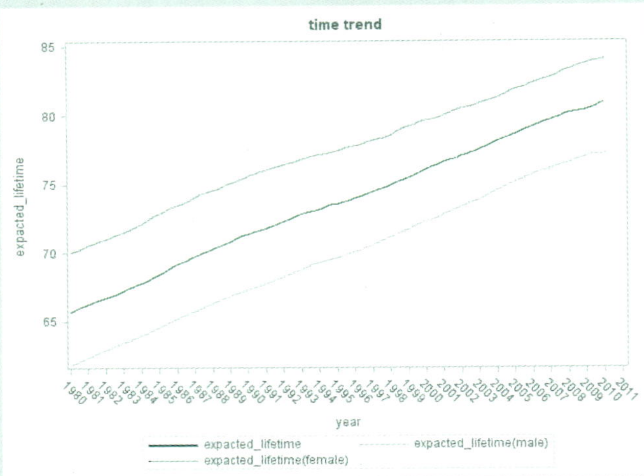


(2)

| Year | Variable | N | Mean | Std Dev | Minimum | Maximum |
|---|---|---|---|---|---|---|
| 2000년 이전 | baby | 20 | 702.95 | 79.09719 | 614 | 867 |
| | death | 20 | 242.85 | 9.309164 | 234 | 277 |
| | sum_of_birthrate | 20 | 1.7698 | 0.386145 | 1.41 | 2.82 |
| | sex_rate | 20 | 110.775 | 3.151921 | 105.3 | 116.5 |
| | expacted_lifetime | 20 | 70.7685 | 3.063074 | 65.69 | 75.55 |
| | expacted_lifetime_male_ | 20 | 66.828 | 3.085966 | 61.78 | 71.71 |
| | expacted_lifetime_female_ | 20 | 74.894 | 2.833139 | 70.04 | 79.22 |
| 2000년 이후 | baby | 12 | 489.5 | 55.35095 | 435 | 635 |
| | death | 12 | 246.5 | 4.700097 | 242 | 257 |
| | sum_of_birthrate | 12 | 1.21 | 0.100867 | 1.076 | 1.467 |
| | sex_rate | 12 | 107.7583 | 1.508436 | 105.7 | 110.2 |
| | expacted_lifetime | 11 | 78.53091 | 1.645974 | 76.02 | 80.79 |
| | expacted_lifetime_male_ | 11 | 74.96182 | 1.715062 | 72.25 | 77.2 |
| | expacted_lifetime_female_ | 11 | 81.85091 | 1.528224 | 79.6 | 84.07 |

3.2

(1)

| 학과별 취업률 | 남 | 여 |
|---|---|---|
| 0.5556 | 0.4167 | 0.8333 |
| 0.8333 | 0.8824 | 0.7143 |
| 0.4340 | 0.4286 | 0.4242 |
| 0.5806 | 0.5833 | 0.5789 |
| 0.3158 | 0.4444 | 0.2000 |
| 0.5556 | 0.4444 | 0.6667 |
| 0.6071 | 0.3636 | 0.7222 |
| 0.6458 | 0.7576 | 0.4000 |
| 0.7333 | 0.6923 | 0.7500 |
| 0.5556 | 0.5000 | 0.5000 |
| 0.6429 | 0.7500 | 0.4615 |
| 0.5278 | 0.5714 | 0.4667 |
| 0.2273 | 0.3333 | 0.0000 |
| 0.4634 | 0.0000 | 0.4419 |
| 0.7143 | 0.8000 | 0.5000 |
| 0.5385 | 0.5000 | 0.5652 |
| 0.6452 | 0.6364 | 0.6500 |
| 0.6786 | 0.7647 | 0.5455 |
| 0.7143 | 0.8571 | 0.4286 |
| 0.8000 | 0.7778 | 0.8571 |
| 0.5946 | 0.0000 | 0.5946 |
| 0.4054 | 0.3571 | 0.4348 |
| 0.7708 | 0.0000 | 0.7708 |
| 0.5862 | 0.5789 | 0.6000 |
| 0.6538 | 0.5556 | 0.7778 |
| 0.5238 | 0.4706 | 0.5600 |
| 0.7500 | 0.7778 | 0.5714 |
| 0.9130 | 0.9000 | 0.8824 |
| 0.4127 | 0.5333 | 0.3030 |
| 0.7209 | 0.0000 | 0.7209 |
| 0.6190 | 0.6667 | 0.5000 |
| 0.7838 | 0.7368 | 0.7895 |
| 0.6364 | 0.6000 | 0.6923 |
| 0.4103 | 0.2500 | 0.4615 |
| 0.6522 | 0.6364 | 0.6667 |
| 0.8125 | 0.9000 | 0.6667 |
| 0.5652 | 0.6087 | 0.5217 |
| 0.1957 | 0.2000 | 0.1923 |
| 0.5000 | 0.5385 | 0.4667 |
| 0.5313 | 0.3810 | 0.7500 |
| 0.4118 | 0.2353 | 0.5882 |
| 0.5652 | 0.5455 | 0.5833 |

(2)

```
#      상자그림
2         |
1         |
5         |
3      +-----+
5      |     |
1      |     |
8      *--+--*
4      |     |
4      +-----+
5         |
          |
1         |
          |
1         |
1         |


1         0
```

```
#      상자그림
2         |
2         |
1         |
5         |
1      +-----+
2      |     |
4      |     |
5      *-----*
4      |  +  |
1      |     |
4      |     |
3      +-----+
1         |
1         |
2         |
          |
          |
          |
4         |
```

(3)

| 취업률 | 기준취업률 | | 합계 |
|---|---|---|---|
| | 이상 | 미만 | |
| 남자 | 17 | 25 | 42 |
| 여자 | 26 | 16 | 42 |
| 합계 | 43 | 41 | 84 |

(4)

| 남 | 여 |
|---|---|
| 0.5844 | 0.5566 |

3.3 (1) 평균: 56, 표준편차:7.9057

(2) 이상점이다.

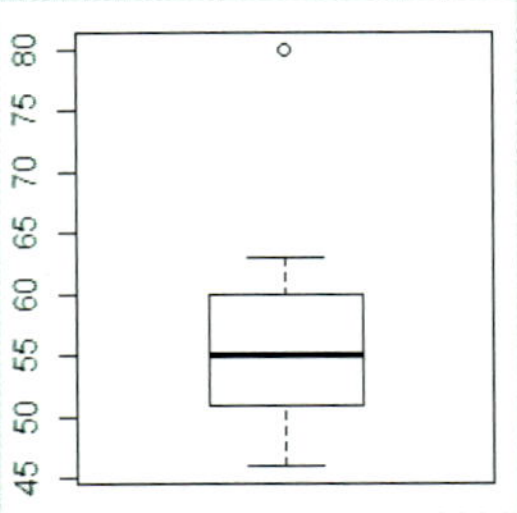

(3)

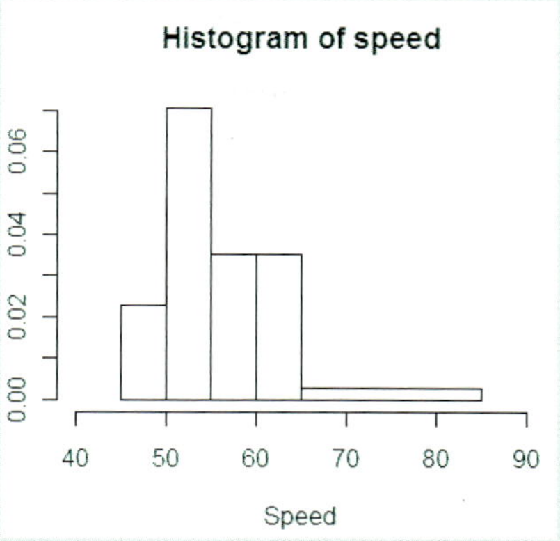


## 4장

### 4.1

$$\begin{aligned} P(A\cup B\cup C) &= P(A\cup B)+P(C)-P[(A\cup B)\cap C] \\ &= P(A)+P(B)-P(A\cap B)+P(C)-P[(A\cap C)\cup(B\cap C)] \\ &= P(A)+P(B)-P(A\cap B)+P(C)-P(A\cap C)-P(B\cap C)+P(A\cap B\cap C) \\ &= P(A)+P(B)+P(C)-P(A\cap B)-P(A\cap C)-P(B\cap C)+P(A\cap B\cap C) \end{aligned}$$

### 4.2

$$\begin{aligned} P_B(A_1\cup A_2) &= \frac{P[B\cap(A_1\cup A_2)]}{P(B)} = \frac{P[(B\cap A_1)\cup(B\cap A_2)]}{P(B)} \\ &= \frac{P(B\cap A_1)+P(B\cap A_2)-P(B\cap A_1\cap A_2)}{P(B)} \\ &= \frac{P(B\cap A_1)}{P(B)}+\frac{P(B\cap A_2)}{P(B)}-\frac{P(B\cap A_1\cap A_2)}{P(B)} \\ &= P_B(A_1)+P_B(A_2)-P_B(A_1\cap A_2) \end{aligned}$$

### 4.3

$(2,H,H),(2,H,T),(2,T,T),(4,H,H),(4,H,T),(4,T,T),(6,H,H),(6,H,T),(6,T,T),$
$(1,H,H,H),(1,H,H,T),(1,H,T,H),(1,T,H,H),(1,H,T,T),(1,T,H,T),(1,T,T,H),(1,T,T,T),$
$(3,H,H,H),(3,H,H,T),(3,H,T,H),(3,T,H,H),(3,H,T,T),(3,T,H,T),(3,T,T,H),(3,T,T,T),$
$(5,H,H,H),(5,H,H,T),(5,H,T,H),(5,T,H,H),(5,H,T,T),(5,T,H,T),(5,T,T,H),(5,T,T,T).$

### 4.4 $\frac{29}{72}$

4.5 $\frac{27}{28}$

4.6 $1-(0.01)^2 = 0.9999$

4.7 $P(X>34) \Rightarrow P(\frac{X-30}{4} > \frac{34-30}{4}) = P(Z>1) = 0.1586553$

4.8 평균 : $E(X) = \sum_{i=1}^{6} x \cdot P(X=x)$

$$= 0 \cdot 0.1 + 1 \cdot 0.2 + 2 \cdot 0.4 + 3 \cdot 0.2 + 4 \cdot 0.05 + 5 \cdot 0.05$$
$$= 2.05$$

표준편차 : $E(X^2) - E(X)^2 = \sum_{i=1}^{6} x^2 \cdot P(X=x) - E(X)^2$

$$= 5.65 - (2.05)^2 = 1.4475$$

4.9 커피전문점수($X$)와 이혼건수($Y$) 분포가 상관계수가 0.9로 양의 상관계수를 가진다고 해서, 커피전문점수와 이혼건수가 서로 인과관계가 있는 것은 아니다. 즉, 커피전문점수가 증가하면 이혼건수가 증가하거나, 이혼건수가 증가하면 커피전문점수가 증가한다고 말할 수 없다.

상관계수를 해석하는 것에 있어서 가장 중요한 것은 두 변수가 보편적, 상식적으로 연관성이 높다고 판단되는 관계여야 한다는 것이다. 또한 두 변수의 관계가 설득력이 있다고 하더라도, 그 관계가 꼭 두 변수 사이의 상호 인과 관계가 성립한다고 말할 수 없다. 예를 들어, 여름철 기온($X'$)과 전력소비량($Y'$)의 관계는 양의 상관관계를 갖지만, 꼭 $X'$와 $Y'$의 상호 인과관계라고는 볼 수 없다. 더욱이, 두 변수의 관계가 보편적으로 타당성이 성립하지 않는다면, 이것은 두변수 사이의 상관계수의 절댓값이 크다고 해도, 실질적으로 두 상관계수가 직접적으로 연관을 갖지 않는 '허위상관'을 갖는다고 말한다. 이 연습문제에서의 $X$와 $Y$의 관계가 허위상관이라고 말할 수 있다.[1)]

1) 통계학개론 제4개정판, 김우철 외 9인, 영지출판사, p.353~354

## 5장

**5.1** (1) (108.32, 139.68)
(2) 23명

**5.2** (1) $H_0 : \mu = 100$, $H_1 : \mu < 100$, $H_0$ 기각 가능
(2) 0.036

**5.3** (1) Yes
(2) (2.993, 3.807)

**5.4** (1) (0.81, 0.87)
(2) 1291명

**5.5** (1) $H_0 : p = 0.2$, $H_1 : p \neq 0.2$, $H_0$ 기각 못함
(2) 0.0768

**5.6** (1) $H_0 : \mu_{도시} = \mu_{농촌}$, $H_1 : \mu_{도시} > \mu_{농촌}$, $H_0$ 기각 가능
(2) (0.98, 8.62)

**5.7** (1) 7.5
(2) (1.799, 4.201)

**5.8** (1) $H_0 : \mu_{전} - \mu_{후} = 1$, $H_1 : \mu_{전} - \mu_{후} > 1$, $H_0$ 기각 못함
(2) $H_0$ 기각

**5.9** (1) (0.021, 0.079)
(2) $H_0 : p_{도} = p_{외}$, $H_1 : p_{도} < p_{외}$, $H_0$ 기각 못함

## 6장

6.1 (1) 일원배치 분산분석 모형

귀무가설: 세 종류의 다른 온도에 따른 식물의 성장에는 차이가 없다.

(2)

| 요인 | 자유도 | 제곱합 | 평균제곱합 | $F^*$ |
|---|---|---|---|---|
| 처리 | 2 | 312.1333 | 156.06665 | 11.504 |
| 오차 | 12 | 162.8000 | 13.566667 | |
| 전체 | 14 | 474.9333 | | |

분산분석표에서 $F^*$는 $F(2,12;0.05)=3.89$보다 크므로 귀무가설을 기각한다. 따라서 세 종류의 다른 온도에 따른 식물의 성장에는 차이가 있다.

6.2

| 요인 | 자유도 | 제곱합 | 평균제곱합 | $F^*$ |
|---|---|---|---|---|
| 처리 | 2 | 191.6077 | 95.80385 | 6.907 |
| 오차 | 10 | 138.7 | 13.87 | |
| 전체 | 12 | 330.3077 | | |

분산분석표에서 $F^*$는 $F(2,10;0.05)=4.1$보다 크므로 귀무가설을 기각한다. 따라서 세 종류의 다른 온도에 따른 식물의 성장에는 차이가 있다.

6.3 (1) 반복이 없는 이원배치 분산분석 모형

요인 A(학년) 귀무가설: 각 학년별로 수준들의 효과가 동일하다.

요인 B(교육법) 귀무가설: 각 방법별로 수준들의 효과가 동일하다.

(2)

| 요인 | 자유도 | 제곱합 | 평균제곱합 | $F^*$ |
|---|---|---|---|---|
| 요인A(학년) | 3 | 9.667338 | 3.222446 | 22.9 |
| 요인B(교육법) | 2 | 13.155336 | 6.577668 | 46.74 |
| 오차 | 6 | 0.844326 | 0.140721 | |
| 전체 | 11 | 23.667 | | |

요인A 검정

$F^*=22.9>F(3,6;0.05)=4.76$ 이므로 귀무가설을 기각한다.

요인B 검정

$F^*=46.74>F(2,6;0.05)=5.14$이므로 귀무가설을 기각한다.

6.4 블록화

6.5 귀무가설: 세 입학전형의 학생들의 성적은 차이가 없다.

| 요인 | 자유도 | 제곱합 | 평균제곱합 | $F^*$ |
|---|---|---|---|---|
| 처리 | 2 | 2 | 1 | 0.135 |
| 오차 | 17 | 125 | 7.353 | |
| 전체 | 19 | 127 | | |

분산분석표에서 $F^*=0.135$은 $F(2,17;0.05)=3.59$보다 작으므로 귀무가설을 기각할 수 없다.

## 7장

7.1 (1)

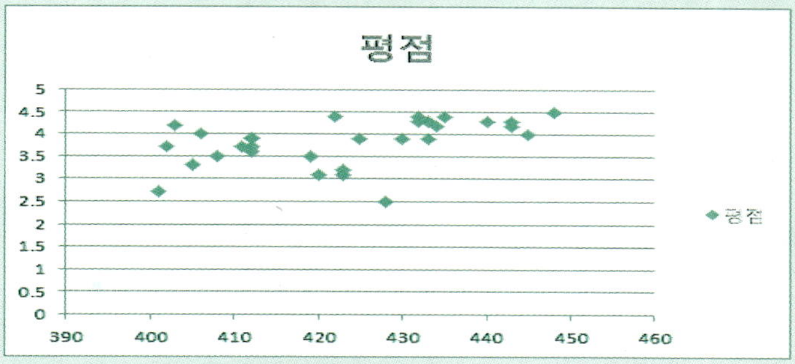


(2)

| | 수능점수 | 평점 |
|---|---|---|
| 수능점수 | 1 | |
| 평점 | 0.487399 | 1 |

(3)

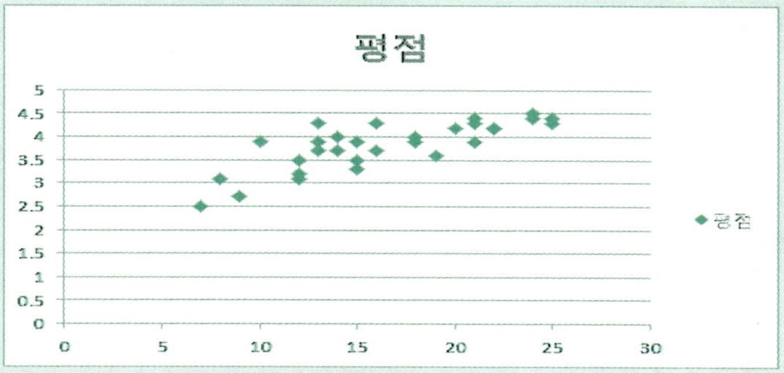


(4)

| | 학습시간 | 평점 |
|---|---|---|
| 학습시간 | 1 | |
| 평점 | 0.792498 | 1 |

(5) 대학입학수능성적보다 주당학습시간이 대학재학 중 학점평균과 상관성이 높음

**7.2** 상관계수 : 0.8818 (변동 없음)

**7.3** (1) $y_i = \beta_0 + \beta_1 x_i + \epsilon_i,\ i = 1, 2, \cdots, 30.$

(2)

| | 계수 |
|---|---|
| Y 절편 | 2.505568 |
| X 1 | 0.079824 |

(3)

| | 하위 95% | 상위 95% |
|---|---|---|
| Y 절편 | 2.095658 | 2.915478 |
| X 1 | 0.056044 | 0.103604 |

(4) $H_1 : \beta_1 = 0 \quad H_1 : \beta_1 \neq 0$

(5)

| | 계수 | 표준오차 | t 통계량 | P-값 |
|---|---|---|---|---|
| Y 절편 | 2.505568 | 0.200112 | 12.52086 | 5.43E-13 |
| X 1 | 0.079824 | 0.011609 | 6.876002 | 1.79E-07 |

귀무가설을 기각할 수 있음.

**7.4** (1) $y_i = \beta_0 + \beta_1 x_{1i} + \beta_2 x_{2i} + \epsilon_i, \quad i = 1, 2, \ldots, 30.$

(2)

| | 계수 |
|---|---|
| Y 절편 | -1.95537 |
| X 1 | 0.010858 |
| X 2 | 0.071757 |

(3)

| | 하위 95% | 상위 95% |
|---|---|---|
| Y 절편 | -5.37137 | 1.460634 |
| X 1 | 0.002593 | 0.019124 |
| X 2 | 0.049366 | 0.094148 |

(4) $H_0$ : $\beta_1 = \beta_2 = 0$

$H_1$ : 적어도 하나의 $\beta_j$는 0이 아니다.

(5)

분산분석

| | 자유도 | 제곱합 | 제곱평균 | F 비 | 유의한 F |
|---|---|---|---|---|---|
| 회귀 | 2 | 5.5903 | 2.79515 | 32.56205 | 6.37E-08 |
| 잔차 | 27 | 2.3177 | 0.085841 | | |
| 계 | 29 | 7.908 | | | |

귀무가설을 기각할 수 있음. 모형이 유의적임.

(6)

| 회귀분석 통계량 | 회귀분석 통계량 |
|---|---|
| 다중 상관계수 | 0.840784 |
| 결정계수 | 0.706917 |
| 조정된 결정계수 | 0.685207 |
| 표준오차 | 0.292986 |
| 관측수 | 30 |

(7) 0.685207 = 1 − (30−1)/(30−3) (1−0.706917)

(8) 3.8947점

**7.5** 조정된 결정계수가 [연습문제 7.3]에서는 0.6147이고, [연습문제 7.4]에서는 0.6852이므로 [연습문제 7.4]의 모형이 우수함.

[연습문제 7.3]에서 결정계수

| 회귀분석 통계량 | 회귀분석 통계량 |
|---|---|
| 다중 상관계수 | 0.792498 |
| 결정계수 | 0.628052 |
| 조정된 결정계수 | 0.614768 |
| 표준오차 | 0.324112 |
| 관측수 | 30 |

**7.6** 학생B의 모형이 우수함(조정된 결정계수를 비교함)

## 8장

8.1

| 완두콩의 형질 | RY | Ry | rY | ry | 합계 |
|---|---|---|---|---|---|
| 도수<br>(기대도수) | 125<br>(136.125) | 52<br>(45.375) | 47<br>(45.375) | 18<br>(15.125) | 242 |

$X^2 = 2.4812 < \chi^2_{0.05}(3) = 7.8147$ ; 귀무가설 기각 못함.

완두콩이 9:3:3:1의 비율로 나온다고 볼 수 있다.

8.2

| 성별 \ 후보 | A | B | C | 합계 |
|---|---|---|---|---|
| 남 | 51<br>(46.5) | 23<br>(28) | 26<br>(25.5) | 100 |
| 여 | 42<br>(46.5) | 33<br>(28) | 25<br>(25.5) | 100 |
| 합계 | 93 | 56 | 51 | 200 |

$X^2 = 2.6763 < \chi^2_{0.05}(4) = 9.49$ ; 귀무가설 기각 못함.

성별에 따른 대통령 후보 3명의 지지율에 차이가 없다.

8.3

| 나이 \ 의견 | 찬성 | 중립 | 반대 | 합계 |
|---|---|---|---|---|
| 10대 | 40<br>(43.578) | 68<br>(33.534) | 54<br>(84.888) | 162 |
| 20대 | 90<br>(75.858) | 44<br>(58.374) | 148<br>(147.768) | 282 |
| 30대 | 67<br>(65.905) | 45<br>(50.715) | 133<br>(128.380) | 245 |
| 40대 | 46<br>(50.034) | 33<br>(38.502) | 107<br>(97.464) | 186 |
| 50대 이상 | 26<br>(33.625) | 17<br>(25.875) | 82<br>(65.500) | 125 |
| 합계 | 269 | 207 | 524 | 1000 |

$X^2 = 64.9357 > \chi^2_{0.05}(8) = 15.51$ ; 귀무가설 기각함.

인터넷 실명제 폐지에 대한 의견과 연령이 연관이 있다.

**8.4** (1)

| 일 | 월 | 화 | 수 | 목 | 금 | 토 |
|---|---|---|---|---|---|---|
| 702<br>(786.43) | 842<br>(786.43) | 729<br>(786.43) | 786<br>(786.43) | 751<br>(786.43) | 844<br>(786.43) | 851<br>(786.43) |

$X^2 = 28.2972 > \chi^2_{0.05}(6) = 12.59$ ; 귀무가설 기각함.

요일별로 교통사고 사망자의 수가 차이가 난다.

(2)

| 연도 \ 요일 | 일 | 월 | 화 | 수 | 목 | 금 | 토 |
|---|---|---|---|---|---|---|---|
| 2008년 | 767.64 | 838.57 | 806.86 | 839.59 | 818.11 | 889.38 | 909.84 |
| 2009년 | 763.45 | 834.00 | 802.46 | 835.02 | 813.65 | 884.54 | 904.88 |
| 2010년 | 719.91 | 786.43 | 756.69 | 787.39 | 767.24 | 834.08 | 853.27 |

$X^2 = 14.8948 < \chi^2_{0.05}(12) = 21.03$ ; 귀무가설 기각 못함.

교통사고 사망자의 요일별 사망 비율은 연도별로 차이가 없다.

**8.5**

| 보육유형 \ 소득수준 | 하 | 중 | 상 | 합계 |
|---|---|---|---|---|
| 가정내 보육 | 23<br>(31.95) | 30<br>(50.09) | 75<br>(45.97) | 128 |
| 어린이집 | 228<br>(165.72) | 244<br>(259.83) | 192<br>(238.46) | 664 |
| 유치원 | 121<br>(149.00) | 262<br>(233.61) | 214<br>(214.39) | 597 |
| 사교육 | 70<br>(95.34) | 157<br>(149.48) | 155<br>(137.18) | 382 |
| 합계 | 442 | 693 | 636 | 1771 |

$X^2 = 80.4574 > \chi^2_{0.05}(6) = 12.59$ ; 귀무가설 기각함.

부모의 소득과 양육형태가 관계가 있다.

# 찾아보기

## | 저자 소개 |

**강명욱**
숙명여자대학교 통계학과 교수
University of Minnesota 통계학박사

**김양진**
숙명여자대학교 통계학과 교수
University of Missouri-Columbia 통계학박사

**김영원**
숙명여자대학교 통계학과 교수
University of Georgia 통계학박사

**노호석**
숙명여자대학교 통계학과 교수
서울대학교 통계학박사

**송민선**
숙명여자대학교 통계학과 교수
University of Chicago 통계학박사

**여인권**
숙명여자대학교 통계학과 교수
University of Wisconsin-Madison 통계학박사

**최영근**
숙명여자대학교 통계학과 교수
서울대학교 통계학박사

**황선영**
숙명여자대학교 통계학과 교수
University of Georgia 통계학박사

# 통계학 입문 – Excel과 R 활용 –

| 저　　자　강명욱 · 김양진 · 김영원 · 노호석
　　　　　송민선 · 여인권 · 최영근 · 황선영
| 발 행 인　김지영
| 발 행 처　자유아카데미
| 주　　소　경기도 파주시 회동길 37-42
　　　　　파주출판도시
| 전　　화　031-955-1321
| 팩　　스　031-955-1322
| 홈페이지　www.freeaca.com
| 전자우편　main@freeaca.com(대표)
　　　　　editor@freeaca.com(편집)
　　　　　crm@freeaca.com(영업)
| 등　　록　제406-2003-017호, 1980. 7. 12
| 제1판1쇄　2013년 2월 28일 발행
| 제1판4쇄　2022년 7월 10일 발행
| 정　　가　20,000원

저자와의
협의하에
인지생략



ISBN 978-89-7338-827-1　93310